高等院校计算机任务驱动教改教材

C语言
程序设计

戴峻峰　付丽辉　编著

清华大学出版社
北　京

内 容 简 介

本书主要使用任务驱动模式对 C 语言程序设计的一些常规算法和功能程序设计方法进行了透彻的讲解和分析,重点以嵌入式系统设计为应用背景,对使用 C 语言进行嵌入式系统程序设计的相关知识和程序设计技巧做了详细的分析与讲解。全书共有 13 章内容,主要介绍 C 语言程序设计的语法与技巧,每章以知识要点为前提,以语法为基础,以例程及任务分析为手段,突出本书培养工程实践人才的目标。读者通过本书的学习,既可以全面学习使用 C 语言进行程序设计的方法,又能够充分掌握面向嵌入式系统程序设计的重点内容和编程技巧。

本书是面向大学本科、高职高专等相关专业学生和广大科研人员学习 C 语言程序设计的特色教材,尤其适用于电子信息类等专业的读者,也非常适合程序设计爱好者作为程序设计的入门教材。

图书在版编目(CIP)数据

C 语言程序设计/戴峻峰,付丽辉编著. —北京:清华大学出版社,2023.4(2024.8 重印)
高等院校计算机任务驱动教改教材
ISBN 978-7-302-62890-3

Ⅰ.①C… Ⅱ.①戴… ②付… Ⅲ.①C 语言-程序设计-高等学校-教材 Ⅳ.①TP312.8

中国国家版本馆 CIP 数据核字(2023)第 037561 号

责任编辑:张龙卿
文稿编辑:李慧恬
封面设计:曾雅菲 徐巧英
责任校对:刘 静
责任印制:丛怀宇

出版发行:清华大学出版社
　　　　网　　址:https://www.tup.com.cn,https://www.wqxuetang.com
　　　　地　　址:北京清华大学学研大厦 A 座　　　　　　邮　　编:100084
　　　　社 总 机:010-83470000　　　　　　　　　　　　邮　　购:010-62786544
　　　　投稿与读者服务:010-62776969,c-service@tup.tsinghua.edu.cn
　　　　质量反馈:010-62772015,zhiliang@tup.tsinghua.edu.cn
　　　　课件下载:https://www.tup.com.cn,010-83470410
印 装 者:三河市天利华印刷装订有限公司
经　　销:全国新华书店
开　　本:185mm×260mm　　　印　　张:21　　　字　　数:504 千字
版　　次:2023 年 5 月第 1 版　　　　　　　　　　　　印　　次:2024 年 8 月第 2 次印刷
定　　价:65.00 元

产品编号:097865-01

前 言

习近平总书记在党的二十大报告中指出"科技是第一生产力、人才是第一资源、创新是第一动力"。大国工匠和高技能人才作为人才强国战略的重要组成部分，在现代化国家建设中起着重要的作用。

C语言是一门在国内外被广泛用于计算机程序设计的高级语言，特别是在电子信息类专业领域被广泛使用，计算机技术和电子技术的发展对C语言的广泛使用起到了一定的促进作用。

电子技术的发展带来了计算机小型化的进步和性能的提高，计算机技术的快速发展促进了电子信息类专业领域的技术发展和产品的智能化。无论是人工智能还是物联网，都离不开计算机，其中大部分是嵌入仪器设备和生活电器中的计算机，即嵌入式计算机，这部分计算机的主要程序设计语言是C语言。所以对于理工科的学生和从业人员，特别是电子信息类相关应用领域的学生或技术人员来说，熟练掌握C语言是非常有必要的。

本书的编写思想是根据嵌入式系统程序设计的需求，有所侧重地对相关知识内容进行重新组织，由浅入深、循序渐进地进行了讲解和分析。有针对性地设计各个章节相关知识点的验证例程，同时使用详细的文字对各个例程进行解析，逐行逐句地分析程序代码与结果的关系，从而使学生快速掌握相关语法规范和语句功能。设计性例程先分析程序设计思路，给出程序代码和运行结果后，再使用文字对此程序代码进行解析，以此强化学生对相关知识点的掌握程度，同时提高其灵活运用能力。另外，在与嵌入式设计关联比较紧密的部分章节进行有针对性的实例设计，使学生充分掌握使用C语言进行特定功能程序设计的方法。

本书的主要特点如下。

（1）覆盖C语言所有语法及程序设计方法相关的知识内容，简化了复杂的算法程序设计实例。

（2）根据每个章节知识点的特点设计有针对性的程序实例，程序中尽可能多地体现相关知识的特点与属性，使用实例验证相关语法和功能。在例程中进行设计思路分析和逐行逐句地进行程序解析，使学生学习、理解和掌握更加容易。

（3）针对嵌入式系统程序设计特点，在讲解各章节内容时有选择性地突出嵌入式应用程序设计方法，有针对性地设计程序实例，分析其用途、程序设计思路、程序处理过程以及实现方法。重点对位运算、带参宏定义、条件编译、函数指针、结构体、枚举类型等知识和程序设计方法进行深入的讲解和分析，提高学生对相关知识的掌握程度和应用能力，使学生将来在学习嵌入式编程时对各种寄存器的操作和系统代码的理解变得更加容易，从而能够快速运用 C 语言进行工程项目开发，快速提高其工程设计能力。

（4）各章节讲授过程中对重要的核心知识使用简短的标语式文字进行提炼，加强和巩固学习效果，如"计算机只认二进制数""谁的地址指向谁"等。

（5）在相应章节对常用字符串处理库函数进行讲解和运用，以提高学生对字符串存储结构、处理规律和编程思想的感性认识和掌握程度。C 语言中库函数众多，可以根据程序设计需要查阅相关资料，以便进一步学习和掌握各种库函数的用途与用法。

（6）通过课后习题进一步强化学生对各知识点的掌握程度。针对容易出错或容易混淆的知识点进行专项练习，重点覆盖那些难度较大或不易掌握的知识点，难易结合，由浅入深。习题采用选择题、填空题和简答题三种形式，注重分析并贴近考试和竞赛的要求与形式。

本书由戴峻峰、付丽辉编著，戴峻峰编写第 1 章、第 3 章、第 7～13 章并统稿，付丽辉编写第 2 章、第 4～6 章。孙攀峰完成课后习题的校对，赵俊、魏友业、于之洋、王庆威和徐益峰等同学辅助完成稿件中文字和程序代码的校对工作。本书能够在较短时间内顺利出版，在此向为本书编写提供帮助的所有人表示衷心的感谢。

由于编著者水平有限，书中难免存在不当之处，敬请广大读者批评、指正。

编著者

2023 年 1 月

目　录

第 1 章　C 语言概述

要点：计算机是机器。计算机没有智慧，其"智慧"就是程序员的智慧。因为计算机的工作过程是程序员通过编写程序使用指令控制其实现的。

1.1　C 语言简介

要点：C 语言在算法描述方面是无与伦比的。

1. C 语言的发展过程

C 语言是在 20 世纪 70 年代初问世的。1978 年，美国电话电报公司（AT&T）贝尔实验室正式发布了 C 语言。同时，B. W. Kernighan 和 D. M. Ritchit 合著了著名的 *The C Programming Language* 一书。1983 年，美国国家标准协会（American national standards institute）在此基础上制定了一个 C 语言标准，通常称为 ANSIC，其是一个面向过程的程序设计语言。在 C 语言的基础上，贝尔实验室的 Bjarne Stroustrup 同年推出了 C++ 语言，C++ 语言进一步扩充和完善了 C 语言，成为一种面向对象的程序设计语言。因此，掌握了 C 语言，再进一步学习 C++，就能以一种熟悉的语法来学习面向对象的语言，从而达到事半功倍的效果。

2. C 语言的特点

(1) 简洁、紧凑，使用方便，易于理解和记忆。

(2) 运算符丰富。C 语言的运算符共有 34 种。C 语言把括号、赋值、逗号等都作为运算符进行处理，从而使 C 语言的运算类型极为丰富，可以实现其他高级语言难以实现的运算。

(3) 数据结构类型丰富。C 语言中的数据类型从基本数值类型到数组和指针再到自定义数据类型，为各种复杂算法程序的实现提供了必要的数据存储和操作保障。

(4) 具有 9 个结构化的控制语句。结构化控制语句使程序设计规范，易读性强，可移植性强，使面向过程的程序设计更加简单。

(5) 语句组合灵活，程序设计自由度大。数量有限的控制语句结合丰富的运算符而构成的表达式和表达式语句，可以设计出各种复杂算法程序和过程控制程序。

(6) C 语言具有强大的底层硬件操作能力。C 语言允许直接读写物理地址和使用地址访问对应单元，同时 C 语言具有位（bit）操作指令，能实现汇编语言的大部分功能，可以直接对硬件进行操作。因此 C 语言是目前嵌入式系统开发中极为重要的语言工具。

(7) 生成目标代码质量高，程序执行效率高。C 语言编译器效率与其他高级语言相比，最接近汇编语言或机器语言。无论是代码存储效益还是处理器执行效率,C语言都是最优秀的,所以特别适合那些程序存储空间受限和处理器运算处理能力不高的嵌入式系统开发。

1.2　C语言程序设计基本语法规则

要点:"麻雀"虽小但五脏俱全。

与学习其他高级语言程序设计一样,在全面学习C语言程序设计主要内容之前,通过简单的几个例程来介绍C语言程序设计的基本结构和基本语法规则。对简单程序进行剖析可以为后续相关知识的学习打下基础,使理论知识学习与实践操作能够结合进行。

1. 结合实例介绍基本语法

【例1-1】 输出"Hello World!"文字信息的基本程序。

```
#include<stdio.h>
void main(void)
{
    printf("Hello World!\n");
}
```

(1) C语言是结构化程序设计语言,也是函数式程序设计语言。所有执行性指令语句必须写在函数内部。只有部分声明性语句、定义性语句和预处理指令语句才可以写在函数外部。

(2) 每个程序的所有程序代码可以写在一个文件中,也可以写在多个文件中,由项目管理器将其组织和管理起来。这些文件中可以根据需要书写(严格来讲称为定义)多个函数,但在这个工程中(即这个程序的所有代码)必须有且只有一个主函数,即名字为main的函数。注意,main全部是小写字母。

(3) 函数由函数首部和函数体(函数定义主体)构成,如例1-1中main字样所在的一行是位于main函数定义整体代码的第一行,即首行位置,所以称为函数首部。函数首部之下是由一对"{""}"界定起来的函数体。函数体是实现本函数功能的所有语句。程序从起括号"{"后面的第一条语句开始执行,默认按照从上到下、从左到右的顺序执行其中的语句,如果其中有结构化指令,则按照结构化指令规则执行,一直执行到return语句或回括号"}"位置结束。函数的具体定义规则在第9章中进行讲解。

(4) main函数中使用"printf("Hello World!\n");"语句完成向标准输出设备(显示器)输出"Hello World!"字样的程序任务。该语句由printf函数调用和";"构成。C语言中除部分结构控制语句外,其他语句是需要使用";"结尾的,所以在C语言中的";"称为语句结束标志。

(5) 在函数体中可以使用(也称调用)开发环境系统中已有的系统函数或之前写好的功能函数,但一般需要使用#include预编译指令将其对应的头文件包含到本程序中。#include语句要写在函数外部,一般写在文件最前面(最上面)的行上,如本例中的#include<stdio.h>就是在main函数中调用的printf函数的对应头文件,注意,其是编译预处理指令(在第10章中会详细讲解),所以不能在后面加";"。

【例 1-2】 简单程序。

```
#include<math.h>
#include<stdio.h>
void main()
{
    int a=0;
    double x,s;
    printf("input number:\n");
    scanf("%lf",&x);
    x=a+2+x;
    s=sin(x);
    printf("sine of %lf is %lf\n",x,s);
}
```

（1）在 main 函数之前的两行称为预处理命令（详见第 10 章）。预处理命令还有其他几种，这里的 include 称为文件包含命令，其意义是把尖括号＜＞或引号""内指定的文件包含到本程序中，成为本程序的一部分。

被包含的文件通常是由系统提供的或者在本工程所在文件夹中的且扩展名为.h 的文件，因此也称为头文件。C 语言编辑环境中的头文件中包括程序设计时需要用到的标准库函数的函数原型，因此，凡是在程序中调用一个库函数，都必须包含该函数原型所在的头文件。

在本例中使用了三个库函数，即输入函数 scanf、正弦函数 sin 和输出函数 printf。sin 函数是数学函数，其头文件为 math.h 文件，因此在程序的主函数前用 include 命令包含了 math.h。scanf 和 printf 是标准输入/输出函数，其头文件为 stdio.h，在主函数前也用 include 命令包含了 stdio.h 文件。

（2）C 语言规定对 scanf 和 printf 这两个函数可以省去对其头文件的包含命令，所以在本例中也可以删去第二行的包含命令＃include＜stdio.h＞。同样，在例 1-1 中使用了 printf 函数，也可省略包含命令。

（3）main 函数的函数体从结构上分为两部分，是按位置前后来划分的，每个区域中只能书写符合其要求的代码，不能混排（C++ 语言中不受此规则限制）。

前面区域是声明区，只能书写声明或定义语句，如"int a＝0;"和"double x,s;"这两个都是变量定义语句，具体语法在后面章节中进行讲解。只有当所有需要的定义或声明性语句都写完了，才能写运算或处理性可执行语句，如本例中的"printf("input number:\n");"到"printf("sine of ％lf is ％lf\n",x,s);"的所有语句。

（4）程序的功能。程序中先定义一个整数型（int 类型）变量 a，初值是数字 0，再定义两个双精度（double 类型）变量 x 和 s，但没有初值，在后面的程序中要先给变量赋值后才能参与运算或被其他函数使用。有了变量，后面就是使用这些变量通过计算、存储和处理等操作程序实现相应功能。本程序完成的功能是使用"printf("input number:\n");"语句输出提示信息"input number:"后，从键盘输入 1 个数给 x 变量，再将 a 变量的值加上数字 2 再加上 x 变量的值，回写给 x 变量，之后使用 sin 函数求 x 的正弦值，再将得到（函数返回）的正弦值通过赋值运算符写入 s 变量中，然后使用"printf（"sine of ％lf is ％lf\n",x,s);"调用 printf 函数，在标准输出设备上输出以下结果：

```
sine of 7.000000 is 0.656987
```

3

2. C 语言运算或处理性可执行语句

C 语言的运算或处理性可执行语句又分单纯的函数调用语句、表达式语句、含有函数调用的表达式语句、结构控制语句和复合语句等。这里只涉及前三种，其他语句在后续章节中进行详细讲解。

（1）单纯的函数调用语句。调用已有函数（别人定义好的，一般要使用 #include 将相应的头文件包含在调用代码所在的文件中）实现已知的功能，被调用的函数没有返回值（数学意义上的结果值）或者有返回值但不需要使用，语句以分号结束。如"printf（"input number:\n"）;"语句和"scanf（"%lf"，&x）;"分别是向标准输出设备（对于嵌入式系统要看具体定义，一般是串行通信接口）输出信息"input number:"和从标准输入设备输入一个高精度实数给变量 x，这两个函数使用的规则和特点在后面章节中进行讲解。

（2）表达式语句。由运算符和运算对象组合构成的一个语句，语句运行完会得到一个表达式的值，同时可以将其赋值给一个变量，语句以分号结束。如"x＝a＋2＋x;"语句是完成 a 变量的值加上数字 2 再加上 x 变量的值，得到的结果再写入 x 变量中，覆盖掉本指令执行前 x 中的值。

（3）含有函数调用的表达式语句。也是表达式语句中的一种，只不过是函数调用的返回值作为表达式的一个运算对象，再参与表达式的运算过程，语句以分号结束。如本例中"s＝sin（x）;"语句，其调用 sin 函数得到返回值（数学意义上的结果值，具体程序实现方法在第 9 章中进行讲解），通过赋值运算符写入变量 s 中。

3. 输入/输出函数简介

在前两个例子中用到了输入/输出函数 scanf 和 printf，以后会详细介绍。这里先简单介绍一下它们的格式。

scanf 和 printf 这两个函数分别称为格式输入函数和格式输出函数。其意义是按指定的格式输入/输出数据值。完成计算中存储的二进制数与输入/输出设备上输入/输出的文字信息之间的转换。这两个函数调用语句中的括号里由格式控制字符串和参数表两部分组成，中间使用","间隔。

（1）"格式控制字符串"是一个由多种功能结构的格式字符串组合起来的一个组合字符串，所以也可以叫作"格式控制组合字符串"。其必须用双引号括起来，其中包括输入/输出格式控制子串和非格式控制符。每个格式控制子串控制输入/输出信息或数据量的位置和格式，一般由%开始，再由多个格式控制符组成，具体内容在第 4 章中进行详细讲解。

（2）在 printf 函数中，如果在格式控制字符串内出现非格式控制字符，在标准输出设备（如显示屏）上原样输出该字符；在 scanf 函数中，如果在格式控制字符串内出现非格式控制字符，则要在标准输入设备（如键盘）上的当前位置原样输入该字符。

（3）参数表中给出了输入或输出的数值或可以计算出具体数值的表达式。当有多个输入或输出的数量时，必须按顺序书写并用逗号间隔。参数表的顺序与格式控制字符串中各个格式控制字符子串一一对应。格式控制字符子串的位置就是以该格式控制字符子串控制的格式输入/输出对应数量值的对应位置。例如：

```
printf ("sine of %lf is %lf\n",x,s);
```

例 1-2 中该 printf 函数调用语句中的两个%lf 为格式字符子串，表示按双精度浮点数处理。

它在格式字符串中两次出现,对应需要输出的 x 和 s 两个变量值的输出格式和位置。其余字符为非格式字符,则照原样输出在显示器上,对应运行输出结果 `sine of 7.000000 is 0.656987`。

【例 1-3】　程序的基本结构。

```c
int max(int a,int b);              //函数说明
void main()                        //主函数
{
    int x,y,z;                     //变量说明
    //int max(int a,int b);        //函数说明
    printf("input two numbers:\n");
    scanf("%d%d",&x,&y);           //输入,赋值给 x 和 y 变量
    z=max(x,y);                    //调用 max 函数
    printf("maxmum=%d",z);         //输出
}
int max(int a,int b)               //定义 max 函数
{
    if(a>b)
        return a;                  //把结果返回主调函数
    else
        return b;                  //把结果返回主调函数
}
```

(1) 本程序的功能是由用户输入两个整数,程序执行后输出其中较大的数。

(2) 一个程序由多个文件中的多个函数及声明部分组成。多个函数可以由 main 函数＋多个系统函数的调用构成,也可以由一个 main 函数＋多个程序员定义的函数及调用构成,还可以由一个 main 函数＋多个程序员定义的函数＋调用多个系统函数构成。

(3) 本程序由两个自定义函数及系统函数调用构成。函数之间是并列关系。main 函数和 max 函数是用户函数,需要编程者定义;scanf 函数和 printf 函数是系统函数,是已经存在的函数,调用前只要有对应的、必要的头文件包含预处理指令就可以,包含指令写在文件开头的声明部分。

(4) 程序执行从主函数开始,主函数中可以调用其他函数,如 max 函数。max 函数的功能是比较两个数,然后把较大的数返回给主函数。

(5) max 函数是用户自定义函数。如果定义在调用点["z＝max(x,y);"语句]之后或在别的文件中,需要在调用点之前的声明部分(可以是调用点所在函数的声明部分,也可以是本文件的声明部分)使用声明语句(函数首部加分号)进行声明。在此例中也可以放在 main 函数体的"{"后的声明部分,这种方式现在使用得较少,所以使用//改成注释文字。

可见,在程序的说明部分中,不仅可以有变量说明,还可以有函数说明。关于函数的详细内容将在第 9 章中进行介绍。

(6) 在程序的每行后用//可以开始写注释文字,该注释文字不被编译软件编译。//开始的注释文字只能写一行,不能换行,如果要写多行注释,必须在每行的注释文字前加//。

另外有的时候需要写很多行注释,或者把大面积的代码注释掉,不让编译软件对其进行编译,这时可以使用/＊和＊/将所有需要注释的文字括起来。

注意:/＊和＊/要成对使用,并且/＊在前、＊/在后。

5

（7）本例程序的执行过程是按 main 函数体中的语句和其调用的函数体中的语句的书写顺序和结构控制语句执行的：首先在屏幕上显示提示串,请用户输入两个数,按 Enter 键后由 scanf 函数语句接收这两个数并送入变量 x 和 y 中,然后调用 max 函数,并把 x 和 y 的值传送给 max 函数的参数 a 和 b。在 max 函数中比较 a 和 b 的大小,返回大者并赋值给主函数的变量 z,最后使用 printf 函数在显示器上输出 z 的值。

4. C 语言程序的基本语法规则总结

（1）一个 C 语言源程序可以由一个或多个源文件组成。

（2）每个源文件可由一个或多个函数组成。

（3）每个函数的定义体部分由说明性或定义性语句以及运算或处理性语句组成。

（4）一个源程序无论由多少个文件组成,都有且只有一个 main 函数,即主函数。

（5）源程序中可以有预处理命令(include 命令仅为其中的一种),预处理命令通常应放在源程序文件的最前面。

（6）每一个说明性或定义性语句以及每一个运算或处理性语句(结构化程序设计语句除外)都必须以分号结尾。

注意：预处理命令不是 C 语言的执行指令,结尾不必须加分号。函数首部和花括号"{"之后不能加分号。

（7）标识符与关键字之间必须至少加一个间隔符,一般为空格。如果已有语法规则中要求的明显间隔符,也可不再加空格符来间隔。

（8）原则上一个说明性或定义性语句或一个运算或处理性语句占一行,也可以一行写多条这样的执行性语句。同一行的多条语句,语句执行顺序是从左向右依次执行。复合的结构化语句一般写成多行,必要时使用{ }限定复合内容。

1.3 C 语言的字符集及词汇

要点 1：语言是由文字传承的,因此语言是由文字组成的。掌握了对应的文字组成元素和用途,就掌握了语言。

要点 2：同样的文字有不同的用法,其代表不同含义。

1. 字符集

字符是组成语言最基本的元素。C 语言程序设计使用的是键盘上的英文半角,可输入字符集。只有在字符常量、字符串常量和注释中可以使用汉字或其他 ASCII 码表中的图形符号。具体字符集如下。

（1）字母：a～z,共 26 个；A～Z,共 26 个。C 语言是区分大小写的,关键字必须使用小写字母,其他自定义名称中字母的大小写不同时,系统认为是不同名称。

（2）数字：0～9,共 10 个。

（3）空白符：空格符、制表符、换行符等统称为空白符。空白符只在字符常量和字符串常量中起作用。在其他地方出现时,只起间隔作用,称作标准间隔符。因此在程序中使用空白符个数多少,对程序的编译不发生影响,但在程序中适当的地方使用空白符将增加程序的清晰性和可读性。

（4）键盘可输入的半角标点和特殊字符。

2. 词汇

在 C 语言中使用的词汇分为 6 类，即关键字、标识符、运算符、分隔符、常量和注释符。

1）关键字

关键字是由 C 语言规定的具有特定意义的字符串，通常也称为保留字。标准 C 语言一共有 32 个关键字，分别是 auto、break、case、char、const、continue、default、do、double、else、enum、extern、float、for、goto、if、int、long、register、return、short、signed、static、sizof、struct、switch、typedef、union、unsigned、void、volatile 和 while。

后期不同版本的 C 语言对其关键字和语法进行了扩充。C 语言的关键字分为以下几类。

（1）类型说明符。用于定义和说明变量、函数或其他数据结构的类型，如前面例题中用到的 int 和 double 等。

（2）语句功能符。用于表示一个语句的功能部分，如例 1-3 中用到的 if 和 else 就是条件语句的两个语句功能符，即条件语句关键字。

（3）预处理命令字。用于表示一个预处理命令，如前面各例中用到的 #include。

2）标识符

在程序中使用的变量名、函数名、标号等自定义名称统称为标识符。C 语言规定，标识符只能是由 A～Z、a～z、0～9 和下画线"_"组成的字符序列，并且其第一个字符必须是字母或下画线，标识符不能与 C 语言关键字相同。

例如，以下标识符是合法的：

a,x,x3,BOOK_1,sum5,_abc,_asd_d,_12h

例如，以下标识符是非法的：

```
3s          （以数字开头）
s*T         （出现非法字符*）
-3x         （以减号开头。如果是下画线"_"就是正确的）
bowy-1      （出现非法字符"-"，如果是下画线"_"就是正确的）
```

在使用标识符时还必须注意以下几点。

（1）标准 C 语言不限制标识符的长度，但对于各种不同版本的 C 语言编译系统，其限制长度是不同的。例如，在某版本 C 语言中规定标识符前 8 位有效，当两个标识符前 8 位相同时，则被认为是同一个标识符。

（2）在标识符中，大小写是有区别的。例如，BOOK 和 book 是两个不同的标识符。

（3）标识符虽然可由程序员随意定义，但标识符是用于标识某个量的符号。因此，命名应尽量有相应的意义，以便于阅读理解，做到"顾名思义"，而且尽量不重复。虽然有些标识符是可以重名的，但要掌握重名标识符的性质和使用规则才行。

3）运算符

C 语言中含有相当丰富的运算符，如算术运算符＋、－、＊、/等。运算符与常量、变量和函数调用返回值一起组成表达式，表示各种运算功能。运算符由一个或多个字符组成，在后续章节中进行详细讲解。

4）分隔符

在 C 语言中采用的分隔符有逗号、分号、冒号和空格等。逗号主要用在类型说明和函数参数表中,用于分隔各个变量。空格多用于语句各组成部分的关键字和标识符之间,作间隔符,其他的在一些特定语句里使用。在关键字、标识符之间必须要有一个以上的空格符作间隔,否则将会出现语法错误。

例如,把"int a;"写成"inta;",C 编译器会把 inta 当成一个标识符来处理,其结果必然出错。

5）常量

C 语言中使用的常量可分为数字常量、字符常量、字符串常量、符号常量和转义字符等多种,在后面章节中将专门给予介绍。

6）注释符

C 语言的注释符是//、/＊……＊/。在与//同一行之后的任何文字和/＊……＊/之间的任何文字符号都为注释。程序编译时,不对注释做任何处理。注释可出现在程序中的任何位置。注释用来向用户提示或解释程序的意义。在调试程序中对暂不使用的语句也可用注释符注释掉,使程序编译过程跳过该行或不对该段代码做编译。

1.4　习　　题

本章的习题内容请扫描二维码观看。

第 1 章课后习题

第2章 算法及算法描述

要点：程序＝数据结构＋算法。

关于程序的定义在程序设计语言领域有很多不同的说法，但大家都比较认可的是 Nikiklaus Wirth 提出的公式：程序＝数据结构＋算法。

数据结构（data structure）是数据组织形式，包括原始数据的存储、处理过程中的数据存储和结果数据的存储。原始数据为程序提供必要的数据来源；中间过程数据存储为程序处理完成程序功能提供保障；结果数据存储为程序功能实现后必要的人机交互和各个程序间的信息交互提供载体。

算法（algorithm）是对数据的处理过程或操作过程的描述。可以简单理解为对完成任务需求（即程序功能）的各个指令或语句或功能代码的排列顺序的描述。算法设计首先根据程序功能要求设计数据结构以用于存储数据，再根据数据结构设计相应的处理过程来完成任务，处理过程中同时考虑在必要的地方进行人机交互或程序间交互。

程序设计语言和软件编辑环境是完成程序设计和实现任务需求的工具，同一个功能程序可以使用不同的程序设计工具实现。每种工具各有优点，程序员或开发人员根据需要选择不同的工具使用。

C 语言由于其特性优秀、功能强大和能够更接近底层硬件进行功能程序设计，衍生出各种不同的编译软件和集成编辑环境。不同编译软件和集成编辑环境面向不同处理器系列的程序设计，不仅可以用于计算机领域的桌面系统程序设计，而且在嵌入式系统程序设计中应用得更为广泛。目前是物联网与人工智能快速发展的时代，嵌入式处理器相关程序设计需求得以爆发式发展，所以对于电子信息类学生和科技工作者来说，掌握 C 语言程序设计方法，特别是与嵌入式系统程序设计相关的重点内容尤为重要。

2.1 算法举例及描述

要点：算法是程序的灵魂，程序功能由算法决定，程序代码是功能实现的具体表现。同一个算法可以使用不同语言和不同代码实现。

1. 算法举例

【例 2-1】 求 $1 \times 2 \times 3 \times 4 \times 5$。

（1）原始算法如下。

S1：先求 1×2，得到结果 2。

S2：将步骤 1 得到的乘积 2 再乘以 3，得到结果 6。

S3：将 6 乘以 4，得到结果 24。

S4：将 24 再乘以 5，得到结果 120。

这样的算法虽然正确，但太烦琐。

（2）改进的算法如下。

S1：使 $t=1$。

S2：使 $i=2$。

S3：使 $t \times i$，乘积仍然放在变量 t 中，可表示为 $t \times i \to t$。

S4：使 i 的值$+1$，即 $i+1 \to i$。

S5：如果 $i \leqslant 5$，返回 S3；否则输出结果，算法结束。

如果计算 100!，只需将 S5 的"如果 $i \leqslant 5$"改成"如果 $i \leqslant 100$"即可；如果求 $1 \times 3 \times 5 \times 7 \times 9 \times 11$，只需对算法做以下很小的改动。

S1：$1 \to t$。

S2：$3 \to i$。

S3：$t \times i \to t$。

S4：$i+2 \to i$。

S5：如果 $i \leqslant 11$，返回 S3；否则结束。

该算法不仅正确，而且简洁高效，因为计算机是高速运算的自动机器，实现循环轻而易举，特别是对于那些迭代次数比较多的计算机处理任务尤为突出。

【例 2-2】 有 50 个学生，要求将他们之中成绩在 80 分以上者打印出来。

如果 n 表示学生学号，n_i 表示第 i 个学生的学号，g 表示学生成绩，g_i 表示第 i 个学生的成绩，则算法可表示如下。

S1：$1 \to i$。

S2：如果 $g_i \geqslant 80$，则打印 n_i 和 g_i；否则不打印。

S3：$i+1 \to i$。

S4：如果 $i \leqslant 50$，返回 S2；否则结束。

【例 2-3】 判定 2000—2500 年中的每一年是否是闰年，将结果输出。

（1）闰年的条件如下。

如果年份是 4 的倍数，且不是 100 的倍数，为普通闰年；如果年份是 100 的倍数，且是 400 的倍数，为世纪闰年。归结起来就是：四年一闰；百年不闰，四百年再闰。具体描述如下。

① 能被 4 整除，但不能被 100 整除的年份；

② 既能被 100 整除，又能被 400 整除的年份。

（2）设 y 为被检测的年份，则该算法的一种表示形式如下。

S1：$2000 \to y$。

S2：如果 y 不能被 4 整除，则输出 y"不是闰年"，然后转到 S5。

S3：如果 y 能被 4 整除，不能被 100 整除，则输出 y"是闰年"，然后转到 S4。

S4：如果 y 能被 4 整除，且能被 100 和 400 整除，则输出 y"是闰年"；否则输出 y"不是闰年"，然后转到 S5。

S5：$y+1 \to y$。

S6：当 $y \leqslant 2500$ 时，返回 S2 继续执行；否则结束。

（3）该算法的另一种表示形式如下。

S1：2000→y。

S2：如果 y 不能被 4 整除,则输出 y"不是闰年",然后转到 S5。

S3：如果 y 能被 4 整除,又能被 400 整除,则输出 y"是闰年",然后转到 S5。

S4：如果 y 能被 4 整除,且不能被 400 和 100 整除,输出 y"是闰年";否则输出 y"不是闰年",然后转到 S5。

S5：y+1→y。

S6：当 y≤2500 时,返回 S2 继续执行;否则结束。

通过这个程序算法分析的实例可以看出,可以使用不同的算法实现同一个功能,不同程序设计人员拥有不同的思维过程,解决同一个问题会使用不同的算法。每个功能程序实现的算法不是一定的,关键是针对设计任务进行分析,根据其发展规律设计处理方式,再使用代码实现需求,即养成一个"需求—算法（处理过程）—程序"的程序设计思维模式。其中最为关键的就是过程性思维模式的养成,这是工科学生进行工程设计所必备的本领。

【例 2-4】　求 $1-\dfrac{1}{2}+\dfrac{1}{3}-\dfrac{1}{4}+\cdots+\dfrac{1}{99}-\dfrac{1}{100}$。

算法可表示如下。

S1：sigh=1。

S2：sum=1。

S3：deno=2。

S4：sigh=(-1)×sigh。

S5：term=sigh×(1/deno)。

S6：term=sum+term。

S7：deno=deno+1。

S8：如果 deno≤100,返回 S4;否则结束。

【例 2-5】　对一个大于或等于 3 的正整数,判断它是不是一个素数。

算法可表示如下。

S1：输入 n 的值。

S2：i=2。

S3：n 被 i 除,得余数 r。

S4：如果 r=0,表示 n 能被 i 整除,则打印 n"不是素数",算法结束;否则执行 S5。

S5：i+1→i。

S6：如果 i≤n-1,返回 S3;否则打印 n"是素数",然后算法结束。

根据因子成对性质,将 S6 的条件 i≤n-1 改成 i≤$\sqrt{n}$,可以减少迭代次数。

2. 算法的特性的总结

算法可以简单理解成实现一个任务的步骤或操作过程,具有以下特性。

（1）有穷性:一个算法应包含有限的操作步骤而不是无限的步骤。

（2）确定性:算法中每一个步骤应当是确定的,而不能是含糊的、模棱两可的。

（3）输入性:有零个或多个输入（信息交互）。

（4）输出性:有一个或多个输出（信息交互）。

（5）有效性:算法中每一个步骤应当能有效地执行,并得到确定的结果。

（6）可实现性：算法的每一步要可以使用一个语句或一个复合语句实现，从而可以根据算法写出实现程序。

2.2　算法的标准描述方法

要点：算法描述是程序设计的前期准备和后期归纳总结的表现形式，也是团队合作、技术交流及总结、归纳的基本形式。其规范性和准确性直接决定程序设计的效率以及技术交流和总结归纳的被认可度。

算法可以使用自然语言表示，也可以使用流程图来描述。如 2.1 节中的算法就是使用自然语言描述。流程图一般分为基本流程图和 N-S 流程图，而基本流程图更灵活，表示信息更直观，更容易掌握，所以本书只介绍基本流程图。

1. 流程图基本图形元素

流程图基本图形元素见表 2-1。

表 2-1　流程图基本图形元素

图形元素	含　义	图形元素	含　义
⬭	起止框	▭	处理框
▱	输入/输出框	⟶	流向线
◇	判断框	○	连接点

1）起止框

起止框是圆角矩形框，框里可以写"开始"或"结束"或相同含义的文字。"开始"框使用一条带箭头的流向线从上边线或下边线指向流程图中的其他图形元素。"结束"框使用一条带箭头的流向线从流程图中的其他图形元素指向本结束框的上边线或下边线。

只能有一条流向线与起止框相连。如果在多种情况下需要执行本框描述的程序，绘图时将多个需要指向本框的流向线汇集到唯一一条流向线上后再指向本框。

2）输入/输出框

输入/输出框是平行四边形框，里面使用文字或符号描写输入/输出交互功能，表示这个地方使用一段程序或一个语句完成所描述的交互任务。输入/输出框使用两条带箭头的流向线将本框和前后描述任务代码的流程图中的图形元素连接起来。一条流向线从流程图中其他图形元素指向本框的上边线或下边线，表示当前一个任务或处理完成后进入本流程图描述的任务代码开始执行，另一条流向线从本框的另一个上边线或下边线指向流程图中的其他图形元素，表示本框描述的程序代码执行完成后进入后面对应功能程序开始执行。

只能有两条流向线与输入/输出框相连接，如果在多种情况下需要执行本框描述的程序，绘图时将多条需要指向本框的流向线汇集到唯一一条指向本框的流向线上。

3）判断框

判断框是菱形框，里面使用文字或符号描写条件，表示这个地方通过一个条件判断使程序根据条件的成立与不成立情况二选一地转向一个分支程序段去执行。判断框使用三条带箭头的流向线来使本框和前后描述任务代码的图形元素相连接。一条流向线从流程图中的其他图形元素指向本判断框的一个角,表示当前一个任务或处理完成后进入本框描述的条件判断,根据判断结果程序二选一地去执行相应的不同程序代码;另两条流向线从本框的其他三个角中的两个角指向其他图形元素,该角附近使用文字表明对应的条件值,表示条件成立时和条件不成立时分别转向其流向线所指向的后面功能程序开始执行。

只能有三条流向线与判断框相连接,如果在多种情况下需要执行本框描述的程序,绘图时将多条需要指向本框的流向线汇集到唯一一条指向本框的流向线上。

4）处理框

处理框是矩形框,里面使用文字或符号描写一个功能,表示这个地方使用一段程序或一个语句完成所描述的处理任务。处理框使用两条带箭头的流向线来连接本框和前后描述任务代码的图形元素。一条流向线从流程图中的其他图形元素指向本框的四条边线的一条,表示当前一个任务或处理完成后进入本流程图描述的任务代码开始执行;另一条流向线从本框的其他三条边线的一条指向其他图形元素,表示本框描述的程序代码执行完成后进入后面对应功能程序开始执行。

只能有两条流向线与处理框相连接,如果在多种情况下需要执行本框描述的程序,绘图时将多条需要指向本框的流向线汇集到唯一一条指向本框的流向线上。

5）流向线

流向线是带箭头的直线或垂直相连的组合线段,表示从一段处理程序结束处理后按照所连接的流向线的箭头指向进入下一个图形元素所描述的处理程序去执行。

6）连接点

连接点是圆形框,里面书写用于描述结点的数字序号,同一个序号的结点表示是连接在一起的。当流程图的流向线较多并且连接较复杂时,可以使用结点框简化绘图。另外当流程图描述的内容较多,无法在一页文档画完,需要扩展到其他页时,可以使用结点框表示不同页的流程图的相应图形元素的连接关系。

2. 流程图举例

【例 2-6】　将例 2-1 求 5!的算法用图 2-1 表示。

算法描述中的步骤 S1～S4 分别使用 4 个处理框绘制,步骤 S5 使用一个判断框实现。如果条件为"真",程序返回乘法运算处理步骤,循环执行乘法;否则输出结果后程序处理结束。

【例 2-7】　将例 2-2 的算法用图 2-2 表示。

程序开始后变量 i 初始化成 1,之后判断是否 $g_i \geqslant 80$,如果是,则打印输出 n_i 和 g_i;否则不打印,运算 i＋1,写入 i,为下一个数据访问做准备。之后判断如果 i≤50,也就是没有访问完所有学生,返回到第 i 号学生成绩判断;否则程序结束。

任务 2-1：将例 2-3 判定闰年的算法用传统流程图描述。

任务分析：首先将开始年份 2000 赋值给 y,使用处理框描述。下面对这一年份值进行是否是闰年的判断和处理过程描述。首先使用判断框描述 y 能否被 4 整除,如结果为"假",则输出 y"不是闰年",使用输入/输出框描述输出 y"不是闰年"。然后使用处理框描述修改年份值。使用一个判断框描述结束年份判断,如果 y≤2500 为"真",返回是否是闰年的判断开始位置执行,即转到判断 y 能否被 4 整除的判断框入口位置;否则算法结束,即到结束框。

13

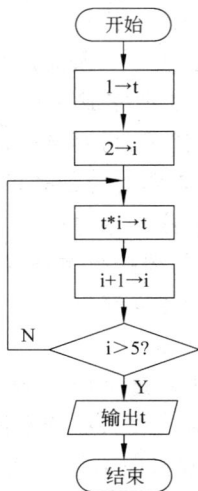

图 2-1　例 2-6 程序流程图　　　　图 2-2　例 2-7 程序流程图

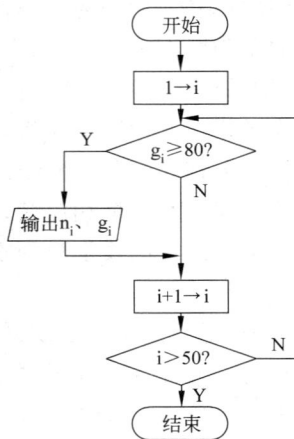

如果 y 能被 4 整除，即第一个判断框条件为"真"时。再使用一个判断框判断能否被 100 整除，如果条件为"假"，则用一个输入/输出框描述输出 y"是闰年"，然后修改年份值，进入下一个年份判断。

相反如果 y 能被 100 整除，即判断条件为"真"，再使用另一个判断框判断能否被 400 整除，使用两个输入/输出描述框描述。如果能整除，输出 y"是闰年"；否则输出 y"不是闰年"。然后同样进入修改年份值处理框，转到下一个年份判断。

任务实现：闰年判断任务程序流程图如图 2-3 所示。

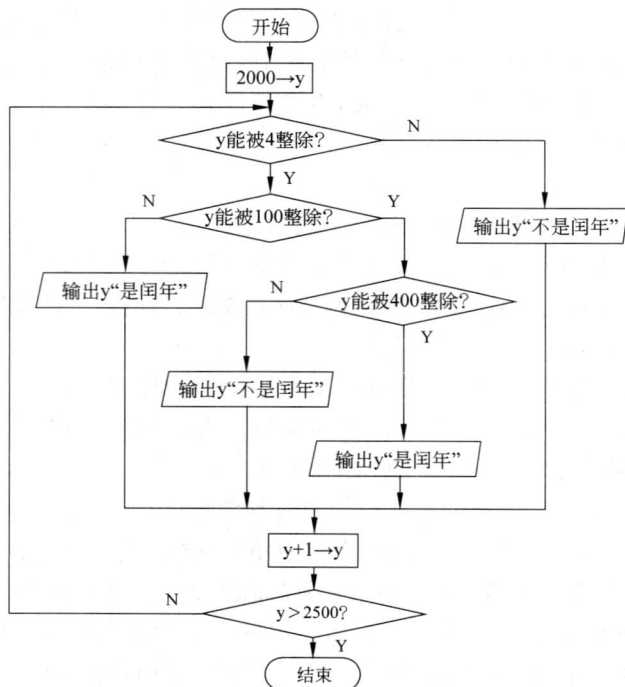

图 2-3　闰年判断任务程序流程图

2.3 习 题

本章的习题内容请扫描二维码观看。

第 2 章课后习题

第3章 数据类型、运算符与表达式

要点：计算机只认二进制数，任何程序代码和程序中的数据在计算机中最终都是以不同位数的二进制形式存储和处理的。数值的具体含义是人为定义的，程序要按照定义的规则来使用。有定义就要有规则，有规则就要遵守。

3.1 C语言数据类型的概念

要点：C语言是强数据类型语言，也就是参与处理的数据必须以确切的数据类型存在。

在第1章中，我们已经看到例程中所使用的各种变量必须先定义，之后才能使用，这是一条语法规则。变量定义必须指定数据类型，也就是说必须给用于存储数据的对象（或称为容器）指定一个类型，这也是C语言的一个严格语法规则，即C语言是一个具有严格数据类型的语言。

程序处理的数据必须是语法上认可的数据类型，每个变量必须是由C语言能够识别的数据类型定义。该数据类型是C语言的特定关键字组合或由特定关键字定义的符号串构成，其作用是限定该变量能够存储数据的类别、在内存中所占用的字节数（即决定变量占用的存储空间的大小）以及数据存储处理格式及规律。

在C语言中，数据类型可分为基本数据类型、自定义数据类型、数组、指针类型和空类型5类，如图3-1所示。下面只对常用的数据类型作介绍，其他数据类型后续可以补充学习。

1. 基本数据类型

基本数据类型是C语言最基础的数据类型，它是由C语言的数据类型相关关键字直接决定的，该类型的数据可以是用户构造数据类型数据的一部分或称为组成成员。标准版C语言的基本数据类型有整数类型、字符类型、实数类型3种类别10个类型，具体关键字与特性在后续各种类型数据的学习过程中逐步进行介绍。

2. 自定义数据类型

自定义数据类型是根据系统已定义或用户已自定义的一个或多个数据类型，使用具体的构造方法来定义的新类型。也就是说，一个自定义的构造类型的值可以分解成若干个"成员"或"值"。每个"成员"都是一个基本数据类型或一个构造类型。在C语言中，自定义类型有结构体类型、共用体（联合）类型和枚举类型，具体内容在第12章中进行讲解。

3. 数组

数组严格意义上讲不是一个数据类型，其只是多个同种类型数据的存储和使用形式的演化。数组是由变量的单个数据存储和使用形式，扩展成地址连续的一串同种类型的数据

```
数据类型
    ├─ 基本数据类型
    │      ├─ 整数类型 ─┬─ 有符号整数型 ─┬─ 有符号整型
    │      │            │                 ├─ 有符号短整型
    │      │            │                 └─ 有符号长整型
    │      │            └─ 无符号整数型 ─┬─ 无符号整型
    │      │                              ├─ 无符号短整型
    │      │                              └─ 无符号长整型
    │      ├─ 字符类型 ─┬─ 有符号字符型
    │      │            └─ 无符号字符型
    │      └─ 实数类型 ─┬─ 单精度型
    │                   └─ 双精度型
    ├─ 自定义数据类型
    │      ├─ 结构体类型
    │      ├─ 共用体类型
    │      └─ 枚举类型
    ├─ 数组
    ├─ 指针类型
    └─ 空类型
```

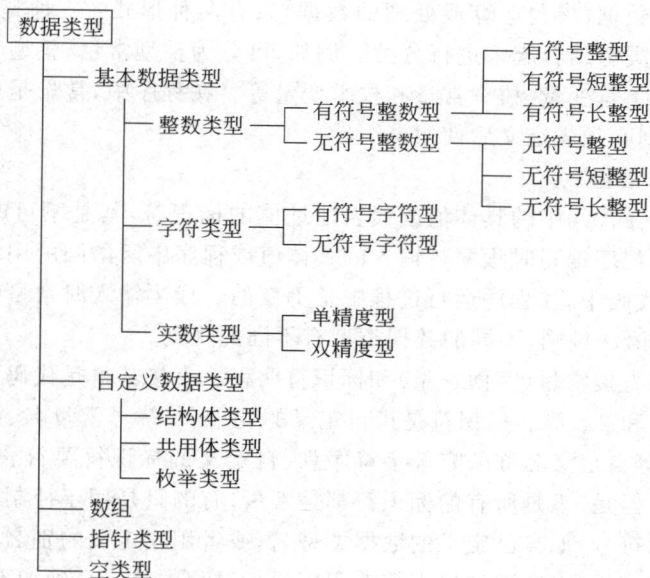

图 3-1　C 语言中的数据类型拓扑图

存储形式。在使用语法形式上根据地址连续的特点,使用"起始地址＋序号"的规律符号串形式的语法规则,即"数组名＋序号"的形式,具体内容在第 8 章中详细讲解。

4. 指针类型

指针类型是一种特殊的数据类型,同时又是具有重要作用的数据类型。指针数据类型本质就是内存单元地址的数据类型,用其定义的变量或数组是用于存储地址的,并且同时规定只能存储某一类数据所在的地址,即对应的存储单元开始存储的数据要符合该指针定义时规定的数据类型,不能是其他类型的数据,即不能指向与定义不符的其他类型数据。

注意:虽然指针变量的取值类似于整型量,但这是两个类型完全不同的量,因此不能混为一谈。具体内容将在第 11 章中进行详细讲解。

5. 空类型

空类型关键字为 void。其一般有两个作用:一个是表示不需要数据或没有数据,一般用于函数的定义与声明,表示没有返回值或不需要参数;另一个是与地址相关的功能,即定义空类型指针,但该类型指针值(即地址)是不能直接用于访问数据的,因为 C 语言是强类型语言,每个数据必须有确切的类型,所以必须进行类型转换之后才能访问。

在本章中,我们先介绍基本数据类型中的整型、浮点型和字符型,其余类型在以后各章中陆续介绍。

3.2　常量与变量的概念

要点 1:常量是程序运行过程中不可改变的量,变量是程序运行过程中可以改变的量。
要点 2:常量是值,变量是存放数值的容器。

程序中使用的数据(参与运算或处理的数据)只有两种形式:一种是常量;另一种是变量。它们可与数据类型结合起来进行分类。例如,可分为整型常量、整型变量、浮点常量、浮点变量、字符常量、字符变量、枚举常量和枚举变量等。在程序中,常量是可以不经说明而直接引用的,而变量则必须先定义后使用。

1. 常量和符号常量

常量是直接写在代码中的具体值或代表地址值的标识符,其是不可改变的一个数值或一组数值。常量是程序编写时程序员输入的具体值或程序中所访问的用符号串所代替的具体值,存储在程序代码中,在程序运行过程中是不变的。代码输入时常量的书写形式要符合 C 语言常量书写的语法规则,不同的数据类型有不同的规则。

常量可以分为直接常量(字面常量)和标识符两种。直接常量是代码中书写的具有直观意义的常量,如 10 和 2.5 等。标识符是指自定义的变量名、符号常量名、函数名、数组名、数据类型名、文件名等自定义名称的有效字符序列,自定义的标识符要符合标识符规则,前面章节中已经讲过。但是,不是所有的标识符都是常量,有的只是用于控制软件编译生成相应代码或存储结构的符号,如自己定义的数据类型名,或者用户定义的别名。只有那些用于表示首地址的标识符才是常量,这种标识符在程序运行过程中是一个确切不变的地址值,其对应程序存储单元中的地址或数据存储单元的某个确切地址值,是一个数值,是不可改变的,所以是常量。

符号常量是指使用编译预处理指令 #define 所定义的一个标识符来代替书写一个常量值的形式。具体定义和使用参考以下例程中 PRICE 常量的定义和使用。

【例 3-1】 常量的使用。

```
#define PRICE 30              //30 是数字常量,PRICE 是定义的符号常量,是 30
void main(void)
{
    int num,total;
    num=10;                   //这里的 10 是数值常量
    total=num * PRICE+2.5;    //这里的 2.5 是数值常量
    printf("total=%d",total); //这里的 printf 是常量,因为 printf 是函数名
    //函数名是这个函数在内存中所占存储单元的首地址,是一个程序运行过程中值不变的量
}
```

注意: #define PRICE 30 所定义的 PRICE 叫作符号常量,但其严格意义上不是可以单独分类的常量,只是一个程序编译时被替换的字符序列,具体特性如下。

在 C 语言中,可以用一个标识符来代替一个常量,称为符号常量,但被代替的那个量才是常量,而所定义的符号常量只是在程序编译时被真正常量替换的符号串而已。如例 3-1 中的 PRICE 就是 30,因为编译时编译软件把程序中出现的所有 PRICE 符号串替换成 30 再编译(把 C 语言程序代码翻译成计算机可以唯一执行的二进制机器语言指令序列的过程)程序。

符号常量在使用之前必须先定义,是编译预处理指令的一种。其一般形式如下:

#define 标识符 常量

编译预处理命令都以 # 开头,也称为宏定义命令,其功能是把该标识符定义为空格符以后的常量。一经定义,以后在程序中所有出现该标识符的地方均被编译成该常量值。使用

符号常量的好处是含义清楚,能做到"一改全改"。习惯上符号常量的标识符用大写字母,变量标识符用小写字母,以示区别。另外,实际上宏定义就是用一个标识符代替一个字符序列,其可以代替由任何字符构成的一串字符序列,不限于数值常量。

2. 变量

变量是值可以改变的量。一个变量一般有一个名字,在内存中一定会占据一定的存储单元,不同类型的变量占用不同个数的存储单元,以不同格式或规律存储数据。变量定义必须放在变量使用之前。定义一般放在变量应该使用的作用域内的定义声明部分,如函数体的开头。变量名和变量值是两个不同的概念,变量名代表的是这个变量所占用的存储单元,是能够容纳数据的容器,可以放在赋值符号"="的左边使用,所以也称左值;变量值是变量所对应存储单元里所存储的数据,是信息而不是容纳信息的容器,所以这是两个相关联的不同概念。当变量放在赋值符号右侧使用时,是读取该变量对应存储单元里存储的数值进而参与运算或对它进行处理;当变量放在赋值符号左侧使用时,是把赋值符号右侧表达式运算出来的数值写入该变量对应的存储单元中,覆盖掉原有数值。

3.3 整 型 数 据

要点:整型是整数和存储整数容器的类型。

3.3.1 整数相关的数据类型

整数相关的数据类型可分为有符号整型、无符号整型、有符号短整型、无符号短整型、有符号长整型和无符号长整型。有符号整型、无符号整型占用 2 字节或 4 字节。16 位字长编译环境中该类型定义的变量占 2 字节,即用 16 位二进制存储空间存储一个整数,如部分单片机开发环境就是 16 位字长编译环境。32 位字长编译环境中该类型定义的变量占 4 字节,即用 32 位二进制存储空间存储一个整数,如桌面系统和部分高性能嵌入式处理器是 32 位系统。短整型和长整型的 4 个数据类型对于 16 位编译环境和 32 位编译环境没有区别。C 语言中对应 16 位字长和 32 位字长的编译器各整数相关数据类型属性分别见表 3-1 和表 3-2。

表 3-1　C 语言中对应 16 位字长的编译器各整数相关数据类型属性

类型说明符	类　型	数 的 范 围	字节数
signed int 或 int	有符号整型	$-32768\sim32767$,即 $-2^{15}\sim(2^{15}-1)$	2
unsigned int 或 unsigned	无符号整型	$0\sim65535$,即 $0\sim(2^{16}-1)$	2
signed short int 或 short	有符号短整型	$-32768\sim32767$,即 $-2^{15}\sim(2^{15}-1)$	2
unsigned short int 或 unsigned short	无符号短整型	$0\sim65535$,即 $0\sim(2^{16}-1)$	2
signed long int 或 long	有符号长整型	$-2147483648\sim2147483647$,即 $-2^{31}\sim(2^{31}-1)$	4
unsigned long int 或 unsigned long	无符号长整型	$0\sim4294967295$,即 $0\sim(2^{32}-1)$	4

表 3-2　C 语言中对应 32 位字长的编译器各整数相关数据类型属性

类型说明符	类　型	数 的 范 围	字节数
signed int 或 int	有符号整型	$-2147483648 \sim 2147483647$，即 $-2^{31} \sim$ $(2^{31}-1)$	4
unsigned int 或 unsigned	无符号整型	$0 \sim 4294967295$，即 $0 \sim (2^{32}-1)$	4
signed short int 或 short	有符号短整型	$-32768 \sim 32767$，即 $-2^{15} \sim (2^{15}-1)$	2
unsigned short int 或 unsigned short	无符号短整型	$0 \sim 65535$，即 $0 \sim (2^{16}-1)$	2
signed long int 或 long	有符号长整型	$-2147483648 \sim 2147483647$，即 $-2^{31} \sim$ $(2^{31}-1)$	4
unsigned long int 或 unsigned long	无符号长整型	$0 \sim 4294967295$，即 $0 \sim (2^{32}-1)$	4

　　从表 3-1 和表 3-2 可知,每个数据类型的关键字都有完整写法和简略写法,一般为了简化编程输入过程而使用简化形式,如 signed int 常规编程时只要使用 int 即可,其他整型数据类型简化的一般规律就是省略前面的 signed 和后面的 int,只使用中间具有辨识度的关键字,但注意 unsigned 不能省略。

　　编程时特别要注意存储空间比较小的数据类型对应的可表示或可存储的数据范围,特别是 2 字节空间的整型数据,由于其存储范围不大,在程序运行过程中很可能出现超过存储范围从而造成运行结果错误的情况。所以程序设计时要分析程序处理数值的大小范围,从而定义合适数据类型的变量。对于嵌入式系统程序设计来说,由于嵌入式处理器内存资源有限或很少,所以在编程时不能浪费,对程序功能和数据需求的分析更为重要,在满足需求的前提下尽可能使用占用存储空间比较小的数据类型。

3.3.2　整型常量的表示方法

　　整型常量就是整数类型的常数。在 C 语言中,使用的整型常数有八进制、十进制和十六进制三种形式。

1. 十进制整型常数

　　十进制整型常数没有前缀,由多位 0~9 的数字组成,但左面第一个数字不能是 0。原因是 C 语言把用数字 0 开头的数定义成了八进制整型常数。

　　以下各数是合法的十进制整型常数:

230,-568,65535,+16027

　　提示:数字前面可以加+号或-号,+号可以省略不写。

　　以下各数是不合法的十进制整型常数:

023,23D,C56

　　023 的错误原因是其不能有前导 0;23D 的错误原因是其含有非十进制数码;C56 的错误原因是其开头数字位置不是数字而是字母,C 语言编译器认为开头位置是字母的数是标识符,即用户自定义名称。

　　正如上面例子,常规书写方式的十进制整数是 int 数据类型,在 16 位字长的机器上,基本整型的长度也为 16 位,因此表示数的范围也是有限的。十进制无符号整常数的范围为 0~65535,有符号数为 -32768~32767。如果使用的数超过了上述范围,就必须用长整型

long 类型数据来表示。

对于 16 位的系统,长整型数据是用后缀 L 或 l 来表示的,如 358000L,因为其大于 int 类型数据范围会出错,加了后缀的 358000L 是 long 类型数据,宽度就是 32 位,运算时数据是完整的,不会出错,否则会被截取变成 30320。也就是一个在 -32768~32767 的数,规律是截取了 358000 的最低 16 位而成,同学们可以将 358000 写成二进制形式分析一下。对于 32 位系统,整型与长整型一致。无须加后缀 L 或 l。

如果希望编程时书写十进制常量是 unsigned int 类型,可以在数字后面加后缀 U 或 u,如果要用 unsigned long 类型常量,可以同时加后缀 L 或 l 和 U 或 u,如 350U、58000LU。

2. 八进制整型常数

八进制整型常数必须以 0 开头,即以 0 作为八进制数的前缀。每位上的数码取值为 0~7,不能出现 8 或 9。八进制数表示的常量通常可以理解成无符号数,但可以加负号,因为在 C 语言中负号是一个运算符,其可以将正数处理成负数,负数处理成正数(二进制数运算规则的取补运算),运算后的数值的数据类型就是 int 类型。在不加负号和后缀时,其是 unsigned int 类型。对于 16 位系统,当不足 16 位时,计算机自动在前面补 0 以补齐 16 位;对于 32 位系统,则使用 0 补齐 32 位。以下各数是合法的八进制整型常数:

015,0101,0177777

分析:015 对应的十进制值为 13;0101 对应的十进制值为 65;0177777 对应的十进制值为 65535,该数对于 16 位编译系统是不带后缀的八进制常量的最大形式。对于 16 位系统,如果输入八进制常量的值大于十进制 65535,要想程序运行正确,必须加后缀 L 或 l,即 unsigned long 类型数据,宽度是 32 位,运算时,数据是完整的,不会出错,否则会被截取最低 16 位,变成一个在 0~65535 的数,如 017375712L。以下各数是不合法的八进制整型常数:

256,03A2,0187

分析:256 无前缀 0,变成了十进制常量;03A2 包含了非八进制数字 A;0187 出现了非八进制数字 8。

3. 十六进制整型常数

十六进制整型常数的前缀为 0X 或 0x。其后跟取值范围为 0~9、A~F 或 a~f 的多位数据。十六进制数表示的数据通常可以理解成无符号数,但可以加负号,也就是使用二进制的取补运算进行数据处理。A~F 或 a~f 代表的是十六进制数字中的除了 0~9 以外的 10、11、12、13、14 和 15 共 6 个数。在不加负号和后缀时,以 0X 或 0x 开头的多位十六进制数是 unsigned int 类型。对于 16 位系统,当不足 16 位时,计算机自动在前面补 0 以补齐 16 位;对于 32 位系统,则使用 0 补齐 32 位。以下各数是合法的十六进制整型常数:

0X9A,0xb32,0XFFFF

分析:0X9A 的值是十进制的 154;0xb0 的值是十进制的 2866;0XFFFF 的值是十进制的 65535,即其是 16 位编译系统中不带后缀的最大十六进制常量。在 16 位编译系统中,如果需要更大的十六进制常量,需要在其后加后缀 L 或 l,如 0x46ff12L。以下各数是不合法的十六进制整型常数:

5A,0X3H

分析:5A 无前缀 0X 或 0x,同时也不是十进制数;0x3H 含有非十六进制数码 H。

3.3.3 整型变量

变量是值可变的量,其本质是一个数据容器,对应多字节的存储单元。变量必须先定义后使用,变量定义语句是一个建造数据容器的过程,编译软件根据变量定义语句中使用的数据类型说明符为该变量分配与之需求相符的确定个数存储单元,并将变量名与之关联起来。有了已知名称的数据容器后,后续程序代码就可以向其存储数据或从中读取数据从而参加运算或处理。

1. 整型变量的定义语法格式
变量定义的一般形式如下:

类型说明符　变量名;

或

类型说明符　变量名[=常量表达式],变量名[=常量表达式],...;

类型说明符用于定义该变量(容器)存储数据的数据类型,其中最重要的是根据该数据类型为其分配连续确定个数的内存单元并与该定义语句中的变量名关联起来,具体关键字及属性见表 3-1 和表 3-2。变量名是这个定义语句定义的变量名称,后面程序代码通过这个名字访问该确定个数的内存单元从而进行数据读取和写入。变量名是程序员自定义的名称,所以是标识符,其必须符合标识符规则。一条变量定义语句可以定义多个变量,每个变量之间只要使用半角的“,”隔开即可。如果定义变量时需要对其进行初始化,即写入一个初始值,只要在变量名后使用“=”符号和常量值或由常量值构成的一个表达式作为变量初始化形式即可。例如:

```
int a,b=2,c;
long x=2,y=5+3;
unsigned p;
```

其中,“int a,b=2,c;”语句是定义 int 类型的 3 个变量,分别为 a、b 和 c,每个变量占用 2 字节(32 位系统是 4 字节)用于存储有符号的整数,可以正确存储的数据范围是 -32768～32767(32 位系统对应的数据范围见表 3-2),其中变量 b 的初始值是 2,其他变量初始值不确定。“long x=2,y=5+3;”语句是定义 long int 类型的 2 个变量,分别为 x 和 y,每个变量占用 4 字节用于存储有符号的整数,可以正确存储的数据范围见表 3-1 或表 3-2,其中 x 的初值是 2,y 的初值是 8。“unsigned p;”语句是定义 unsigned int 类型的 1 个变量 p,该变量占用 2 字节(32 位系统是 4 字节)用于存储有无符号的整数,可以正确存储的数据范围是 0～65535,本例中 p 变量没有进行初始化。

变量定义应注意以下几点。

(1) 允许在一个类型说明符后,定义多个相同类型的变量。各变量名之间用逗号间隔,可以使用“=”对每个变量进行初始化,初始化的值必须是常数或常量表达式的值。类型说明符与变量名之间至少用一个空格间隔。

(2) 最后一个变量名之后必须以“;”号结尾。

(3) 变量定义必须放在变量使用之前。一般放在函数体的开头部分。

（4）这是局部变量,关于全局变量的定义和属性在第 9 章中讲解。

2. 整型变量的定义与使用举例

【例 3-2】　整型变量的定义与使用。

```
void main()
{
    int a,b,c,d;                          //变量定义
    unsigned u;                           //变量定义
    a=12;b=-24;
    u=a;                                  //使用常量对其重新复制
    c=a+u*2;                              //=号右边的变量取变量中存储的数值来参加运算
    d=b*3+u;                              //表达式运算的结果值写入变量 d 中
    printf("a+u=%d,b+u=%d\n",c,d);        //分别取变量 c 和 d 的值,使用 printf 输出
}
```

程序中定义了 4 个 int 类型变量,分别为 a、b、c 和 d。“a=12;”和“b=−24;”分别实现将 12、−24 依次写入变量 a 和 b 中,“u=a;”是先读取变量 a 中的值,然后写入变量 u 中。“c=a+u*2;”和“d=b*3+u;”是先计算“=”号右边的由变量的值、数字常量及运算符构成的表达式的值,再写入“=”符号左侧的变量中。

【例 3-3】　整型数据的溢出,假设使用的是 16 位编译系统(32 位系统中可以使用 short int 类型进行测试)。

```
void main()
{
    int a,b;
    a=32767;
    b=a+1;
    printf("%d,%d\n",a,b);
}
```

其运行结果不是 32768,而是 −32768,原因如下。

“a=32767;”语句使 a 变量对应连续 2 个存储单元,存储的数据如下,最高位是符号位,为 0,其他数据位以源码形式存储:

0	1	1	1	1	1	1	1	1	1	1	1	1	1	1	1

a+1 的值如下:

1	0	0	0	0	0	0	0	0	0	0	0	0	0	0	0

由于次高位向最高位产生了进位,最高位变成了 1。由于最高位对于有符号数是符号位,也就是符号位变成了 1,从而该数变成了负数。又由于负数在计算机中是以补码形式存储的,所以该值就变成了 −32768。

任务 3-1: 如果程序中不是“a+1”而是“a+5”或有加其他数的情况,程序运行结果是多少呢？计算机处理的规律是不变的,同学们可以自行进行演算和修改例 3-3 的程序进行验证。

3.4　实 型 数 据

要点: 实型是实数和存储实数容器的类型。

23

3.4.1 实数类型

实数也就是带小数点的数字,计算机领域存储实数一般使用两种形式:一种是定点数形式,另一种是浮点数形式。定点数形式是使用一定长度的存储单元存储整数部分,还有一定长度的存储单元存储小数部分,即小数点位置是固定在某个位置上。而浮点数形式是使用科学记数法形式表示数据,如 125.3 写成科学记数法形式时,可以是 1.253×10^2,也可以是 12.53×10^1 等,同一个数有多种写法,从形式上看每种写法小数点的位置是不同的,即它是小数点可以浮动的表示形式,所以叫浮点数形式。科学计数法表示的数据也由两部分组成,一部分是乘号前面的数字,称为有效数字;另一部分是 10 的次方数,其决定数字的数量级。如果把这种科学记数法形式统一成一个标准形式,如乘号前面的数字是一个整数部分为 0 且小数点后面数字不为 0 的纯小数,这样 125.3 唯一可以写成 0.1253×10^3,这就是计算机系统进行实数存储的基本原理。一个实数分为两部分存储,一部分存储纯小数部分数值,即有效数字,以带符号数形式存储;另一部分存储幂次数,也以带符号数形式存储,不过不是 10 的幂次而是 2 的幂次。计算机对其进行运算和处理时也符合其存储规律,由硬件保证其正确性。当存储小数部分的有效数字位数和 2 的幂次数的位数不同时,就产生了不同的实数类型,即浮点数类型。C89 中浮点数类型有 2 种,分别是单精度型和双精度型,见表 3-3。

表 3-3　实数数据类型及属性

类型说明符	类型	比特数(字节数)	有效数字	数的范围
float	单精度型	32(4)	6～7	$-3.4 \times 10^{38} \sim 3.4 \times 10^{38}$
double	双精度型	64(8)	15～16	$-1.79 \times 10^{308} \sim 1.79 \times 10^{308}$

单精度型使用 32 位二进制数存储实数,其有效数字只有 6～7,为了安全起见,一般认为是 6 位,即使用标准化的科学计数法表示数字时纯小数部分只能存 6～7 位,存储的数据精度不高。双精度型使用 64 位存储一个实数,尽管也分割成小数部分和指数部分,但与单精型存储结构相比,存储小数部分的位数还是多了很多位,所以能够存储下来的有效数字位数就增多了,到了 15～16 位。C99 中扩充定义了长双精度型,其使用了更大的存储空间存储一个实数,所以其存储的有效数字和数字范围都更大。由于嵌入式系统中大多不会用到该类型,故在此不详细介绍。

同样,编程时要特别注意存储空间比较小的数据类型对应的可表示或可存储的数据范围,在程序运行过程中很可能超过范围从而造成运行结果错误,所以要分析程序对数据处理的可能情况来选择合适的数据类型。由于嵌入式处理器性能和内存资源有限,所以在编程时不能浪费,对程序功能和数据需求的分析更为重要,在满足需求的前提下尽可能使用占用存储空间比较小的数据类型。

另外因部分嵌入式系统的处理器硬件不支持浮点数运算,编译器编译带有浮点数运算的语句时会生成专门使用整数运算方法处理浮点数数据的大段程序,从而会大幅增加程序长度。因此这类系统尽量不用实型数据。

3.4.2　实型常量的表示方法

实型常量也称为实数或者浮点数。在 C 语言中,实数只能采用十进制形式书写,对应的数据类型为 double。它有两种具体书写形式,分别是带小数点的定点数形式和指数形式,即科学记数法形式。

1. 带小数点的定点数形式

由多位数字 0~9 构成的整数部分+小数点+若干位由数字 0~9 构成的小数部分构成,甚至小数位如果全是零,可以不写,但要保留小数点。以下是合法的实数常量:

0.0,2.50,5.789,−0.13,5.,30.00,−267.8230

注意:必须有小数点。

以下是不合法的实数常量:

345,−5,0x23.6

345 错在无小数点,这样就变成 int 类型的整数常量;−5 错在无小数点,这样就变成 int 类型的整数常量;0x23.6 错在 0x 在编译器里被认为是十六进制整数的前缀,而后面又出现了小数点,实数表示形式没有十六进制形式,编译时会认为是语法错误。

2. 指数形式

由带小数点的或不带小数点的十进制数和阶码标志 e 或 E 以及阶码(10 的次方数,只能为整数)3 个部分组成,每个部分之间不能有空格。其中十进制数和阶码都可以带正负号,正号可以省略。

以下是合法的实数常量:

2.9E6,3.4e−1,0.5E6,−2.89E−3

2.9E6 等于 2.9×10^6;3.4e−1 等于 3.4×10^{-1};0.5E6 等于 0.5×10^6;−2.89E−3 等于 $−2.89 \times 10^{-3}$。

以下是不合法的实数常量:

E7,53.−E3,2.7E

E7 错在阶码标志 E 之前无数字,这样就变成了标识符;53.−E3 错在负号位置不对,这样既不是数字常量也不是标识符,编译时提示错误;2.7E 错在无阶码,指数形式三部分缺一不可,编译时会认为是语法错误。

默认 double 类型的实型常量可以加后缀 f 或 F 从而转换成 float 类型的实数常量,如 2.3f 和 2.3e−2f 是 2 个 float 类型的实数常量。

3.4.3　实型变量

1. 实型变量定义的一般形式

实型变量定义的一般形式如下:

类型说明符　变量名[=常量表达式],变量名[=常量表达式],…;

实型变量使用实型数据类型关键字,一般有两种类型,分别是单精度(float 型)和双精度(double 型)。实型变量定义的格式和书写规则与整型相同。初始化用的常量是实型常量或整型常量。如果是整型常量,会自动进行对应实型数据类型的强制转换,数值大小不变,只是数值存储格式变成浮点数存储格式,也可以使用常量表达式的值作初值。例如:

```
float x=2.3,y;
double a,b=2.0+5,c=34;
```

本例中"float x=2.3,y;"语句定义了 2 个 float 类型的变量 x 和 y,x 的初值是 2.3。语句"double a,b=2.0+5,c=34;"定义了 3 个 double 类型的变量 a、b 和 c,其中 b 的初值是2.0+5,结果是 7.0,c 的初值是由 34 强制类型转换成的 34.0。

2. 实型变量的存储误差问题

由于实型变量是由有限的存储单元组成的,小数存储部分决定可存储的数据精度,即有效数字位数,指数部分决定存储数据的数量级大小,因此其能够存储的数据大小和精度(有效数字位数)是有限的。

【例 3-4】 实型数据的存储误差实例 1。

```
void main()
{
    float a,b;
    a=123456.789e6;
    b=a+20;
    printf("a=%f\n",a);
    printf("b=%f\n",b);
}
```

程序运行结果如下:

通过运行结果可以发现,a 变量读出来的值是 123456790528.0,但是我们给它赋的值是123456789000.0(123456.789e6),误差为 123456790528.0−123456789000.0,是 1528,可见存储实数时,当要存数据的有效数字(数字从左边第一位到最后不为零数字位的总位数)位数大于能够存储的数据位数时,有一部分数据就丢失了,但由于指数部分没超过范围,所以数量级没有错误。

实际存储数据是 123456790528.0,这跟 float 类型的小数部分对应的位数和每一位的数据权重有关,具体可以查阅计算机系统浮点数存储相关格式内容,再把数据转换成 32 位二进制浮点数格式后分析便可知。一般程序员只要知道实数在计算机中可以有效存储的数据有效位数是有限的(精度是有限的)即可。掌握每种实数数据类型的有效数字位数,根据设计任务需求,在保证数据正确性的前提下选择占用存储空间较小数据类型使用。

b 变量的值与 a 变量的值相等,a+20 没有起作用。这是因为 20 是一个只有个位和十位的两位数字,a 是 float 类型,只能存储 6~7 位十进制有效数字,如例子中 123456789000.0,只能正确存储到数字 7 的位置,后面的数字是不能够正确存储的,所以在没有被存储的个位和十位上进行加法运算的结果无法被存储下来,因为这部分数据被舍去了。

因此,对浮点数据可存储的有效数据以外的位置进行运算是无意义的,因为无法保存。

【例 3-5】 实型数据的存储误差实例 2。

```
void main()
{
    float a;
    double b;
    a=33333.33333;
    b=33333.33333333333333;
    printf("a=%-f\nb=%-.20f\n",a,b);
}
```

程序运行结果如下：

```
a=33333.332031
b=33333.33333333333600000000
请按任意键继续. . .
```

　　从运行结果上看，float 类型的 a 变量存储数据的有效数字从第 8 位起就与实际需要存储的常量值不同了；double 类型的 b 变量存储数据的有效数字从第 17 位起就与实际需要存储的常量值不同了。因此如果程序中出现 1.0/3 这样的值，是准确的 1/3 吗？答案是否定的。如果有 (1.0/3)＊3 这样的值，运算结果又是多少呢？是等于 1 吗？答案也是否定的，但其值接近数字 1。

　　尽管实数类型数据表示的数据可以很大，也可以很小，但是也存在误差。同整数类型一样，如果超过其数据存储的极限，一样会出现数据错误。如果精度上的误差是被允许的或者影响不大，使用实数类型定义变量比占用同等存储空间长度的整型类型能够存储的数据范围更大。

3.5　字符型数据

　　要点 1：字符主要是文字信息和用于交流的可视图形符号，除此之外还包括计算机中特殊定义的一些不可视的控制符号，用于辅助计算机完成一些图形符号输入/输出的控制。

　　要点 2：字符在计算机中只能以二进制数据形式存储，这是由计算机硬件结构决定的，所以该类型数据用于计算时是数值，用于人机交互（输入/输出）时是图形符号或专有控制功能。

3.5.1　字符数据类型

　　前面讲了整型数据、实型数据，现在来讲字符型数据，数据和程序代码在计算机中都是以二进制数形式存储的，不过是人为给它们定义了不同的含义。每种含义的数据有它特有的规律，又根据这个规律设计处理电路以及与之配套的指令，用指令指挥处理器对应的电路完成相应的运算或处理。计算机是使用数字电路构成的，这是计算机结构的本质。

　　字符型数据也是存储在计算机里的一种信息，与整数、实数一样。不过字符信息是用于人机交互的视觉符号和一些有特殊功能的非直观可视符号。如可视信息有文字、标点符号等,还有计算机中使用的一些特殊符号或标志符,如回车符、换行符、文件结束标志等。这些信息计算机也需要能够存储和处理,所以定义了相应数据存储规则和数据类型。

字符型数据在计算机中规定使用 1 字节存储,存储的数据叫作 ASCII 码。具体 ASCII 码值与字符的关系见表 3-4,每个 ASCII 码值对应一个符号。所以每个字符型数据具备两个属性,一个属性是数据值(ASCII 码值);另一个属性是用于显示或起到一定控制功能的符号,其值是数且是整数,所以可以表示大小。符号适用于显示或控制,所以是图形或功能。

表 3-4 具体 ASCII 码值与字符的关系

十进制	八进制	十六进制	二进制	符号	中文解释
0	000	00	00000000	NUL	空字符
1	001	01	00000001	SOH	标题开始
2	002	02	00000010	STX	正文开始
3	003	03	00000011	ETX	正文结束
4	004	04	00000100	EOT	传输结束
5	005	05	00000101	ENQ	询问
6	006	06	00000110	ACK	收到通知
7	007	07	00000111	BEL	铃
8	010	08	00001000	BS	退格
9	011	09	00001001	HT	水平制表符
10	012	0A	00001010	LF	换行符
11	013	0B	00001011	VT	垂直制表符
12	014	0C	00001100	FF	换页符
13	015	0D	00001101	CR	回车符
14	016	0E	00001110	SO	移出
15	017	0F	00001111	SI	移入
16	020	10	00010000	DLE	数据链路转义
17	021	11	00010001	DC1	设备控制 1
18	022	12	00010010	DC2	设备控制 2
19	023	13	00010011	DC3	设备控制 3
20	024	14	00010100	DC4	设备控制 4
21	025	15	00010101	NAK	拒绝接收
22	026	16	00010110	SYN	同步空闲
23	027	17	00010111	ETB	传输块结束
24	030	18	00011000	CAN	取消
25	031	19	00011001	EM	介质中断
26	032	1A	00011010	SUB	替换
27	033	1B	00011011	ESC	换码符
28	034	1C	00011100	FS	文件分隔符
29	035	1D	00011101	GS	组分隔符

十进制	八进制	十六进制	二进制	符号	中文解释
30	036	1E	00011110	RS	记录分离符
31	037	1F	00011111	US	单元分隔符
32	040	20	00100000	(space)	空格
33	041	21	00100001	!	感叹号
34	042	22	00100010	"	双引号
35	043	23	00100011	#	井号
36	044	24	00100100	$	美元符
37	045	25	00100101	%	百分号
38	046	26	00100110	&	与
39	047	27	00100111	'	单引号
40	050	28	00101000	(	左括号
41	051	29	00101001	)	右括号
42	052	2A	00101010	*	星号
43	053	2B	00101011	+	加号
44	054	2C	00101100	,	逗号
45	055	2D	00101101	-	连字号或减号
46	056	2E	00101110	.	句点或小数点
47	057	2F	00101111	/	斜杠
48	060	30	00110000	0	0
49	061	31	00110001	1	1
50	062	32	00110010	2	2
51	063	33	00110011	3	3
52	064	34	00110100	4	4
53	065	35	00110101	5	5
54	066	36	00110110	6	6
55	067	37	00110111	7	7
56	070	38	00111000	8	8
57	071	39	00111001	9	9
58	072	3A	00111010	:	冒号
59	073	3B	00111011	;	分号
60	074	3C	00111100	<	小于
61	075	3D	00111101	=	等号
62	076	3E	00111110	>	大于
63	077	3F	00111111	?	问号
64	100	40	01000000	@	电邮符号
65	101	41	01000001	A	大写字母 A

十进制	八进制	十六进制	二进制	符号	中文解释
66	102	42	01000010	B	大写字母 B
67	103	43	01000011	C	大写字母 C
68	104	44	01000100	D	大写字母 D
69	105	45	01000101	E	大写字母 E
70	106	46	01000110	F	大写字母 F
71	107	47	01000111	G	大写字母 G
72	110	48	01001000	H	大写字母 H
73	111	49	01001001	I	大写字母 I
74	112	4A	01001010	J	大写字母 J
75	113	4B	01001011	K	大写字母 K
76	114	4C	01001100	L	大写字母 L
77	115	4D	01001101	M	大写字母 M
78	116	4E	01001110	N	大写字母 N
79	117	4F	01001111	O	大写字母 O
80	120	50	01010000	P	大写字母 P
81	121	51	01010001	Q	大写字母 Q
82	122	52	01010010	R	大写字母 R
83	123	53	01010011	S	大写字母 S
84	124	54	01010100	T	大写字母 T
85	125	55	01010101	U	大写字母 U
86	126	56	01010110	V	大写字母 V
87	127	57	01010111	W	大写字母 W
88	130	58	01011000	X	大写字母 X
89	131	59	01011001	Y	大写字母 Y
90	132	5A	01011010	Z	大写字母 Z
91	133	5B	01011011	[	左中括号
92	134	5C	01011100	\	反斜杠
93	135	5D	01011101	]	右中括号
94	136	5E	01011110	^	音调符号
95	137	5F	01011111	_	下画线
96	140	60	01100000	`	重音符
97	141	61	01100001	a	小写字母 a
98	142	62	01100010	b	小写字母 b
99	143	63	01100011	c	小写字母 c
100	144	64	01100100	d	小写字母 d
101	145	65	01100101	e	小写字母 e

十进制	八进制	十六进制	二进制	符号	中文解释
102	146	66	01100110	f	小写字母 f
103	147	67	01100111	g	小写字母 g
104	150	68	01101000	h	小写字母 h
105	151	69	01101001	i	小写字母 i
106	152	6A	01101010	j	小写字母 j
107	153	6B	01101011	k	小写字母 k
108	154	6C	01101100	l	小写字母 l
109	155	6D	01101101	m	小写字母 m
110	156	6E	01101110	n	小写字母 n
111	157	6F	01101111	o	小写字母 o
112	160	70	01110000	p	小写字母 p
113	161	71	01110001	q	小写字母 q
114	162	72	01110010	r	小写字母 r
115	163	73	01110011	s	小写字母 s
116	164	74	01110100	t	小写字母 t
117	165	75	01110101	u	小写字母 u
118	166	76	01110110	v	小写字母 v
119	167	77	01110111	w	小写字母 w
120	170	78	01111000	x	小写字母 x
121	171	79	01111001	y	小写字母 y
122	172	7A	01111010	z	小写字母 z
123	173	7B	01111011	{	左大括号
124	174	7C	01111100	|	垂直线
125	175	7D	01111101	}	右大括号
126	176	7E	01111110	~	波浪号
127	177	7F	01111111	DEL	删除

ASCII 码使用指定的 7 位或 8 位二进制数组合来表示 128 或 256 种可能的字符。标准 ASCII 码也称基础 ASCII 码,使用最高位为 0 的 8 位二进制数来表示所有大写和小写字母、数字 0~9、标点符号,以及计算机中的特殊控制字符。

ASCII 码值 0~31 及 127 是控制字符或通信专用字符。32~126 是打印字符,其中 48~57 为 0~9 的阿拉伯数字字符,65~90 为 26 个大写英文字母字符,97~122 为 26 个小写英文字母字符,其余的为一些标点符号、运算符号等字符。

扩展字符是最高位为数字 1 的 8 位二进制数,有 128 个,其使用有一定特殊规范,一般程序设计软件根据支持的语言编码不同对其的支持情况不同,在系统中大部分用于定义汉字的编码,可以在程序中使用汉字作为字符数据。扩展 ASCII 码字符集相关内容根据需要自行查阅资料进行补充学习。

字符型数据在嵌入式系统程序设计中很常用,除了根据控制字符和打印字符的控制和图形特性进行文字信息处理以外,还利用其占用存储空间少的特性进行数据存储和运算。

字符型数据类型只有两种:一种是有符号字符型,即字符型 char,这是在 C 语言中经常使用的字符数据类型,用于图形化文字输入/输出,以及绝对值比较小的有符号数字的存储和处理;另一种是无符号字符型,在嵌入式系统中用于数值比较小的无符号数据存储及处理。字符型数据类型见表 3-5。

表 3-5　字符型数据类型

类型说明符	类　型	比特数(字节数)	数 的 范 围
char	有符号字符型	8(1)	−128～127
unsigned char	无符号字符型	8(1)	0～255

从表 3-5 可知,字符型数据存储的数值特性是位数少,因此数值范围就更有限。char 类型数据的数值范围是 −128～127,unsigned char 类型数据的数值范围是 0～255,在表达式中参与运算时是自动转换成 int 类型数据再运算的,转换后数字符号和大小不变。

3.5.2　字符常量

字符常量是在编写程序时书写的一个字符的表示形式,用来代表一个在 ASCII 表中的数值,也就是一个控制符号或打印(可显示)符号。其语法规则是使用一对半角的单引号界定一个字符或一个转义字符。

1. 最简单形式

字符常量的最简单形式是使用一对半角的单引号界定一个字符,表示在 C 语言的程序中使用该字符的 ASCII 码值。如果使用输出或显示程序可以向输出设备打印该符号,完成二进制数值到用于人机交互的图形的转换。以下是合法的字符常量:

'a','b','=','+','?'

其数值属性的值是 97、98、61、43 和 63,如果使用输出或显示程序可以向输出设备打印其图形属性,为 a、b、＝、＋和？字样。

在 C 语言中,字符常量的使用要注意以下几点。

(1) 字符常量只能用单引号括起来,不能用双引号或其他括号。

(2) 字符常量只能是单个字符,不能是多个字符。

(3) 字符可以是字符集中任意字符。

(4) 数字字符值是 ASCII 码值而不是数字本身,注意其值大小的变化。如'5'和 5 的值是不同的。'5'是字符常量,其值是 53 而不是 5。

2. 转义字符

转义字符是一种特殊的字符常量。转义字符以反斜线"\"开头,后跟一个或几个符合一定格式规范的字符。转义字符具有特定的含义,不同于字符原有的意义,故称"转义"字符。例如,在前面各例题 printf 函数的格式串中用到的\n 就是一个转义字符,其意义是"回车换行"。转义字符主要用来表示那些用一般字符不能表示的控制字符和 C 语言语法中已被赋予特殊含义的标点符号等,见表 3-6。

表 3-6　常用的转义字符及其含义

转义字符	意　义	功　能
\n	回车换行符	当前位置移动到下一个行开头
\b	退格符	当前位置移到前一个字符位置
\r	回车符	当前位置移动到本行开头
\t	横向(水平)制表符	当前位置移动到下一个水平制表点(下一个水平显示区开头,一个显示区的宽度为 8 个字符)
\v	纵向(垂直)制表符	当前位置移动到下一个垂直制表点(打印机用)
\f	走纸换页符	当前位置移动到下一个页开头(打印机用)
\\	反斜线	显示或输出反斜线(\)
\'	单引号	显示或输出单引号(')
\"	双引号	显示或输出双引号(")
\?	问号	显示或输出问号(?)
\a	鸣铃	产生警示信号
\ddd	1～3 位八进制数所代表的字符	显示或输出该码所代表的字符
\xhh	1～2 位十六进制数所代表的字符	显示或输出该码所代表的字符

在表 3-6 中,每个转义字符都是 1 个字符,代表的是 1 个 ASCII 码。C 语言字符集中的任何一个字符均可用转义字符的特定形式来表示,表中的\ddd 和\xhh 正是为此而提出的。ddd 和 hh 分别为八进制和十六进制的 ASCII 码值,如\101 表示字母 A,\102 表示字母 B,\134 表示反斜线,\X0A 表示换行符等。

【例 3-6】　转义字符的使用。

```c
#include<stdio.h>
void main()
{
    printf("%d\t%d\n",12,123);
    printf("%d\t%d\n",234,34);
    printf("%d\t%d\n",13456789,523);
    printf("%d\b%d\n",123,456);
    printf("%d\101\x61%d\x41\n",123,456);
}
```

程序运行结果如下:

```
12      123
234     34
13456789        523
12456
123Aa456A
请按任意键继续. . .
```

从本例程的运行结果的前两行可以看出,每行的数据中一个显示区的宽度为 8 个字符,每个区中数字上下首位置对齐,这是由转义字符\t 控制实现的,对齐方式由输出语句 printf

的格式控制符决定。

第三行的输出语句中由于前面数据多于 8 个,所以\t 跳到了第三个显示区。

第四行的输出语句中的\b 表示光标退回这个 3 的位置上,继续输出后面的字符 456。每个 printf 的格式控制符中决定输出的内容的最后一项都是一个转义字符\n,所以每执行完一个 printf 函数调用,最后输出的都是回车换行,使屏幕上显示光标转到下一行的首位置开始。

第五行的输出语句中\101、\x61 和\x41 是 3 个字符,分别是 A、a 和 A,所以这个输出语句输出 123 后输出 Aa,再输出 456 和 A。

3.5.3　字符变量

字符变量是用来存储字符型数据的数据容器,即占 1 字节存储单元的数据容器。字符变量的类型说明符是 char 或者 unsigned char,具体属性见表 3-5。字符变量类型定义的格式和书写规则都与整型变量相同。例如:

```
char a,b;
char x='a',y;
unsigned char t=0x41,k=34;
```

分析:"char a,b;"是定义了 2 个 char 类型的变量 a 和 b,没有初始化;"char x='a',y;"定义了 2 个变量 x 和 y,x 初始化数值为字符 a 的 ASCII 码值,y 没初始化。"unsigned char t=0x41,k=34;"定义了 2 个 unsigned char 类型的变量 t 和 k,t 变量使用十六进制常量 0x41 初始化成 65,也就是 A 字符的 ASCII 码值;k 变量使用十进制常量初始化成 34,也就是字符"""的 ASCII 码值。

C 语言允许对整型变量赋以字符值,也允许对字符变量赋以整型值。在输出时,允许把字符变量按整型量输出,也允许把整型量按字符量输出,因为输出是二进制数到图形的转换过程,其是使用转换程序实现的,转换程序可以根据程序员指定的转换要求进行相应转换,对于 printf 函数就是由格式控制符选择的。

整型量为多于 1 字节的数据或变量,字符量为单字节量数据或变量,当整型量按字符量处理时,只截取整型量的最低 8 位数值使用。

【例 3-7】　向字符变量赋以整数。

```
#include<stdio.h>
void main()
{
    char a,b;
    a=120;
    b=121+512;
    printf("%c,%c\n",a,b);
    printf("%d,%d\n",a,b);
}
```

程序运行结果如下:

```
x,y
120,121
请按任意键继续. . .
```

本程序中定义 a、b 为字符型变量,但在赋值语句中赋以整型值。从结果看,a、b 值的输出形式取决于 printf 函数格式串中的格式符,当格式符为"%c"时,输出对应变量值的字符属性的图形;当格式符为"%d"时,输出对应变量的整数值属性的图形。

其中"b=121+512;"语句是将 121+512 的结果 633 赋给变量 b,但变量 b 的数据类型决定了其存储空间只有 1 字节,所以程序执行时只截取了 633 对应二进制数的最低 8 位的值,即 121,写入了变量 b 中。所以这时 b 的值是 121,字符属性对应图形是字母 y。

【例 3-8】　字符变量的使用。

```
#include "stdio.h"
void main()
{
    char a,b;
    a='a';
    b='b';
    printf("%c,%c\n%d,%d\n",a,b,a,b);
    a=a-32;
    b=b-32;
    printf("%c,%c\n%d,%d\n",a,b,a,b);
}
```

程序运行结果如下:

```
a,b
97,98
A,B
65,66
请按任意键继续. . .
```

本例中,a、b 被说明为字符变量并赋予字符值,C 语言允许字符变量参与数值运算,即用字符的 ASCII 码值转换成 int 型数据后参与运算。由于小写字母的 ASCII 码值比大写字母的 ASCII 码值大 32,所以"a=a-32;"和"b=b-32;"是将小写字母换成大写字母,然后分别以整型和字符型输出其文字图形信息。

3.5.4　字符串常量

字符串是由多个(或者称为一串)字符型数据构成数据串。从语法上看,C 语言编译器认为一对双引号括起的字符序列为字符串常量。例如,"CHINA""C program""$12.5"等都是合法的字符串常量。

字符串常量和字符常量是不同的量。它们之间主要有以下区别。

(1) 字符常量由单引号括起来,字符串常量由双引号括起来。

(2) 字符常量只能是单个字符,字符串常量则可以含一个或多个字符。

(3) 可以把一个字符常量赋给一个字符变量,但不能把一个字符串常量赋给一个字符变量。在 C 语言中没有相应的字符串变量。这是与其他高级语言不同的。但是可以用一个字符数组来存放一个字符串常量,这将在第 8 章予以介绍。

（4）字符常量占 1 字节的内存空间。字符串常量占的内存字节数等于字符串中字符数加 1,增加的 1 字节中存放字符'\0'(ASCII 码值为 0)。这个'\0'在 C 语言中具有特殊含义,即字符串结束标志。每个以字符串形式存在的信息中必须含有一个'\0',否则在 C 语言程序中不能以字符串处理规则进行处理。

字符串"C program"在内存中所占的字节如下:

'C'	32	'p'	'r'	'o'	'g'	'r'	'a'	'm'	'\0'

含有一个字符的字符串和一个字符型数据是有区别的。字符常量'a'和字符串常量"a"虽然都只有一个字符,但在内存中的情况是不同的。'a'在内存中占 1 字节,可表示为

'a'

"a"在内存中占 2 字节,可表示为

'a'	'\0'

3.6 各类数值型数据之间的转换

要点:C 语言是强类型语言,无论是运算的原始数据还是运算结果都具有确切数据类型,且运算结果的数据类型与运算对象数据类型一致。

C 语言中的数据在运算过程中要将与每个运算符相结合的运算对象进行类型转换,统一成相同的数据类型的数据后再进行运算。数据类型的转换方法有两种:一种是自动转换,另一种是强制转换。

3.6.1 数据类型之间转换规则

1. 不同类别的数据之间的转换

1）整型与实型之间的数据转换

整型向实型转换的规律是加小数点和小数位 0,实型向整型转换的规律是去掉小数点和小数。无符号数作为正数处理。例如,12.63 转换成整数为 12,记住不进行四舍五入;12 转换成实数是 12.0。

2）字符型与整型之间数据转换

字符型数据向整型数据转换时,如果是有符号字符型数据转换成有符号整型,则在前面补足够多的数据位,每个补的位值等于原字符型数据的符号位(8 位 ASCII 的最高位);如果是无符号字符型数据向整型数据转换,则在前面补足够多的 0,具体补的位数根据目标数据类型数据长度而定。例如,字符型数据 0xf2 转换成 long 型数据为 0xfffffff2;无符号字符型数据 0xf2 转换成 long 型数据为 0x000000f2。

整型数据向有/无符号字符型数据转换规律很简单,是把该整型数据的最低 8 位原样截取作为目标数据。例如,long 型数据 0x123456f2 转换成字符型或无符号字符型数据都为 0xf2。

整型数据向字符型数据转换时无条件截取整型数据的最低 8 位。

3) 字符型与实型之间的数据转换

字符型数据向实型数据转换的规律是对应的二进制数代表的整数值加小数点和小数位 0。char 类型是有符号字符型,最高位是符号位,其值是有符号的,可能是正数,也可能是负数。unsigned char 类型是无符号字符型,最高位是数据位,只能是正数。例如,字符型数据 0xf2 转换成实型数据为−14.0;无符号字符型数据 0xf2 转换成实型数据为 242.0。

实型数据向有/无符号型数据转换规律很简单,是把该实型数据的小数部分去掉,整数部分对应的二进制数的最低 8 位原样截取作为目标数据。例如,12.823 转换成字符型数据,其 ASCII 值是 12,注意不进行四舍五入。

2. 同类别不同存储长度的数据之间转换

整数类型不同存储长度的数据类型的数据之间转换规律是:如果是有符号短类型数据向有/无符号的长类型转换,规律同字符型向整形转换,高位补足符号位;如果是无符号短类型数据向长类型转换,高位补 0。例如,短整型数据 0xf200 转换成长整型数据为 0xffffff200;无符号短整型数据 0xf200 转换成有/无符号长整型数据都为 0x0000f200。

反过来,长类型数据向短类型转换的规律很简单,是将位数多的数据的低位部分(或称为末尾)截取成与要转换成的短类型长度相等的多位数据。例如,有/无符号长整型数据 0x1234f200 转换成有/无符号短整型数据都为 0xf200。

实型类型不同存储长度的数据类型的数据之间转换规律是:短类型数据向长类型数据转换时小数部分低位补 0,阶码高位补符号位。例如,单精度数据 123.45 转换成双精度数据为 123.4500000000000。反过来,长类型数据向短类型数据转换是对长类型的数据进行小数部分高位截取,阶码低位截取。例如,双精度数据 123.456789012 转换成单精度数据为 123.456787109375,其中 123.4567 才是有效数据,其他末尾数据是数据截取带来的误差。

3. 同类别同存储长度的数据之间转换

同类别同存储长度的数据类型的数据之间转换是有无符号数之间转换的问题,其规律是把数据最高位改变含义,实际存储的每个二进制位值不变,只是数据含义变了。

例如,16 位系统的 unsigned int 类型数据和 int 类型数据之间互相转换,其二进制数值是不变的。同一个数据 0xffff,如果是 unsigned int 类型则代表 65535;如果是 int 类型则代表−1。

3.6.2　数据类型自动转换

自动转换发生在不同数据类型的数值进行混合运算时,由编译系统自动完成。自动转换遵循以下规则。

(1) 如果参与运算的量的类型不同,则先转换成同一类型,然后进行运算。

(2) 转换按数据长度增加的方向进行,以保证精度不降低。如 short int 型和 int 型运算时,先把 short int 型转换成 int 型后再进行运算。

(3) 所有的浮点运算都是以双精度进行的,即使是仅含 float 单精度量运算的表达式,也要先转换成 double 型再进行运算。

（4）char 型和 short int 型参与运算时，必须先转换成 int 型。

（5）无符号数类型运算时转换成有符号数类型。

为了更加直观地对以上自动转换规律进行说明，绘制了不同类型数据转换规则图，如图 3-2 所示。

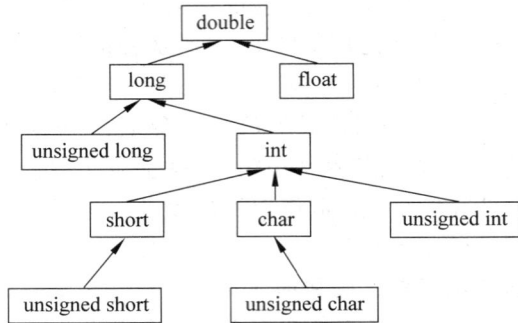

图 3-2　不同类型数据转换规则

不同数据类型数据参加运算时，按照图 3-2 的箭头指向方向，转换成精度最高、存储数据范围最大的共同目标类型数据再计算。下面使用程序实例来验证以上数据类型的自动转换过程。

1. 不同长度整型和字符型数据转换

【例 3-9】　不同长度的无符号数据转换。

```c
#include<math.h>
#include<stdio.h>
void main()
{
    unsigned short a=65535;
    unsigned char b=255;
    int c;
    c=a*b;
    printf("a=%d\nb=%d\nc=%d\n",a,b,c);
}
```

程序运行结果如下：

```
a=65535
b=255
c=16711425
请按任意键继续. . .
```

程序运行结果是 255×65535，即 16711425，超过了短整型的表示范围，说明计算之前数据类型已转换成 int 类型。有符号的数据的情况与它类似，参见例 3-10。

【例 3-10】　不同长度的有符号数据转换。

```c
#include<math.h>
#include<stdio.h>
void main()
{
```

```
    short a=32767;
    char b=255;
    int c;
    c=a * b;
    printf("a=%d\nb=%d\nc=%d\n",a,b,c);
}
```

程序运行结果如下：

```
a=32767
b=255
c=8355585
请按任意键继续. . .
```

同样，a * b＝－1 * 32767，值为－32767。这说明短整型数据和字符型数据参与运算时是无条件转换成 int 类型再运算的。

2. 同为字符型数据作为整数进行运算时的转换

【例 3-11】　同为无符号字符型数据作为整数进行运算时的转换。

```
#include<math.h>
#include<stdio.h>
void main()
{
    unsigned  char a=2;
    unsigned  char b=255;
    int c;
    c=a * b;
    printf("a=%d\nb=%d\nc=%d\n",a,b,c);
}
```

程序运行结果如下：

```
a=2
b=255
c=510
请按任意键继续. . .
```

结果是 2×255，即 510，超过了 unsigned char 类型的表示范围。这说明乘法运算前先将变量 a 和 b 的值都转换成了 int 类型数据后再进行乘法运算，得出 int 类型结果。

【例 3-12】　同为有符号字符型数据作为整数进行运算时的转换。

```
#include<math.h>
#include<stdio.h>
void main()
{
    char a=2;
    char b=127;
    int c;
    c=a * b;
    printf("a=%d\nb=%d\nc=%d\n",a,b,c);
}
```

程序运行结果如下：

```
a=2
b=127
c=254
请按任意键继续. . . _
```

2×127 的结果，即 254，超过了 char 类型的表示范围。这说明字符型数据参与运算时也是无条件转换成 int 类型再运算的。

【例 3-13】 无符号与有符号数进行运算时的转换。

```c
#include<math.h>
#include<stdio.h>
void main()
{
    unsigned a=0xffffffff;
    int b=127;
    int c;
    c=a*b;
    printf("a=%u\nb=%d\nc=%d\n",a,b,c);
}
```

程序运行结果如下：

```
a=4294967295
b=127
c=-127
请按任意键继续. . . _
```

$0xffffffff \times 127$ 结果是 -127，这是因为 a 变量存的 $0xffffffff$ 在计算时被计算机转换成有符号数 -1，$0xffffffff$ 对于有符号数是 -1 的补码，也就是 -1，所以这个输出结果是 -127。说明有符号数和无符号数运算时无符号数转换成有符号数参加运算。

3.6.3 数据类型强制转换

强制类型转换一般会出现在两种情况下，一种是赋值运算；另一种是使用强制类型转换语法来实现强制类型转换。赋值运算很容易理解，就是把赋值符号右侧表达式的值强制转换成赋值运算符左边变量能够存储的数据类型后再赋值。

强制类型转换语法形式是程序员有目的地将一种类型数据转换成另一种类型的数据的方法。其一般形式如下：

(类型说明符) （表达式）

其功能是把表达式的运算结果强制转换成类型说明符所表示的类型。例如：

```
(float) a            //把 a 的值转换为实型
(int)(x+y)           //把 x+y 的结果值转换为整型
```

在使用强制转换时应注意以下问题。

（1）类型说明符和表达式都必须加括号（单个量可以不加括号），如把 (int)(x+y) 写成 (int)x+y 则成了把 x 转换成 int 型之后再与 y 相加。

（2）无论是强制转换还是自动转换，都只是为了本次运算的需要而对变量的值读取后进行临时性转换，而不改变变量本身的类型，变量的类型在定义时决定，是不可以改变的，改变的是从中读出的数值。

（3）在赋值运算中，当赋值符号两边量的数据类型不同时，赋值符号右边表达式的值的类型将强制转换为左边变量的类型。如果赋值符号右边表达式值的数据类型存储位数比左边变量存储位数长，将丢失一部分数据，这样会降低精度或使处理结果错误。程序员应该充分分析其影响，谨慎使用。

【例 3-14】 实型数据到整型数据的转换。

```
#include<stdio.h>
void main()
{
    float f=5.75;
    printf("float2int_1=%d,f=%f\n",(int)f,f);
    printf("float2int_2=%d,f=%f\n",(int)f+2.3,f);
    printf("float2int_2=%f,f=%f\n",(int)f+2.3,f);
    printf("float2int_3 =%d,f=%f\n",(int)(f+2.3),f);
}
```

程序运行结果如下：

```
float2int_1=5,f=5.750000
float2int_2=858993459,f=0.000000
float2int_2=7.300000,f=5.750000
float2int_3 =8,f=5.750000
请按任意键继续. . .
```

本例中 f 变量定义成单精度浮点数，初值为 5.75。

第一个 printf 语句是输出"(int)f"和 f 的值。从结果上看，f 通过 printf 语句输出的值虽然是 5.75，但是"(int)f"将 f 强制转换成 int 类型数据，根据转换规则结果是数字 5，f 本身属性和数值是不变的。

第二个 printf 语句是输出"(int)f+2.3"和 f 的值。从结果上看，输出的数据全是错误的，这是因为 printf 语句接受不合理的参数导致的。因为"(int)f+2.3"是"5+2.3"，结果是 double 类型数据 7.3，这个数据无法使用 printf 函数以%d 格式输出。

第三个 printf 语句把格式控制符修改成%f 就有结果输出了，从结果上看，printf 语句输出是正确的，所以同学们编写程序时避免使用不合适的格式符控制值输出数据格式。

第四个 printf 语句是输出"(int)(f+2.3)"和 f 的值。从结果上看，从 f 读出 5.75 与 2.3 后进行加法运算，得到值 8.05 后被强制转换成 int 类型数据，根据转换规则，结果是数字 8，f 本身属性和数值是不变的。

3.7 运算符与表达式及表达式语句

要点：C 语言中每个运算处理必须由运算符和运算对象构成，缺一不可。多个合法运算符和运算对象可以构成表达式，表达式不能独立存在，其是其他 C 语言语句的一个组成部分。如果表达式后面加上";"就构成了一个 C 语言的语句，即表达式语句。

C 语言中运算符和表达式数量之多，在高级语言中是少见的。正是丰富的运算符和表达式使 C 语言功能十分完善，这也是 C 语言的主要特点之一。

C 语言的运算符不仅具有不同的优先级,而且有另一个特性,就是它的结合性。在表达式中,各参与运算的对象完成运算的先后顺序不仅要遵守运算符优先级别的规定,还要受运算符结合性的制约,以便确定是自左向右进行运算还是自右向左进行运算。这种结合性是很多高级语言的运算符所没有的,尽管增加了 C 语言的复杂性,但可以实现的运算和处理能力更加强大,这也是 C 语言在各种领域的程序开发中得以广泛应用的原因。

3.7.1 运算符简介

C 语言的运算符可分为以下几类。

(1) 算术运算符:用于各类数值运算,包括加(+)、减(-)、乘(*)、除(/)、求余(或称模运算,%)、自增(++)、自减(--)7 种。

(2) 关系运算符:用于比较运算,包括大于(>)、小于(<)、等于(==)、大于或等于(>=)、小于或等于(<=)和不等于(!=)6 种。

(3) 逻辑运算符:用于逻辑运算,包括与(&&)、或(||)、非(!)3 种。

(4) 位操作运算符:参与运算的量按二进制位进行运算,包括按位与(&)、按位或(|)、按位非(~)、按位异或(^)、按位左移(<<)、按位右移(>>)6 种。

(5) 赋值运算符:用于赋值运算,分为简单赋值(=)、复合算术赋值(+=,-=,*=,/=,%=)和复合位运算赋值(&=,|=,^=,>>=,<<=)3 类 11 种。

(6) 条件运算符:三目运算符,用于条件求值(?:)。

(7) 逗号运算符:用于把若干表达式组合成一个表达式(,)。

(8) 指针运算符:用于取内容(*)和取地址(&)两种运算。

(9) 求字节数运算符:用于计算数据类型所占的字节数(sizeof)。

(10) 特殊运算符:包括括号()、下标[]、成员(→,.)等。

3.7.2 算术运算符

1. 基本的算术运算符

(1) 加法运算符"+":双目运算符,应该有两个数值参与加法运算,如 a+b、4+8 等。具有自左向右的结合性,即从左向右结合两个同层次的数据对象进行加法运算。

(2) 减法/取负运算符"-":双目运算符,结合性同加法运算符。但"-"也可作负值运算符,此时为单目运算,如 -x、-5 等具有自右向左的结合性,即其从右边开始与对象完成一个取负运算。

(3) 乘法运算符"*":双目运算符,结合性同加法运算符。

(4) 除法运算符"/":双目运算符,具有自左向右的结合性。参与运算量均为整型时,结果也为整型,舍去小数。如果运算量中有一个是实型,则结果为双精度实型。

【例 3-15】 除法运算。

```
#include<stdio.h>
void main()
{
```

```
    printf("%f,%f\n",20/7,-20/7);
    printf("%d,%d\n",20/7,-20/7);
    printf("%f,%f\n",20.0/7,-20.0/7);
}
```

程序运行结果如下：

```
-1.#QNAN0,0.000000
2,-2
2.857143,-2.857143
请按任意键继续. . . _
```

本例中，20/7 和－20/7 的结果均为整型，小数全部舍去，不进行四舍五入。所以，第一个 printf 以％f 形式输出时出错；第二个 printf 改成％d 后输出为 2 和－2，是正确的；第三个 printf 中 20.0/7 和－20.0/7 由于有实数参与运算，因此结果也为实型。

（5）求余运算符（模运算符）"％"：双目运算符，具有从左向右结合性。要求参与运算的量均为整型。求余运算的结果等于两数相除后的余数，结果为 int 类型。

【例 3-16】 求余运算。

```
#include<stdio.h>
void main()
{
    int a=20;
    printf("100%%3=%d\n",100%3);
    printf("a%%7=%d\n",a%7);
}
```

程序运行结果如下：

```
100%3=1
a%7=6
请按任意键继续. . .
%
```

本例输出 100 除以 3 所得的余数，即 1，a 变量在定义时初始化为 20，a％7 是 a 的值 20除以 7 再取余数，为 6。

2. 自增、自减运算符

自增 1 运算符记为＋＋，其功能是使变量值自加 1。

自减 1 运算符记为－－，其功能是使变量值自减 1。

自增 1、自减 1 运算符均为单目运算符，都具有自右向左结合性。可有以下几种形式。

● ＋＋i：i 自增 1 后的值再参与其他运算。
● －－i：i 自减 1 后的值再参与其他运算。
● i＋＋：i 的值先参与运算，然后 i 的值再增 1。
● i－－：i 的值先参与运算，然后 i 的值再减 1。

在理解和使用上容易出错的是先加 1 或先减 1 与后加 1 或后减 1 的先后关系问题。特别是当它们出现在较复杂的表达式或语句中时，常常难以弄清，因此应仔细分析。

【例 3-17】 自增、自减运算。

```
#include<stdio.h>
void main()
```

```
{
    int i=8;
    printf("%d\n",++i);
    printf("%d\n",--i);
    printf("%d\n",i++);
    printf("%d\n",i--);
}
```

程序运行结果如下：

```
9
8
8
9
请按任意键继续. . . _
```

i 的初值为 8，第 1 个 printf 中++i 是将 i 变量加 1(i=i+1) 后的值作为输出项，所以输出 9；第 2 个 printf 中--i 是将 i 的值先减 1(i=i-1) 后的值作为输出项，所以输出 8；第 3 个 printf 中 i++ 对当前 i 的值 8 先使用再加 1 变成 9，输出的是加 1 之前的值 8；第 4 个 printf 中 i-- 对当前 i 的值 9 先使用再减 1 变成 8，输出的是减 1 之前的值 9。

注意：在一个表达式中尽量不要出现多个对同一个变量进行加 1 或减 1 的运算，这种表达式的处理规律不易被掌握，因此正确结果也不容易分析出来，很容易出现程序运行结果与程序设计者的想法不同的现象，其原因是不同开发环境的具体编译软件对这种表达式的处理规律不同，所以会得到不同的结果。尽量不要出现类似 i++ + +i + ++i++ 的表达式等形式。

3.7.3　赋值运算符

1. 基本赋值运算

基本赋值运算符记为"="。其功能是将"="右侧表达式的值的类型转换成"="左边变量的数据类型后，写入"="左边的变量中。注意以下两点语法规则，一是"="左边必须是变量；二是"="右侧表达式的值的类型转换成"="左边变量的数据类型。

一般形式如下：

变量=表达式

例如：

```
x=3
w=sin(a)+1.2
y=i++-j
```

这 3 个赋值表达式的功能是计算表达式的值再赋予左边的变量。另外，赋值运算符具有右结合性。因此 a=b=c=5 可理解为 a=[b=(c=5)]。

2. 复合的赋值运算符

在赋值运算符"="之前加上其他二目运算符可构成复合赋值符，先进行双目运算，再进行赋值运算，如+=、-=、*=、/=、%=、<<=、>>=、&=、^=和|=等。

构成复合赋值表达式的一般形式如下：

变量 双目运算符=表达式

它等效于：

变量=变量 运算符(表达式)

例如：

```
a+=5
x*=y+7
r%=p
```

上面 3 个由复合赋值运算符构成的表达式中，第一个和第三个都比较好理解，但第二个有部分同学不易理解，主要是没有掌握运算符的优先级别相关知识。x*=y+7 之所以等价于 x=x*(y+7)，是因为加法运算"+"的优先级别是 4，高于复合赋值运算符的优先级别 14，所以计算机先计算出 y+7 的值，再处理复合赋值运算符*=，即将 y+7 的值与 x 变量的值相乘后得到的结果赋值给(写入)x 变量。随着学习过程的推进，后续要逐渐掌握各个运算符的运算优化级别。

复合赋值运算符这种写法，对初学者可能不习惯，但十分有利于编译处理，能提高编译效率，并产生质量较高的目标代码，特别适用于嵌入式系统开发设计。

注意：由多个符号组合而成的运算符的各个符号之间不能有空格。

3.7.4　运算符的优先级与结合性

1. 运算符的优先级

C 语言中，运算符的优先级共分为 15 级。1 级最高，15 级最低，具体见表 3-7。在表达式中，优先级较高的先于优先级较低地进行运算。而在一个运算量两侧的运算符优先级相同时，则按运算符的结合性所规定的结合方向处理。

表 3-7　运算符的优先级与结合性

优先级	运算符	名称或含义	使用形式	结合方向	说　　明
1	[]	数组下标	数组名[常量表达式]	左到右	
	()	圆括号	(表达式)		
	.	成员选择(对象)	函数名(形参表)		
	->	成员选择(指针)	对象.成员名		
2	—	负号运算符	—表达式	右到左	单目运算符
	(类型)	强制类型转换	(数据类型)表达式		
	++	自增运算符	++变量名或变量名++		
	——	自减运算符	——变量名或变量名——		
	*	取值运算符	*指针表达式		
	&	取地址运算符	&变量名		
	!	逻辑非运算符	!表达式		
	~	按位取反运算符	~表达式		
	sizeof	长度运算符	sizeof(数据类型或对象)		

续表

优先级	运算符	名称或含义	使 用 形 式	结合方向	说　　明
3	/	除	表达式/表达式	左到右	双目运算符
	*	乘	表达式 * 表达式		
	％	余数(取模)	整型表达式％整型表达式		
4	＋	加	表达式＋表达式	左到右	双目运算符
	－	减	表达式－表达式		
5	＜＜	左移	变量＜＜表达式	左到右	双目运算符
	＞＞	右移	变量＞＞表达式		
6	＞	大于	表达式＞表达式	左到右	双目运算符
	＞＝	大于或等于	表达式＞＝表达式		
	＜	小于	表达式＜表达式		
	＜＝	小于或等于	表达式＜＝表达式		
7	＝＝	等于	表达式＝＝表达式	左到右	双目运算符
	！＝	不等于	表达式！＝表达式		
8	＆	按位与	表达式 ＆ 表达式	左到右	双目运算符
9	＾	按位异或	表达式＾表达式	左到右	双目运算符
10	｜	按位或	表达式｜表达式	左到右	双目运算符
11	＆＆	逻辑与	表达式 ＆＆ 表达式	左到右	双目运算符
12	｜｜	逻辑或	表达式｜｜表达式	左到右	双目运算符
13	？：	条件运算符	表达式1？表达式2：表达式3	右到左	三目运算符
14	＝	赋值运算符	变量＝表达式	右到左	双目运算符
	/＝	除后赋值	变量/＝表达式		
	*＝	乘后赋值	变量 * ＝表达式		
	％＝	取模后赋值	变量％＝表达式		
	＋＝	加后赋值	变量＋＝表达式		
	－＝	减后赋值	变量－＝表达式		
	＜＜＝	左移后赋值	变量＜＜＝表达式		
	＞＞＝	右移后赋值	变量＞＞＝表达式		
	＆＝	按位与后赋值	变量 ＆＝表达式		
	＾＝	按位异或后赋值	变量＾＝表达式		
	｜＝	按位或后赋值	变量｜＝表达式		
15	，	逗号运算符	表达式,表达式,…	左到右	双目运算符

2. 运算符的结合性

运算符的结合性决定同优先级的运算符连续出现时的运算处理顺序。C语言中各运算符的结合性分为两种,即左结合性(自左至右)和右结合性(自右至左)。

例如,算术运算符的结合性是自左至右,即先左后右。如果有表达式 x－y＋z,则 y 应先与"－"号结合,执行 x－y 运算,然后执行＋z 的运算,即程序先实现计算 x＋y,再将得到的结果与后面的 z 做加法运算,之后得到整个表达式的值。这种自左至右的结合方向就称为"左结合性"。

而自右至左的结合方向称为"右结合性"。最典型的右结合性运算符是赋值运算符。例如,x＝y＝z,由于＝运算符的右结合性,应先执行 y＝z,即取 z 的值赋给 y,其结果是 y 的值,再执行 x＝(y＝z),即将 y＝z 运算的结果(y 的值)赋给 x,最后 x 的值是整个由两个赋值运算构成表达式的值。

C 语言运算符中有不少为右结合性,应注意区别,以避免理解错误。最常出现的是赋值运算符和后面要讲的条件运算符,其他为单目运算符。记住规则后比较好处理,关键是记住哪些运算符是右结合性的。

3.7.5 表达式

表达式是由常量、变量、函数调用的返回值和运算符组合起来的式子。一个表达式的值和类型等于表达式计算后所得结果的值和类型。表达式求值按运算符的优先级和结合性规定的顺序进行。单个常量、变量、函数调用返回值可以看作表达式的特例。

例如,算术表达式是由算术运算符、运算对象和括号连接起来的式子,即用算术运算符和括号将运算对象(也称操作数)连接起来的且符合 C 语法规则的式子。

以下是算术表达式的例子:

a+b   a＊2/c   (x+r)＊8-a+b/7   ++i   sin(x)+sin(y)   (++i)-(j++)+(k--)

C 语言的语法中运算符是由 1 个或多个符号构成的,同样的符号在不同组合中和不同使用位置上有不同含义,编译系统编译程序时使用的是"自左向右,按照优先级别高低顺序,使用尽可能多的连续符号组合成一个运算符"的运算符组合规则,记住和理解这条规则对设计和分析表达式至关重要。否则编写程序时使用一个复杂的表达式后会出现得不到预想结果的情况,或者是看不出别人写的表达式计算规律从而分析不出其算法规律和应得的结果。例如:

a+++b

该表达式有两个运算对象,即 a 和 b,有 3 个能够构成运算符的符号,这个是不是合法的表达式呢?那就要看所有表达式中的符号是否能够组合成合法的运算符,并应用于正确的对象上。根据"自左向右,按照优先级别高低顺序,使用尽可能多的符号组合成一个运算符"的语法规则,我们分析 a+++b 中的 3 个可以构成运算符的符号,即 3 个＋号,但＋＋＋不是 C 语言中的运算符,而前两个＋＋组合起来是自加运算符,合法,那后面的＋就是加法运算符,这是符合语法规则的。

另外,表达式是否合法还要看运算符是否应用在正确的运算对象上,a+++b 的前面两个＋组合成＋＋,优先级别高于算数运算符＋,所以是 a＋＋再+b,理解成(a++)+b。该表达式的处理过程是:先计算 a++,但其具有先用后加的特性,所以是先取 a 的值与 b 做加法运算,之后再完成 a＝a+1 的自增运算。副作用是 a 的值也变成了加 1 之后的值。

3.7.6 表达式语句

表达式语句就是在表达式后面加一个分号,使其成为 C 语言的一个语句,而不是其他语句的一个组成部分。换句话说,表达式不加分号的情况都是出现在其他控制语句中,作为该语句的一部分使用,以分号结尾的表达式才是一个独立的语句。

其一般形式如下:

表达式;

其中,最常见的就是赋值表达式语句。它是程序中使用较多的语句之一。例如:

```
y=a+b;
y=a * 2/c;
y=(x+r) * 8-a+b/7;
y=++i;
y=sin(x)+sin(y);
y=(++i)-(j++)+(k--);
```

在赋值语句的使用中需要注意以下两点。

1. 在变量定义中不能连续给多个变量赋初值

例如:

```
int a=5,b,c;
```

常见错误是在变量定义中连续给多个变量赋初值。

下述说明是错误的:

```
int a=b=c=5;
```

必须写为

```
int a=5,b=5,c=5;
```

而赋值语句允许连续赋值,如果 a、b、c 三个变量都已正确定义,可以使用以下语句赋值:

```
a=b=c=5;
```

2. 注意表达式和表达式语句的区别,不能混用

在语法上需要写表达式的地方只能写表达式,也就是不能加分号。表达式如果不是其他语句一部分,如变量定义语句的初值、后面学习的结构控制语句的条件及函数调用的参数表等类似情况,在程序中使用表达式实现一个运算处理时必须加分号,使其成为 C 语言语句。

任务 3-2:如何使用算术运算符进行算数运算,从而完成获取一个四位十进制整数的每位上的数值的任务?

任务分析:四位十进制整数的每个位的进制关系是 10 的倍数,要想获得最低位的值,可以使用"%"运算获得,那之后如何取得百位上的值呢?

由于是十进制数,我们只要把数字缩小 10 倍,也就是除以 10 取其商的结果的最低位,就是原来的十位数,因此可以使用"/"计算后再使用"%"取得当前个位上的值,即原来十位上的值。

百位和千位上的数值获得方法可以以此类推。

任务实现：假设存在定义"int a＝4567;"及"char ge,shi,bai,qian;",可以使用以下程序段完成以上任务。

```
ge=a%10;
a=a/10;
shi=a%10;
a=a/10;
bai=a%10;
a=a/10;
qian=a%10;
```

该程序段中最后两句可以使用"qian＝a/10;"取代,原因是一个 4 位数不可能大于或等于 10000,前面经过 3 次除以数字 10 后只剩千位上的数字,所以可以直接将第 3 次除以 10 的结果作为需要获取的千位值。

3.7.7　逗号运算符

在 C 语言中逗号","也是一种运算符,称为逗号运算符。其功能是把两个表达式连接起来组成一个表达式,称为逗号表达式。

其一般形式如下：

表达式 1,表达式 2,表达式 3,……

其求值顺序,即计算机处理过程是从左向右依次求各个表达式的值,直到最后一个逗号右边的表达式。整个由多个逗号构成表达式的值是最后一个逗号右边表达式的值。

注意：不是所有出现逗号的地方都是逗号表达式,在 C 语言中有很多语句或语言规范中使用逗号作为语法上的间隔符,注意区分。例如,变量定义中可以使用逗号间隔多个变量名,实现定义多个同种类型的变量,这就是逗号运算符而不是逗号表达式。后面学习过程中还会学习到类似内容,注意识别和区分。

【例 3-18】 逗号运算。

```
void main()
{
    int a=2,b=4,c=6,x,y;
    y=((x=a+b),b+c);
    printf("y=%d,x=%d",y,x);
}
```

程序运行结果如下：

```
y=10,x=6请按任意键继续. . .
```

本例中,y 等于整个逗号表达式的值,也就是表达式 b+c 的值。本例中 x 被赋值之后的值是逗号表达式中第一个表达式的值,不是整个逗号表达式[(x＝a＋b),(b＋c)]的值。注意逗号运算符的优先级别最低,因此如果程序中 y＝[(x＝a＋b),b＋c]表达式写成 y＝

x＝a＋b,b＋c 时,程序实现的功能是不同的,其是先将 a＋b 的值先写入 x 再写入 y 的,即变量 x 和 y 的值相同且等于 a＋b 的值,这时再处理逗号表达式中逗号右侧的 b＋c 表达式,其值作为整个逗号表达式 y＝x＝a＋b,b＋c 的值,但是该值没有被使用。

逗号表达式一般形式中的表达式 1 和表达式 2 等也可以由一个括号括起来的逗号表达式构成,查阅括号运算符的优先级别后再分析其运算规律,同学们可自行分析和验证。

3.7.8　sizeof 运算符

sizeof 运算符是 C 语言中的一个特殊运算符,用来求数据对象在内存中占用的存储单元字节数或数据类型对应的数据长度(使用该数据类型定义变量应该占用的字节数)的。

【例 3-19】　简单应用举例。

```
void main()
{
    int a;long b;float f;double d;char c;
    printf("int:%d, long:%d, float:%d, double:%d, char:%d\n", sizeof(a), sizeof(b),
    sizeof(f),\
    sizeof(d),sizeof(c));
    printf("int:%d, long:%d, float:%d, double:%d, char:%d\n", sizeof(int), sizeof
    (long),\
    sizeof(float),sizeof(double),sizeof(char));
}
```

程序运行结果如下:

```
int:4,long:4,float:4,double:8,char:1
int:4,long:4,float:4,double:8,char:1
请按任意键继续...
```

第一个 printf 函数调用输出的分别是变量 a、b、f、d 和 c 占用的内存单元个数,即占用内存单元的字节数。第二个 printf 函数调用输出的分别是数据类型 int、long、float、double 和 char 在当前编译系统中定义变量时占用的内存单元个数,即数据类型长度。

3.8　习　　题

本章的习题内容请扫描二维码观看。

第 3 章课后习题

第4章 基本语句及顺序程序设计

要点1：指令的执行顺序就是程序执行过程，也就是算法实现的过程。

要点2：程序设计就是根据算法的应有处理过程使用计算机语言的指令或语句书写的符合语法规则的代码序列。

要点3：代码书写顺序结合结构控制指令的执行规律决定程序执行的顺序，即流程。

从程序执行流程的角度来看，程序可以分为三种基本结构，即顺序结构、分支结构和循环结构。这3种基本结构程序可以互相嵌套从而组成各种复杂程序，实现各种不同功能。C语言提供了多种流程控制语句来实现这些程序结构，本章及后续章节依次介绍这些语句及使用其设计各种不同结构程序的使用方法。本章讲解顺序结构及实现方法。顺序结构是C语言程序的基础程序结构，掌握该结构程序的语法规则和实现方法可以为后面各章的学习打下基础。

4.1 C语句概述

要点：C语言的语句是程序设计的基本工具，数量虽少但多变，这是C语言功能强大的原因之一。

C语言程序设计时，从代码书写的角度来看，程序设计人员可以书写的语句有两种。一种是指导编译软件进行程序代码编译（由C语言代码到计算机可直接执行的二进制机器语言指令序列的过程）的编译预处理指令，其是辅助编译过程的，与实现的程序功能无关，作用时间是发生在程序执行之前。另一种是被编译软件翻译的声明性执行语句和处理性执行语句。变量的定义和声明是声明性语句，前面已介绍过，其他声明性语句后续会陆续介绍。现在介绍C语言中的处理性可执行性语句，其分为表达式语句、单纯函数调用语句、结构控制语句、空语句和复合语句。

1. 表达式语句

表达式语句由表达式加上分号";"组成。其一般形式如下：

表达式；

可执行的表达式语句就是完成一个表达式运算（或称处理）的语句。实现的功能与实际表达式的运算符规则和结构相关。

例如：

```
x=y+z;              //赋值语句
y+z;                //加法运算语句,但计算结果不能保留
```

```
i++;                        //变量自加 1
```

表达式是由运算符和参与运算的数据构成的,其具体功能与运算符和运算规律相关,第 3 章中已有相关讲解,此处不再展开说明。

2. 单纯函数调用语句

单纯函数调用语句由函数名结合实际参数再加上分号";"组成,其一般形式如下:

函数名(实际参数表);

函数调用语句首先把实际参数的值赋予函数定义中的形式参数对象,之后开始执行被调用函数的函数体语句,对形式参数接收的数据和本函数中定义及获取的数据进行处理,实现该函数设计的功能后,程序返回该函数的调用语句,之后继续执行主调函数中的后面语句。函数的功能可以是得到一个结果数值,也可以是得到多个结果数值,还可以没有数据性结果而是进行一些信息交互,具体内容在第 9 章进行讲解。

例如:

```
printf("C Program");        //调用库函数,输出字符串
```

3. 结构控制语句

结构控制语句简称控制语句,是用于控制程序代码及指令的执行顺序与过程的语句。使用控制语句可以改变程序执行的默认顺序,实现条件分支程序执行和循环程序执行的控制。它们由特定的语句定义符(即关键字)组成。C 语言有 9 种控制语句,可分成以下 3 类。

(1) 条件分支语句:if 语句、switch 语句。

(2) 循环控制语句:do while 语句、while 语句、for 语句。

(3) 转向语句:break 语句、goto 语句、continue 语句、return 语句。

关于这 9 种控制语句的功能、特点及语法规则,后面会详细讲解。

4. 空语句

只有分号(即";")组成的语句称为空语句。空语句是没有任何功能的执行语句,尽管没有功能,但其是一条计算机必须执行的语句,需要花费计算机处理器一定的执行时间,即一个指令周期。有的时候需要让计算机等待其他慢速硬件一段时间,此时可以使用该语句或把该空语句放在一个循环程序中作为循环体,进行无条件或有条件的循环。

5. 复合语句

把多个语句用括号{}括起来组成的一个语句组称为复合语句。在程序中应把复合语句看作一个语句组,而不是简单的多条语句的组合。

例如:

```
{
    x=y+z;
    a=b+c;
    printf("%d%d",x,a);
}
```

复合语句从语法结构上看是由一对{}括起来的,并且{}后面不需要加分号,如果加分号,该分号也不是复合语句的一部分,而是该复合语句之后的一个空语句。从空间上看,{}

内部代码是占用 $1 \sim N$ 行代码空间的,这一对{ }中的 $1 \sim N$ 行代码可以由其他 4 类语句和声明性语句组合构成。

复合语句中的各个被复合的语句从空间上分为声明性语句组和处理性语句组,在空间上声明性语句组排在前面,处理性语句组排在后面,不能混排。

4.2　数据的输入/输出概念

要点:计算机只认二进制数,人的感官信息对于计算机是不能直接处理的,计算机与人的感官进行信息交互时必须使用必要的硬件设备和相应的处理程序进行转化。

数据输入/输出是相对人和计算机之间的一种信息交互方法,人是通过感官来感知外部事物和信息的,所以计算机与人之间的信息交互需要使用信息采集设备与转换设备或通信设备来实现。

要使输出信息被人视觉感官所感知,可以使用显示器、打印机或通信接口(再通过标准辅助设备显示)等输出数据信息。同样要实现信息输入,需要使用信息转换设备实现,如用键盘或通信接口(先通过标准辅助设备输入)接收信息等。

对于通用计算机系统而言,标准输出设备就是显示器,标准输入设备就是键盘,具体实现方法见第 13 章。对于嵌入式设备,默认没有配备能够显示信息的显示器和输入信息的键盘,多数默认设备被定义成通信接口。

在 C 语言中,所有的数据输入/输出都是由库函数完成的。因此需要学习相关函数的特性和使用规则。在使用 C 语言库函数时,要用预编译命令♯include 将有关"头文件"包括到源文件中。

使用标准输入/输出库函数时要用到 stdio.h 文件,因此源文件开头应有以下预编译命令:

```
#include<stdio.h>
```

或

```
#include "stdio.h"
```

另外考虑到 printf 和 scanf 函数使用频繁,大部分编译系统允许在使用这两个函数时可不加

```
#include<stdio.h>
```

或

```
#include "stdio.h"
```

嵌入式系统处理器对应的编译器很可能不带操作系统,由于没有默认的显示器和键盘,其 stdio.h 中的内容与通用计算机编译系统是有区别的,它是依赖于通信接口的,所以除了要使用这个预编译指令包含头文件外,还必须对相应的通信接口电路使用必要的程序代码进行正确的初始化后才能使用。通信接口再连接必要的辅助设备和辅助软件才能实现信息交互。

4.3　字符信息的输出函数和输入函数

要点 1：文字是信息交流的基本手段，其本质是图形，计算机只认二进制数的特性决定了其值一定是二进制编码。

要点 2：计算机进行文字输出一定要在二进制编码与图形之间进行转换。

4.3.1　putchar 函数

putchar 函数是 1 个字符的输出函数，其功能是在标准输出设备（显示器）上输出单个字符。字符的 ASCII 码值作为 putchar 函数的实际参数。使用本函数前必须要用文件包含命令：

```
#include<stdio.h>
```

或

```
#include "stdio.h"
```

putchar 函数调用的一般形式如下：

```
putchar(字符 ASCII 码值);
```

其中，"字符 ASCII 码值"是实际要输出字符的在计算机中存储的值，可以是字符常量，也可以是字符型变量的值，还可以是从表达式的值中截取的最低 8 位数据。例如：

```
putchar('A');            (输出大写字母 A)
putchar(x);              (输出变量 x 的值所对应的字符)
putchar('\101');         (也是输出字符 A)
putchar('\n');           (换行)
```

【例 4-1】　输出单个字符。

```
#include<stdio.h>
void main()
{
    char a='B',b='o',c='k';
    putchar(a);putchar(b);putchar(b);putchar(c);putchar('\t');
    putchar(a);putchar(b);
    putchar('\n ');
    putchar(b);putchar(c);
}
```

程序运行结果如下：

```
Book    Bo
ok请按任意键继续. . .
```

程序中主函数体中的第 2 行的 5 个 putchar 分别输出变量 a、b、b、c 的值对应的字符 Book 之后，由输出字符\t 控制显示位置，跳到下一个显示区的第一个字符位置，再输出 a、b 的值对应的字符 Bo 后,由输出\n 控制显示位置,换行到行首,然后由"putchar(b);putchar(c);"输出 b、c 的值对应的字符 ok,至此程序结束。这时 Windows 操作系统输出提示"请按任意键继续...",注意这个提示没在下一行,原因是"putchar(c);"输出 c 的值对应的字符 k 后没有使用输出指令输出回车换行。

4.3.2　getchar 函数

getchar 函数是用来从标准输入设备接收一个输入字符的 ASCII 码值。该函数无实际参数要求,其返回值是从标准输入设备输入字符的 ASCII 码值。

其一般调用形式如下:

字符型变量=getchar();

通常把输入的字符赋予一个字符变量,构成赋值语句。例如:

```
char c;
c=getchar();
```

也可以将该函数调用的返回值作为其他语句的一部分,这时其返回值是其所在语句中的运算或处理对象,所以其不是独立语句,不要再加分号。

【例 4-2】　输入单个字符。

```
#include<stdio.h>
void main()
{
    char c;
    printf("input a character\n");
    c=getchar();
    putchar(c);
    putchar(getchar()+1);
}
```

程序运行时出现以下提示后:

输入字符 ab 后按 Enter 键,屏幕运行输出结果如下:

输入的字符是由"getchar();"读入计算机并赋值给变量 c,再由"putchar(c);"输出到屏幕上显示。所以前面输入的是 a,之后输出的也是 a。"putchar(getchar()+1);"是将输入字符的 ASCII 码值加 1 后输出,所以输出的不是 b 而是 c。

程序运行时,先输入 a 和 b 两个字符,按 Enter 键后程序才开始执行"c=getchar();"语句中的赋值操作和后续语句,这就是为什么先输入 a 和 b,然后输出 ac,而不是输入 a 之后就输出 a,再输入 b 之后输出 c。具体原因是:计算机键盘输入信息是以数据流形式存在的,而这个数据流是以 Enter 键作为结束符的,不按 Enter 键就不会形成数据流,程序也就无法从数据流中读取信息。一个数据流可以被后续的多个数据输入操作读取数据,直到数据流结束或不再执行输入操作。

4.4 格式化输出函数和输入函数

要点:格式化输入/输出函数是一个 C 语言中最重要的一类实现文字二进制编码与文字图形之间转换的函数。

4.4.1 printf 函数

printf 函数称为格式化输出函数,其关键字末尾一个字母 f 即为"格式"(format)之意。其功能是按用户指定的格式和当前位置,把指定的数据输出到标准输出设备(显示器)上。在前面的例题中我们已多次使用过这个函数。

1. printf 函数调用的一般语法格式

printf 函数是一个标准库函数,它的函数原型在头文件 stdio.h 中。但作为一个特例,不要求在使用 printf 函数之前必须包含 stdio.h 文件。

printf 函数调用的一般形式如下:

```
printf("格式控制字符串组合串",输出列表);
```

其中,"格式控制字符串组合串"用于指定各个对应输出数据项的输出格式和位置。格式控制字符串组合串可由多个格式控制字符子串和非格式字符串组合而成。格式控制字符子串是以%开头的字符串,在%后面跟有各种格式字符,以说明输出数据的类型、形式、长度、小数位数等。格式控制字符子串所在位置就是要输出数据的位置。例如:

- %d 表示按十进制整型输出;
- %ld 表示按十进制长整型输出;
- %c 表示按字符型输出。

非格式字符串在输出时原样输出,一般在人机交互过程中起提示作用。输出列表中给出了各个输出项,要求格式控制字符子串和各输出项在数量和类型上应该一一对应,位置是从左到右依次匹配的。

【例 4-3】 printf 的简单应用。

```
void main()
{
    int a=88,b=89;
    printf("%d %d\n",a,b);
    printf("%d,%d\n",a,b);
    printf("%c,%c\n",a,b);
    printf("a=%d,b=%d",a,b);
}
```

程序运行结果如下：

```
88 89
88,89
X,Y
a=88,b=89请按任意键继续...
```

本例中 4 次输出了 a 和 b 的值，但由于格式控制字符串不同，输出的结果也不相同。

第 1 个 printf 函数调用语句中的输出语句格式控制字符串中，两格式控制字符子串%d 之间加了一个空格（非格式字符），所以输出的 a 和 b 值之间有一个空格。

第 2 个 printf 语句的格式控制字符串中加入的是非格式字符逗号，因此输出的 a 和 b 值之间加了一个逗号。

第 3 个 printf 语句的格式控制字符串要求按字符型%c 输出 a 和 b，所以将 a 和 b 变量的值截取低 8 位变成 ASCII 码，输出对应字符图案 X 和 Y。

第 4 个 printf 语句的格式控制字符串"a＝%d,b＝%d"中增加了非格式控制符以外的字符，同时将格式控制字符串改成了%d，所以输出了 a＝88,b＝89。

2. 格式字符串

格式控制字符子串简称格式字符串，其使用的一般形式如下：

%[标志][输出最小宽度][.小数位数或截取长度][类型扩展符]类型符

其中，方括号[]中的项为可选项，多个可选项可以组合使用。

各项的意义介绍如下。

(1) 类型符：类型符用以表示输出数据的形式，printf 函数中的类型符及其意义见表 4-1。

表 4-1　printf 函数中的类型符及其意义

类型符	意　义
d	以十进制形式输出带符号整数（如为正数，则不输出符号）
o	以八进制形式输出无符号整数（不输出前缀 0）
x、X	以十六进制形式输出无符号整数（不输出前缀 0x）
u	以十进制形式输出无符号整数
f	以小数形式输出单、双精度实数，默认小数点后显示 6 位
e、E	以指数形式输出单、双精度实数，小数点后显示 6 位
g、G	以%f 或%e 中较短（6 位有效数字）的输出宽度输出单、双精度实数
c	输出单个字符
s	输出字符串

(2) 标志：有-、+、# 3 种，其意义见表 4-2。

(3) 输出最小宽度：用十进制整数来指定输出的最少位数。如果实际位数多于指定的宽度，则按实际位数输出；如果实际位数少于指定的宽度，则补以空格，如果补 0，需要在宽度之前加一个数字 0。

(4) 小数位数或截取长度：用于控制输出精度，以"."开头，后跟十进制整数。如果输出带小数点的实数，则控制输出的小数位数。如果实际位数大于所要求输出的位数，则四舍五入后截去超过的部分。如果输出的是字符串,则表示截取字符串的前面多少个字符输出,后面的字符不输出。

表 4-2　格式符中可使用的标志及其意义

标　志	意　义
一	结果左对齐,右边填空格
+	输出正号,否则数字为正时不显示正号
#	对 c、s、d 和 u 类无影响;对 o 类,在输出时加前缀 0;对 x 类,在输出时加前缀 0x;对 e、g 和 f 类显示小数部分

(5) 类型扩展符:也称长度符,有 h 和 l 两种,加在类型符 d、o、x、u 之前,h 表示按短整型量输出,l 表示按长整型量输出。

【例 4-4】　printf 函数调用举例。

```
#include <stdio.h>
void main()
{
    int a=15,a1=1234565789;
    float b=123.1234567;
    double c=12345678.1234567;
    char d='p';
    printf ("a=%5d,%05d,%-5d,%d\n",a,a,a,a);
    printf("a=%06o,%#o,%o,%6x,%#06x\n",a,a,a,a,a);
    printf("a1=%hd,%d,%+5d,%+d,%x,%#hx\n",a1,a1,a1,-a1,a1,a1);
    printf("b=%f,%15.10f,%5.2f,%e\n",b,b,b,b);
    printf("c=%f,%8.4f,%+018.4f\n",c,c,c);
    printf("d=%c,%8c,d=%d\n",d,d,d);
    printf("s=%s,%8.4s,%08s\n","asdfgh","asdfgh","asdfgh");
}
```

程序运行结果如下:

本例中第 1 个 printf 调用语句中格式控制字符串为"a＝％5d,％05d,％－5d,％d\n",其中 4 个格式字符串都是输出整型变量 a 的值。第 1 个格式字符串是％5d,其控制以十进制整型形式输出 a 变量值,占 5 个显示字符宽度且是右对齐;第 2 个格式字符串是％05d,其控制以十进制形式输出 a 变量值,占 5 个显示字符宽度且是右对齐,同时前面补数字 0,填满整个显示宽度的字符位置;第 3 个格式字符串是％－5d,其控制以十进制形式输出 a 变量值,占 5 个显示字符宽度且是左对齐,这种情况不要使用前面补 0 控制符,因为是左对齐,前面没有空位置;第 4 个格式字符串是％d,其控制以十进制形式输出 a 变量值,默认按实际宽度显示。注意,所有格式符如果设置的显示宽度小于实际数字的位数,则该宽度限制无效,按实际宽度显示。

本例中第 2 个 printf 调用语句中格式控制字符串为"a=％06o,％♯o,％o,％6x,％♯06x\n",其中 5 个格式字符串都是输出整型变量 a 的值。第 1 个是％06o,注意编程输入时数字 0 和字母 o 的区别,不能搞错,其控制以八进制形式输出 a 变量的值,占 6 个显示字符宽度且是右对齐,前面补 0;第 2 个是％♯o,其控制以八进制形式输出 a 变量,按实际宽度显示,同时显示八进制数值常量前缀 0;第 3 个是％o,其控制以八进制形式输出 a 变量值,默认为实际宽度,不显示前缀;第 4 个是％6x,其控制以十六进制形式输出 a 变量值,指定宽度为 6 个字符,默认右对齐,不补 0,不显示前缀;第 5 个是％♯06x,其控制以十六进制形式输出 a 变量值,指定宽度为 6 个字符,默认右对齐,补 0 同时显示前缀。

本例中第 3 个 printf 调用语句中格式控制字符串为"a1=％hd,％d,％+5d,％+d,％x,％♯hx\n",其中 6 个格式字符串都是输出整型变量 a1 的值。第 1 个是％hd,其控制以十进制短整型形式输出 a1 变量的值,注意不同编译系统 int 类型数据长度(即表示范围)不同,如 Windows 的 32 位以上系统整型到短整型是进行数据截取的,显示值和实际输出列表中的数据有可能是不同的,这里是截取对应输出项的最低 2 字节显示,按实际宽度显示;第 2 个是％d,其控制以默认整型数据十进制形式输出 a1 变量,同样按实际宽度显示;第 3 个是％+5d,其控制以整型十进制形式输出 a1 变量值,显示占位宽度为 5,右对齐,不补 0,正负数都显示符号,当前显示的数据是正数,所以前面有+号;第 4 个是％+d,其控制以整型十进制形式输出 a1 变量值,按实际位数显示,正负数都显示符号,当前显示的数据是负数,所以前面有一号;第 5 个是％x,其控制以十六进制整型数据范围输出 a1 变量值,按实际宽度显示,不显示前缀;第 6 个是％♯hx,其控制以十六进制短整型数据范围输出 a1 变量值,也就是截取最低 2 字节再使用十六进制形式输出,按实际宽度显示且显示前缀。

本例中第 4 个 printf 调用语句中格式控制字符串为"b=％f,％15.10f,％5.2f,％e\n",其中 4 个格式字符串都是输出单精度实型变量 b 的值。第 1 个是％f,其控制以实型定点数形式输出 b 变量的值,默认按实际宽度显示,带 6 位小数;第 2 个是％15.10f,其控制以实型定点数形式输出 b 变量的值,显示宽度为 15 位,其中包括正负号、小数点和小数,小数点后保留 10 位小数,注意这里是进行四舍五入的而不是截取;第 3 个是％5.2f,其控制以实型定点数形式输出 b 变量的值,显示宽度为 5 位,其中包括正负号、小数点和小数,小数点后保留两位小数,注意这里指定的位宽 5 小于实际数字宽度,所以宽度显示不起作用;第 4 个是％e,其控制以实型指数形式输出 b 变量的值,按实际宽度显示,小数点后保留默认位数,即 6 位小数。

本例中第 5 个 printf 调用语句中格式控制字符串为"c=％f,％8.4f,％+018.4f\n",其中 3 个格式字符串都是输出双精度实型变量 c 的值。第 1 个格式符是％f,其控制以实型定点数形式输出 c 变量的值,默认按实际宽度显示,带 6 位小数;第 2 个是％8.4f,其控制以实型定点数形式输出 c 变量的值,显示宽度为 8 位,其中包括正负号、小数点和小数,小数点后保留 4 位小数,注意这里是进行四舍五入的而不是截取,由于 c 变量实际数字包括小数点、4 位小数及整数部分,宽度大于 8,所以宽度 8 不起作用,按实际数字宽度显示;第 3 个是％+018.4f,其控制以实型定点数形式输出 c 变量的值,显示宽度为 18 位,不足时前面补 0,该宽度包括正负号、小数点和小数,小数点后保留 4 位小数,正负数都显示符号。

本例中第 6 个 printf 调用语句中格式控制字符串为"d=％c,％8c,d=％d\n",其中 3 个格式字符串都是输出字符型变量 d 的值。第 1 个是％c,其控制以字符图形形式输出 c 变量对应的符号字样,默认占 1 个字符位置;第 2 个是％8c,其控制以字符图形形式输出 c 变量对应的符号字样,显示宽度为 8 位,默认右对齐,前面保留空格,当然可以指定补 0,但无实际意义;第 3 个是％d,其控制以十进制整数形式输出 c 变量的值,按实际宽度显示。

本例中第 7 个 printf 调用语句中格式控制字符串为"s=％s,％8.4s,％08s\n",其中 3 个格式字符串都是控制输出列表中从左到右的 3 个字符串"asdfgh""asdfgh"和"asdfgh"的。第 1 个是％s,它控制以字符图形形式输出字符 asdfgh 的全部内容;第 2 个是％8.4s,它控制以字符图形形式输出字符 asdfgh 的前 4 个字符,占位宽度为 8,默认右对齐,前面保留空格;第 3 个是％08s,它控制以字符图形形式输出字符 asdfgh 的全部内容,占 8 个字符,不足部分前面补 0,由于字符串前面补 0 无实际意义,所以一般不使用,这里只是为了讲解格式符各个部分的功能。

注意:使用 printf 函数时还要注意一个问题,那就是输出表列中的求值顺序。不同的编译系统不一定相同,既可以从左到右,也可以从右到左。大多数编译环境都是从右到左进行的。

【例 4-5】 函数参数表求值顺序问题。

```
void main()
{
    int i=8;
    printf("%d\n%d\n%d\n%d\n%d\n",++i,i++,i--,-i++,-i--);
}
```

程序运行结果如下:

编译系统在编译程序时,是先对函数参数进行编译的。如果函数参数是表达式则先进行表达式计算,其对函数的各个参数编译顺序是自右向左的,所有的参数编译完毕后再使用其结果编译函数。

所以,对于程序员来讲,分析程序执行过程时要自右向左分析各个参数的值,再分析这些值作为函数参数的实参之后函数的处理结果是什么。

本例中首先计算 printf 函数调用的最右面 1 个参数-i--,由于 i 变量当前值是 8,所以该实参是-8,函数运行后输出的是-8,并且这时 i 的值做参数后自减 1 变成 7。

其次处理右边第 2 个参数-i++,由于 i 变量当前值是 7,所以该实参是-7,函数运行时倒数第 2 个输出的是-7,并且这时 i 的值做参数后自加 1 变成 8。

再次处理右边第 3 个参数 i--,由于 i 变量当前值是 8,所以该实参是 8,函数运行时倒数第 3 个输出的是 8,并且这时 i 的值做参数后自减 1 变成 7。

然后处理右边第 4 个参数 i++,由于 i 变量当前值是 7,所以该实参是 7,函数运行时倒数第 4 个输出的是 7,并且这时 i 的值做参数后自加 1 变成 8。

最后处理右边第 5 个参数＋＋i,i 变量当前值是 8,先要进行 i 变量自加 1 变成 9,再做函数参数,所以实参是 9,函数运行时倒数第 5 个输出的是 9。

注意:由于不同编译器对＋＋和－－运算符的处理规律是不同的,所以一般编程序时尽量避免在一个表达式或函数参数表中对同一变量多次使用＋＋和－－运算。例如,下面例子在不同的编译器中编译程序的运行结果是不同的。

【例 4-6】　在一个表达式中对同一个变量进行多次自增自减运算。

```
#include <stdio.h>
void main()
{
    int i=8;
    printf("%d,%d\n",(++i)+(++i)+(++i),i);
}
```

在 VC 2010 等版本的 Microsoft Visual Studio 系列编译系统中的运行结果是 33,11,而在其他编译器中输出的结果可能是 31,11。

4.4.2　scanf 函数

scanf 函数称为格式化输入函数,即按用户指定的位置及格式从标准输入设备上把数据输入指定的变量或数组中。

1. scanf 函数的一般形式

scanf 函数是一个标准库函数,它的函数原型在头文件 stdio.h 中。与 printf 函数相同,C 语言也允许在使用 scanf 函数之前不必包含 stdio.h 文件。

scanf 函数的一般形式如下:

scanf("格式控制字符串组合",地址表列);

其中,"格式控制字符串组合"的作用与 printf 函数基本相同,但其控制的是输入信息的位置和格式,而不是显示信息,这个函数运行时不显示格式字符串中的任何字符,格式字符串是要求用户输入哪些信息和输入的格式。"地址表列"中给出用于接收数据的变量或数组的地址。变量的地址是由地址运算符 & 后跟变量名进行取地址运算实现的。例如:

&a, &b

分别表示变量 a 和变量 b 的地址。

这个地址就是编译系统在内存中给 a、b 变量分配的存储单元的第一个单元(几个连续单元中地址值最小)的地址。同学们要把变量的值和变量的地址这两个不同的概念区别开来。变量的地址是 C 编译系统分配的,用户不必关心具体的地址是多少,该值在程序运行过程中是不变的常量,一定要记住这一点。通过下面例子理解变量的地址和变量值的使用关系。

在赋值表达式中给变量赋值,例如:

a=567

则 a 为变量名,567 是变量的值,&a 是变量 a 的地址,不需要知道该值是多少。

切记在赋值符号左边是变量名,不能写地址,因为变量地址是常量,不可改变。而 scanf 函数在本质上也是给变量赋值,但要求通过变量的地址实现,scanf 函数在运行时是通过该地址将输入的数据存入该地址对应的变量中,其具体原理在第 9 章和第 11 章中进行讲解。

【例 4-7】 scanf 的简单应用。

```
void main()
{
    int a,b,c;
    printf("input a,b,c\n");
    scanf("%d%d%d",&a,&b,&c);
    printf("a=%d,b=%d,c=%d",a,b,c);
}
```

程序运行结果如下:

```
input a,b,c
1 2 3
a=1,b=2,c=3请按任意键继续. . .
```

在本例中,由于 scanf 函数本身不能显示提示字符串,故先用 printf 语句在屏幕上输出提示"input a,b,c"字符串进行人机交互,提示数据输入操作过程。之后程序执行 scanf 语句,则屏幕等待用户输入。用户输入 1　2　3 后按 Enter 键,scanf 完成将从标准输入设备(键盘)接收的 3 个整数分别写入对应的列表地址所在的变量中。之后向下执行程序"printf("a=%d,b=%d,c=%d",a,b,c);",此时屏幕输出 a=1,b=2,c=3。

在 scanf 语句的格式字符串组合"%d%d%d"中,由于在各个控制输入数据位置和格式的格式字符子串中间没有作为间隔的非格式字符,因此在输入时要用一个以上的空格、回车键或横向跳格作为输入数据之间的间隔。这 3 种间隔符叫作标准间隔符,用于区别不同的数据。

因此,数据输入时可以使用以下形式:

7 8 9

或

7
8
9

第一种情况是一个数据流中使用空格间隔开输入三个数据;第二种情况是使用三个数据流,每个数据流输入一个数据。

如果上例中的"scanf("%d%d%d",&a,&b,&c);"语句的格式控制字符串组合加了非格式字符,那必须按照其在格式字符串组合中的位置原样输入。例如,要修改成"scanf("a=%d,b=%d,c=%d",&a,&b,&c);",则在输入时必须输入"a=1,b=2,c=3",不能只输入数字,两个数之间不要再加标准间隔符,因为格式控制字符串组合中指定了间隔符为各个非格式控制字符,所以必须输入"a=1,b=2,c=3",不然输入的信息不能正确被 scanf 获取和对变量赋值。

2. 格式字符串

格式字符串的一般形式如下:

%[*][输入数据宽度][类型扩展符]类型符

其中,有方括号[]的项为可选项。

各项的意义介绍如下。

(1) " * "符:用于表示该输入项读入后不赋予相应的变量,即跳过该输入值。例如:

scanf("%d %*d %d",&a,&b);

当输入为

1　2　3

时,把 1 赋予 a,2 被跳过,把 3 赋予 b。

(2) 输入数据宽度:用十进制整数指定输入信息的最大宽度(即字符数)。例如:

scanf("%5d",&a);

当输入为

12345678

时,只把 12345 赋予变量 a,其余部分被截去。例如:

scanf("%4d%4d",&a,&b);

当输入为

12345678

时,将把 1234 赋予 a,而把 5678 赋予 b。

(3) 类型扩展符:为 l 和 h。l 表示输入长整型数据(如%ld)和双精度浮点数(如%lf)。h 表示输入短整型数据。

(4) 类型符:表示输入数据的类型,scanf 函数中的类型符及其意义见表 4-3。

表 4-3　scanf 函数的输入类型符及其意义

类型符	意　　义	类型符	意　　义
d	输入十进制整数	f 或 e	输入实型数(用小数形式或指数形式)
o	输入八进制整数	c	输入单个字符
x	输入十六进制整数	s	输入字符串
u	输入无符号十进制整数		

3. 使用 scanf 函数的注意事项

(1) 如果格式控制字符串中有非格式字符,要在输入时按照格式字符中的位置原样输入该非格式字符。

(2) scanf 函数中没有精度控制,如"scanf("%5.2f",&a);"是非法的。不能企图用此语句输入小数为两位的实数。

(3) scanf 中要求给出变量地址,如给出变量名则会出错。例如,"scanf("%d",a);"是非法的,应改为"scanf("%d",&a);"才合法。

(4) 在输入多个数值数据时,如果格式控制字符串中没有非格式字符作输入数据之间的间隔,则可用空格键、Tab 键或 Enter 键作间隔。C 编译在碰到空格键、Tab 键、Enter 键或非法数据(如对"％d"输入 12A 时,A 即为非法数据)时,即认为该数据结束。

(5) 在输入字符型数据时,如果格式控制字符串中无非格式字符,则认为所有输入的字符均为有效字符,包括空格键、Tab 键和 Enter 键。例如:

```
scanf("%c%c%c", &a, &b, &c);
```

当输入为

```
d e f
```

时,则把'd'赋予 a,' '(空格)赋予 b,'e'赋予 c。

只有当输入为

```
def
```

时,才能把'd'赋予 a,'e'赋予 b,'f'赋予 c。

如果在格式控制中加入空格作为间隔,例如:

```
scanf ("%c %c %c", &a, &b, &c);
```

则输入时在各数据之间加空格才能得到想要的字符数据。

(6) 如输入的数据与接收的变量类型不一致,虽然编译能够通过,但结果将不正确。

【例 4-8】 类型不一致问题。

```
#include <stdio.h>
void main()
{
    float a;
    printf("input a number\n");
    scanf("%d", &a);
    printf("%f", a);
}
```

程序运行结果如下:

由于输入数据类型为整型,而接收数据的变量类型为 float,因此函数运行后会出现数据类型异常,数值没有被正常处理和存储。在使用 scanf 函数输入数据时,格式字符串中指定的数据输入类型要与接收数据的变量类型相符。

4.5 顺序结构程序及设计举例

要点:顺序结构程序是按照从前到后顺序执行的程序段。计算机的硬件结构决定了程序代码顺序执行的特性,除非遇到带有跳转功能的语句,否则程序按照语句书写的顺序从上一行到下一行,同一行中从左到右的顺序执行。

顺序程序就是按照自上而下、自左而右的顺序书写并按照这个顺序执行的代码序列。计算机处理器硬件中的程序执行电路默认是按从低地址到高地址的顺序读取二进制机器指令，然后执行，除非遇到跳转（或称转移指令）等改变地址递增顺序的指令。对于使用符号或字符等书写形式的高级语言程序，由于编译软件（即程序翻译软件）是从存有程序代码的文件中从上到下、从左到右逐个字符识别并翻译代码的，先翻译的代码存放在低地址，后翻译的代码存放的地址逐渐递增。所以编写程序时也要按照这个规律，否则程序无法正确执行，也得不到正确结果。

任务 4-1：输入三角形的三边长，求三角形面积。

已知三角形的三边长 a、b 和 c，则该三角形的面积公式为

$$area = \sqrt{s(s-a)(s-b)(s-c)}$$

式中，$s = (a+b+c)/2$。

任务分析：首先分析任务，确定处理流程，即实现的算法，其次根据算法写程序代码，最后代码正确后编译运行来验证结果。

这个处理任务中需要 3 个原始数据 a、b 和 c 的值，这三个值要么是 3 个数值常量，要么是变量，可以使用多种方法确定这三个值，如键盘输入。这样就需要先定义 3 个变量 a、b 和 c，为了能够存储带小数点的数字，所以定义成 float 类型。之后再用 scanf 函数输入 3 个数字，给变量 a、b 和 c 赋值。变量有了数值，可以开始计算 s ＝ (a+b+c)/2，这就需要为一个中间结果定义一个变量 s，有了 s 的值就可以计算 s(s−a)(s−b)(s−c)，但这个式子不是 C 语言的合法表达式，需要写成 s * (s−a) * (s−b) * (s−c)，接着再对 s * (s−a) * (s−b) * (s−c) 的值求平方根，这里既可以定义临时变量，也可以直接将该值给开平方函数进行计算。最后把结果存储下来（需要定义变量）或输出。所有变量的定义都要在变量使用之前完成，变量定义语句要写到函数或复合语句的开始位置。

任务实现程序代码如下：

```
#include<math.h>
void main()
{
    float a,b,c,s,area;
    scanf("%f,%f,%f",&a,&b,&c);
    s=1.0/2 * (a+b+c);
    area=sqrt(s * (s-a) * (s-b) * (s-c));
    printf("a=%7.2f,b=%7.2f,c=%7.2f,s=%7.2f\n",a,b,c,s);
    printf("area=%7.2f\n",area);
}
```

程序运行结果如下：

```
3.2,3.5,5.6
a=   3.20,b=   3.50,c=   5.60,s=   6.15
area=   5.14
请按任意键继续. . .
```

程序流程如图 4-1 所示。

从图 4-1 中也可以看出，该程序是一个顺序结构程序，其是从上到下顺序执行的一个算法流程。流程图一般在分析任务和设计算法或总结交流时绘制。流程图中的平行四边形框

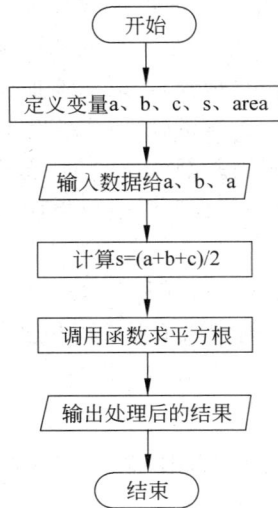

图 4-1　程序流程

一般用于绘制人机交互的处理过程,也可以使用矩形框代替,这样流程图绘制更加容易。

4.6　习　　　题

本章的习题内容请扫描二维码观看。

第 4 章课后习题

第 5 章　分支控制语句及
分支程序设计

要点：分支程序就是选择性地执行的多个程序段的一个，即根据条件判断的结果来选择执行某一段程序。主要包括两个方面，一是要有多个程序段；二是要有条件判断。

分支程序是程序执行过程中有完成不同处理任务的多个程序代码段，但又不能同时执行，需要根据条件来判断执行哪一部分程序以及跳过哪些程序。所以这类结构程序涉及两部分内容：一是必须要有条件判断；二是必须要有不同程序段，根据条件判断结果选择性执行。两分支结构如图 5-1 所示，简化的两分支结构如图 5-2 所示。

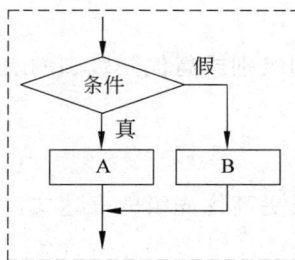

图 5-1　两分支结构　　　　　　　　图 5-2　简化的两分支结构

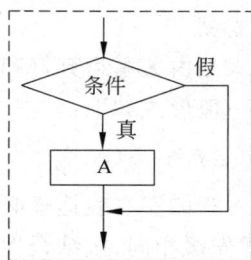

图中"条件"代表的是一个用于条件判断的条件表达式，A 和 B 代表不同的程序段。程序段由 C 语言中的各个语句序列（即复合语句）构成。如果条件表达式结果是"真"，执行一个分支程序；如果结果为"假"，则执行另一个分支程序。条件表达式一般是由关系运算符和逻辑运算符构成，但其实可以是由任何运算符及数据构成的任意表达式。

记住一点：条件表达式的值才是条件，其值为非零时为"真"，为零时为"假"，这是唯一标准。下面讲解关系运算符和关系表达式、逻辑运算符和逻辑表达式以及如何使用这些表达式构成条件。

5.1　关系运算符和表达式

要点：关系运算是打破顺序执行规律的结构控制语句中条件的重要组成方法之一。

关系运算符是在程序中经常被用来比较两个量的大小关系的运算符。比较的结果只有两个，即"真"或"假"。在 C 语言中，"真"用 1 存储，"假"用 0 来存储。这个"真"或"假"的值还可以与其他运算符组合进行其他运算，从而构成一个更复杂的表达式。

1. 关系运算符及其优先级和结合性

在 C 语言中有以下关系运算符,适用于判断该运算符左右两边值的大小关系。关系运算符的符号和功能说明见表 5-1。

表 5-1 关系运算符的符号和功能说明

运算符	名 称	功 能 说 明
<	小于运算符	如果运算符左边的值小于右边的值,结果为真,即 1;否则为假,即为 0
>	大于运算符	如果运算符左边的值大于右边的值,结果为真,即 1;否则为假,即为 0
<=	小于或等于运算符	如果运算符左边的值小于或等于右边的值,结果为真,即 1;否则为假,即为 0
>=	大于或等于运算符	如果运算符左边的值大于或等于右边的值,结果为真,即 1;否则为假,即为 0
==	等于运算符	如果运算符左边的值等于右边的值,结果为真,即 1;否则为假,即为 0
!=	不等于运算符	如果运算符左边的值不等于右边的值,结果为真,即 1;否则为假,即为 0

关系运算符都是双目运算符,其结合性均为自左向右结合。关系运算符的优先级低于算术运算符,高于赋值运算符。在 6 个关系运算符中,<、<=、>和>=的优先级相同,高于==和!=,其中==和!=的优先级相同。

2. 关系表达式

关系表达式是由关系运算符和两个参与运算的同级别或高优先级别的表达式构成的,关系表达式的一般形式如下:

表达式 关系运算符 表达式

构成关系运算的左右表达式必须是同优先级的或更高优先级的表达式,按照优先级顺序计算,如果优先级相同,按结合性顺序计算。例如:

```
a+b>c-d
x>3/2
'a'+1<c
-i-5*j==k+1
```

都是合法的关系表达式。其中,a+b>c-d 是用 a+b 的结果与 c-d 的结果进行比较运算,因为+和-的优先级高。

由于参加比较的表达式可以是同级别关系表达式,因此允许出现嵌套的情况。例如:

```
a>b>c
a!=c==d
```

这里注意运算过程,关系表达式的结合性是自左向右的,所以先计算左边的关系运算,再把结果值作为一个数与右边的关系运算符构成关系运算,计算最后结果。对于 a>b>c,先计算 a>b,其结果要么是真,要么是假,真是数字 1,假是数字 0,这个数字再和 c 比较,最后得到真假结果,即 1 或 0。如果自己设计的算法是判断一个变量的值是不是介于两个值之间,不要写成类似 2<a<5 这样的关系表达式,否则 C 语言处理的结果不一定与你想实现的结果一样。例如,当 a 的值是 7 时,C 语言对这个表达式处理的结果是真,因为 2<7 结果是真,即数字 1,1 再和 5 比较,即 1<5,结果还是真。但实际上 7 是不介于 2 和 5 之间的,这个条件结果应该为假。又如:

(a=3)＞(b=5)

　　由于"(a=3)"和"(b=5)"是由()构成的高优先级运算式,先算括号里的,括号里是赋值运算符,注意不是条件运算,赋值运算的结果分别是 a 和 b 变量的值,即 3 和 5,最后再比较 3 和 5,即计算 3＞5,其结果为假,即数值为 0。

　　【例 5-1】　运算符及表达式举例。

```
#include<math.h>
void main()
{
    char c='k';
    int i=1,j=2,k=3;
    float x=3e+5,y=0.85;
    printf("%d,%d\n",'a'+5<c,-i-2*j>=k+1);
    printf("%d,%d\n",1<j<5,x-5.25<=x+y);
    printf("%d,%d\n",i+j+k==-2*j,k==j==i+5);
}
```

程序运行结果如下:

```
1,0
1,1
0,0
请按任意键继续. . .
```

　　在本例中求出了各种关系运算的值。字符型变量是以它对应的 ASCII 码值参与运算的。对于含多个关系运算符的表达式,如 k==j==i+5,根据运算符的左结合性自左向右进行计算,先计算 k==j,该条件不成立,其值为 0,再计算 0==6,也不成立,故表达式值为 0。

5.2　逻辑运算符和表达式

　　要点:如果参与逻辑运算之前的值是非零,为"真";如果是零,为"假"。计算结果如为"真",是 1;如为"假",是 0。

　　逻辑运算符是用来进行"真"或"假"的逻辑值之间的运算的符号。参与运算的数据及运算对象是逻辑值"真"或"假",运算结果也为逻辑值"真"或"假"。对于进行运算之前的逻辑值"真"或"假",C 语言是使用非零为"真"以及零为"假"的规则,分别用数字 1 或数字 0 来存储运算结果"真"或"假"。

　　逻辑表达式是由逻辑运算符与两个运算对象构成的式子,其中每个运算对象是由另一个同级或更高优先级别的运算符与运算对象构成的表达式,运算对象的最简形式是具体数字常量或变量的值,这一点适用于所有运算符。

　　但是不一定先运算逻辑运算符右边的更高优先级别的表达式,这是逻辑运算符一个很大的特性,称为短路原则。后续重点讲解。

　　1. 逻辑运算符及其优先级和结合性

　　C 语言中提供了三种逻辑运算符,分别是逻辑与运算符、逻辑或运算符和逻辑非运算符。逻辑运算符的构成见表 5-2。

表 5-2　逻辑运算符的构成

运算符	名　称	功　能　说　明
&&	逻辑与运算符	只要运算符左右两边的值有一个为"假",即数字值为零,则结果为"假",即为 0;否则为"真",即为 1
||	逻辑或运算符	只要运算符左右两边的值有一个为"真",即数字值为非零,则结果为"真",即为 1;否则为"假",即为 0
!	逻辑非运算符	如果运算符右边的值为"真",即数字值为非零,则结果为"假",即为 0;如果右边的值为"假",即数字值为零,则结果为"真",即为 1

与运算符"&&"和或运算符"\|\|"均为双目运算符,具有自左向右的左结合性。非运算符"!"为单目运算符,具有右结合性。逻辑运算符和其他常用运算符优先级的关系如图 5-3 所示。

三个逻辑运算符"与""或"和"非"的优先级顺序是!(非)→&&(与)→\|\|(或)。但注意逻辑运算符有一个"短路原则",程序执行时先处理短路原则再处理优先级,即计算机首先考虑是否满足短路原则,如果满足短路原则,按短路原则计算,如果不满足短路原则再按优先级运算。

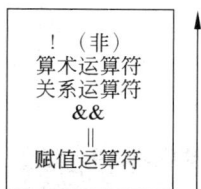

```
！（非）
算术运算符
关系运算符
&&
||
赋值运算符
```

图 5-3　逻辑运算符和其他常用运算符优先级的关系

2. 逻辑运算符短路原则

逻辑运算符的短路原则只有逻辑"与"和逻辑"或"运算存在。其原则是:当由逻辑"与"运算符或由逻辑"或"运算符与左右两边的高优先级或同优先级表达式进行逻辑运算时,只要左边表达式的值能够决定整个表达式的值,计算机就不计算(或称为不处理)右边表达式。

具体来说,如果 && 运算符左边表达式的值为"假",即值为 0,则整个由"与"运算构成的表达式的值就为"假",所以计算机处理右侧同级别或更高级别的表达式就无意义,因此就不计算或处理该表达式。同理,如果\|\|运算符左边表达式的值为"真",即值为非零,则整个由"或"运算构成的表达式的值就为"真",所以计算机处理右侧同级别或更高级别的表达式也无意义,因此就不计算或处理该表达式。

注意:短路原则的前提是右侧为同级或更高级别表达式,如果右侧是更低优先级的表达式,则不能被短路掉,这时需要将左边逻辑表达式结果作为右侧低优先级表达式的一个数据项来参与运算。

3. 逻辑表达式

逻辑表达式是由逻辑运算符和两个参与运算的同级别或高优先级别的两个表达式构成的。逻辑表达式的一般形式如下:

表达式　逻辑运算符　表达式

其中的"表达式"可以是另一个逻辑表达式或由更高优先级运算符构成的表达式。逻辑表达式以"1"和"0"分别表示"真"和"假"以及进行存储。

例如:

a>b&&a<c

和

```
(a&&b)&&c
```

其中,逻辑表达式 a>b&&a<c 是由逻辑与运算符 && 与两个关系表达式构成的逻辑表达式,其先计算 a>b 的值,如果是"真",再判断表达式 a<c 的值,如果左右两个表达式的值都是"真",则逻辑"与"运算的结果就是"真",即数值为 1;&& 运算符左右两边的表达式只要有一个为"假",则 && 运算结果为"假",即数值为 0。另外,如果 && 运算符左边表达式的值为"假",不但结果为"假",而且不计算和处理 && 运算符右边同级别或更高级别的表达式,这是短路原则。

逻辑表达式(a&&b)&&c 先计算左边括号中的逻辑表达式,左边逻辑表达式的值再与右边的 &&c 构成逻辑表达式,进行逻辑运算得出的结果是整个表达式的值。由于逻辑运算符 && 具有左结合性,同优先级别运算符的计算顺序由结合性决定,所以本表达式可以不使用(),因而上式也可写为 a&&b&&c,其运行结果与加括号的结果是相同的。

注意:C 语言的运算符功能强大,如果掌握不好优先级和结合性属性,在编写程序时可以使用()将表达式写成自己能够确定的计算顺序,虽然程序不够优化,但能够提高程序的可读性,对初学者很重要。

【例 5-2】 运算符及表达式举例。

```
void main()
{
    char c='k';
    int i=1,j=2,k=3;
    float x=3e+5,y=0.85;
    printf("%d,%d\n",!x*!y,!!!x);
    printf("%d,%d\n",x||i&&j-3,i<j&&x<y);
    printf("%d,%d\n",i==5&&c&&(j=8),x+y||i+j+k);
}
```

程序运行结果如下:

```
0,0
1,0
0,1
请按任意键继续. . .
```

本例中 x 和 y 的值都是非零的,所以都为"真",因此!x 和!y 都为"假",数值都是 0,便可知!x*!y 的值也为 0,故其输出值为 0。由于 x 为非零,为"真",故!!!x 的逻辑值为假,即为 0,所以第一行输出 0,0。

在表达式 x||i&&j−3 中,由于 x 为非零,为真,所以根据短路原则可知不需要再计算比||运算符级别更高的表达式,该逻辑表达式的值已经确定是"真",即数值为 1。

对于表达式 i<j&&x<y,由于 i<j 的值为"真",即为 1,左边表达式不能决定逻辑 && 运算的结果,所以需要计算运算符 && 右侧表达式 x<y 的值,由于 x 的值 3e+5 实际比 y 的值 0.85 大,所以逻辑运算 x<y 的结果为"假",即数值为 0,这样 && 左边是 1,右边是 0,故逻辑与运算的结果为"假",即数值为 0,所以第二行输出 1,0。

对于表达式 i==5&&c&&(j=8),由于 i==5 为"假",即值为 0,该表达式由两个"与"运算组成,根据短路原则可知其能够决定整个表达式的值为 0,并且右侧的表达式都不处理。另外,对于表达式 x+y||i+j+k,由于 x+y 的值为非 0,故由短路原则可知整个表

达式的值为真，即为1，并且右侧的表达式都不处理，所以第三行输出"0,1"。

注意：一个运算对象与左右两边的哪个运算符结合构成一个表达式是由运算符的优先级和结合性决定的，高优先级具有高优先权，同优先级由结合性决定优先权。

5.3 if 语 句

要点：使用if语句可以实现根据条件二选一地执行两个不同程序段的功能，也就是设计条件分支程序。

if语句是实现两分支程序的控制语句。程序执行时根据if语句中的条件表达式的值的"真"或"假"二选一地执行两个分支程序代码段中的一个分支的代码段，到底是哪个分支的程序段被执行，哪个分支的程序段被跳过是根据具体条件值来实现的。C语言的if语句有三种基本形式。

1. 第一种形式：if 语句基本形式

if语句基本形式的语法格式如下：

```
if(表达式)
    复合语句
```

功能：如果表达式的值为"真"，则执行该if语句的内嵌复合语句，再执行该if基本形式语句后面的其他语句，否则不执行该复合语句（跳过该复合语句）而直接去执行该if语句后边的其他语句。复合语句中必须拥有至少1条语句，如果多于1条语句，必须使用一对{ }将该多条语句括起来形成复合语句。如果只有1条语句作为该if语句的内嵌语句（当条件为"真"时需执行），则{ }可以省略不输入，反过来说，如果if(表达式)后面没有{ }，则C语言只认为离它最近的一条语句是该if语句的内嵌语句。

if语句的执行过程如图5-4所示。

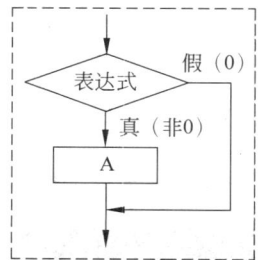

图5-4 if语句的执行过程

【例5-3】 找出两个数中的较大值。

```
void main()
{
    int a,b,max;
    printf("input two numbers:");
    scanf("%d%d",&a,&b);
    max=a;
    if (max<b)
      max=b;
    printf("max=%d\n",max);
}
```

程序运行结果如下：

```
input two numbers:34 23
max=34
请按任意键继续. . .
```

本例程序中,在输出完提示字符串后,输入两个数,分别赋给两个变量 a 和 b。把 a 的值先赋予变量 max,假定 a 的值较大。再用 if 语句判别 max 的值是否小于 b 的值,如果 max 小于 b 的判断结果为"真",说明 b 的值大于前面赋值给 max 的变量 a 的值,所以 a 和 b 两个变量中,b 变量大,之后使用赋值语句把 b 赋予 max。如果 max 小于 b 的判断结果为"假",说明 max 的值大于 b 的值,说明 a 的值较大。因此由这个分支语句处理后 a 和 b 变量中较大值就被赋值到 max 中了,最后输出 max 的值就显示出了 a 和 b 变量中的较大值。

2. 第二种形式:if-else 成对的完整形式

if-else 成对的完整形式的语法格式如下:

```
if(表达式)
    复合语句1
else
    复合语句2
```

功能:如果表达式的值为"真",则执行复合语句 1,跳过复合语句 2 之后向下执行;相反如果表达式的值为"假",则跳过复合语句 1,执行复合语句 2 之后向下执行。

同 if 语句的基本形式一样,无论是复合语句 1 还是复合语句 2 中必须拥有至少 1 条语句,如果多于 1 条语句,必须使用一对{ }将该多条语句括起来形成复合语句。如果只有 1 条语句作为该 if 语句条件成立时执行的内嵌语句(表达式值为"真"时需执行)或条件不成立时执行的 else 后的内嵌语句(表达式值为"假"时需执行),则{ }可以省略。反过来说,如果 if 语句的复合语句部分没有{ },则 C 语言只认为离它最近的一条语句是该 if 后或 else 后的内嵌语句。如果 if(表达式)和 else 之间出现多条语句但没有使用{ }将其括起来,是语法错误,编译时报错。如果是 else 后边的出现多条语句,但没有使用{ }将其括起来,则编译时只认为其后边的 1 条语句是表达式值为"假"时需执行的语句,其他语句与本条件无关,之后会顺序执行,这样程序编译时不会报错,但实现的处理结果很可能不是想要的结果,即运行结果错误,因为程序没有按照设计的过程运行。这也是在本教材开始时强调的一句话:计算机是机器,其没有智能,其所谓智能是程序赋给它的,也就是程序员的智能。所以程序运行结果不是计算机自己思考出来的,是程序员使用正确程序代码实现的。if-else 语句的执行过程如图 5-5 所示。

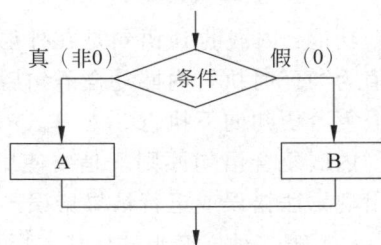

图 5-5　if-else 语句的执行过程

【例 5-4】　找出两个数中的较大值。

```
void main()
{
    int a, b;
    printf("input two numbers:");
    scanf("%d%d",&a, &b);
    if(a>b)
        printf("max=%d\n",a);
    else
        printf("max=%d\n",b);
}
```

程序运行结果如下：

程序首先输出"input two numbers:"提示字符串,之后输入两个数,由于 scanf 的格式字符串"%d%d"的两个格式符%d之间没有指定间隔符,所以在输入数据时必须使用标准间隔符进行间隔,如输入 5 3 后按 Enter 键,scanf 函数将输入的 5 和 3 分别写入变量 a 和 b。

下面执行 if-else 语句,注意其两个内嵌复合语句都只有 1 条语句,因为没有{ },当表达式条件 a>b 的值为"真"时,执行内嵌复合语句 1,即执行"printf("max＝%d\n",a);",输出变量 a 的值;之后跳过复合语句 2,即跳过"printf("max＝%d\n",b);"向下执行,下面没有程序了,所以程序运行结束。当表达式条件 a>b 的值为"假"时,跳过内嵌复合语句 1,即跳过"printf("max＝%d\n",a);",执行复合语句 2,即执行"printf("max＝%d\n",b);"输出变量 b 的值,之后向下执行,下面没有程序了,所以程序运行结束。本例中输入的是数字 5 和 3,即变量 a 和 b 的值是 5 和 3,所以表达式 a>b 为真,执行"printf("max＝%d\n",a);"语句输出的是 a 变量的值 5,即输出显示为 max＝5。

3. 第三种形式：if 语句嵌套形式

前两种形式的 if 语句一般都用于两个分支的情况。有多个分支选择时,可采用 if 语句嵌套形式,其嵌套形式有很多种,下面分别讲解。

（1）第一种嵌套形式：基本形式嵌套基本形式。

```
if(表达式 1)
    if(表达式 2)
        内嵌复合语句
```

功能：内嵌的 if 语句是在外层的 if 语句的表达式 1 为"真"时才执行的,同时表达式 2 的值为"真"时执行内嵌复合语句后向下执行,表达式 1 和表达式 2 有一个为"假"时都跳过内嵌复合语句向下执行。

内嵌复合语句原则上是要使用{ }括起来的,除非设计的内嵌语句只有一条语句,否则会出现语法错误或运行结果错误。

（2）第二种嵌套形式：基本形式嵌套 if-else 完整形式。

```
if(表达式 1)
  if(表达式 2)
    内嵌复合语句 1
  else
    内嵌复合语句 2
```

功能：内嵌的 if 语句是在外层的 if 语句的表达式 1 为"真"时才执行的,同时表达式 2 的值为"真"时执行内嵌复合语句 1 后,跳过内嵌复合语句 2,然后向下执行,如果表达式 2 的值为"假"时跳过内嵌复合语句 1 后,执行内嵌复合语句 2,然后向下执行。但外层 if 语句的表达式 1 的值为"假"时跳过内嵌 if 语句（包括内嵌的 if 语句中的两个内嵌复合语句）后向下执行。下面其他嵌套情况中的条件与分支执行关系类似,由于篇幅限制就不一一说明了,读者自行分析。

内嵌复合语句原则上是要使用{ }括起来的,除非设计的内嵌语句只有一条语句,否则会出现语法错误或运行结果错误。

（3）第三种嵌套形式：if-else 完整形式嵌套基本形式。

该嵌套形式有以下 3 种不同情况。

① if-else 完整形式的条件成立时的分支嵌套基本形式如下：

```
if(表达式 1)
  { if(表达式 2)
      内嵌复合语句 1
  }
else
  内嵌复合语句 2
```

这种嵌套形式中，内嵌 if 语句的基本形式必须使用{ }括起来，否则会出现 if 和 else 配对关系错误，编译时会出现语法错误或运行结果错误。

② if-else 完整形式的条件不成立时的分支嵌套基本形式如下：

```
if(表达式 1)
  内嵌复合语句 1
else
{ if(表达式 2)
    内嵌复合语句 2
}
```

与上一种情况类似，这种嵌套形式中，内嵌 if 语句的基本形式最好使用{ }括起来，否则编译时会出现语法错误或运行结果错误。

③ if-else 完整形式的条件成立和不成立时的分支嵌套基本形式如下：

```
if(表达式 1)
{ if(表达式 2)
    内嵌复合语句 1
}
else
  { if(表达式 3)
      内嵌复合语句 2
  }
```

注意事项同前面两种情况。

（4）第四种嵌套形式：if-else 完整形式嵌套 if-else 完整形式。

该嵌套形式有以下 3 种不同情况。

① if-else 完整形式的条件成立时的分支嵌套 if-else 完整形式如下：

```
if(表达式 1)
  if(表达式 2)
      内嵌复合语句 1
    else
    内嵌复合语句 2
    else
      内嵌复合语句 3
```

② if-else 完整形式的条件不成立时的分支嵌套 if-else 完整形式如下：

```
if(表达式 1)
```

```
    内嵌复合语句 1
else
    if(表达式 2)
        内嵌复合语句 2
    else
        内嵌复合语句 3
```

③ if-else 完整形式的条件成立和不成立时的分支同时嵌套 if-else 完整形式如下：

```
if(表达式 1)
    if(表达式 2)
        内嵌复合语句 1
    else
        内嵌复合语句 2
else
    if(表达式 3)
        内嵌复合语句 3
    else
        内嵌复合语句 4
```

（5）第五种嵌套形式：if-else 完整形式混合嵌套 if 基本形式和 if-else 完整形式。

该嵌套形式有以下两种情况。

① if-else 完整形式的条件成立时的分支嵌套 if-else 完整形式，同时条件不成立时的分支嵌套 if 基本形式如下：

```
if(表达式 1)
    if(表达式 2)
        内嵌复合语句 1
    else
        内嵌复合语句 2
else
{ if(表达式 3)
        内嵌复合语句 3
}
```

内嵌的 if 语句的基本形式最好使用{ }括起来。

② if-else 完整形式的条件成立时的分支嵌套 if 基本形式，同时条件不成立时的分支同时嵌套 if-else 完整形式如下：

```
if(表达式 1)
    { if(表达式 2)
        内嵌复合语句 1
    }
else
    if(表达式 3)
        内嵌复合语句 2
    else
        内嵌复合语句 3
```

内嵌的 if 语句的基本形式必须使用{ }括起来。

（6）常用的多级嵌套形式

前面讲解的是两级嵌套，实际上 if 语句的两种形式可以进行多级嵌套，具体进行多少级嵌套要根据具体算法来设计,其功能很强大。其中经常使用的多级嵌套形式如下,其是 if-else 完整形式嵌套 if-else 完整形式的第三种嵌套形式的第二种情况。

```
if(表达式 1)
    内嵌复合语句 1;
    else  if(表达式 2)
        内嵌复合语句 2;
        else  if(表达式 3)
            内嵌复合语句 3;
                …
                else  if(表达式 n)
                    内嵌复合语句 n;
                    else
                    内嵌复合语句 n+1;
```

功能:依次判断表达式的值,当出现某个值为真时,则执行其对应的内嵌复合语句,然后跳到整个 if 语句多级嵌套形式之后继续执行程序。如果所有的表达式均为假,则执行内嵌复合语句 $n+1$,然后继续执行后续程序。if-else-if 语句的多级嵌套形式执行过程如图 5-6 所示。

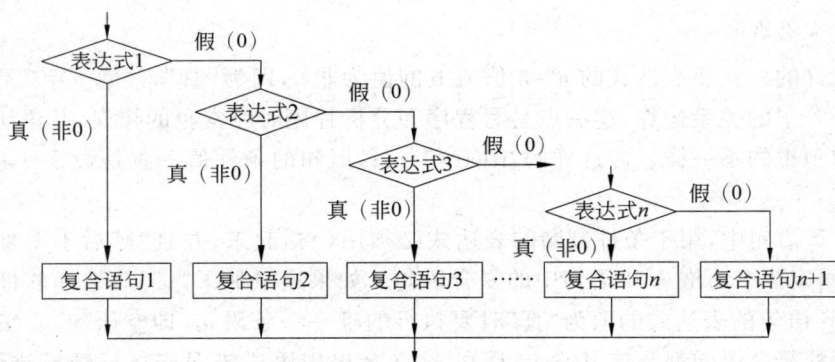

图 5-6　if-else-if 语句的多级嵌套形式执行过程

【例 5-5】　判断输入字符的类型。

```c
#include<stdio.h>
void main()
{
    char c;
    printf("input a character:");
    c=getchar();
    if(c<32)
      printf("This is a control character\n");
    else if(c>='0'&&c<='9')
      printf("This is a digit\n");
    else if(c>='A'&&c<='Z')
      printf("This is a capital letter\n");
    else if(c>='a'&&c<='z')
      printf("This is a small letter\n");
    else
      printf("This is an other character\n");
```

77

```
}
```

程序运行结果如下：

本例要求判别键盘输入字符的类别。也就是根据输入字符的 ASCII 码值来判别类型。由 ASCII 码表可知 ASCII 码值小于 32 的为控制字符。在'0'和'9'之间的为数字，在'A'和'Z'之间的为大写字母，在'a'和'z'之间的为小写字母，其余则为其他字符。

这是一个多分支选择的问题，用 if-else-if 连续嵌套语句编程，判断输入字符 ASCII 码值所在的范围，分别给出不同的输出。例如，输入为 g，输出显示它为小写字符。

在使用 if 语句时还应注意以下问题。

（1）在三种形式的 if 语句中，在 if 关键字之后均为表达式。该表达式通常是逻辑表达式或关系表达式，也可以是其他表达式，如赋值表达式等，甚至可以是一个变量。例如：

```
if(a=5)   复合语句
```

或

```
if(b)   复合语句
```

都是允许的。只要表达式的 a=5 值或 b 的值为非 0，即为"真"，注意 a=5 是赋值而不是判断是否等于的关系运算，这一点是写程序和分析程序时经常犯的错误，其语法没问题但运行结果和预想的不一样。像这样的"if(a=5)…;"语句的条件值一直是数字 5，其非零，所以永远为真。

（2）在 if 语句中，用于条件判断的表达式必须用（）括起来，并且"）"后不要加"；"号，因为在"）"后面应该书写嵌入 if 语句中的复合语句。如果这里加了"；"号，编译软件会认为这个"；"是该 if 语句的表达式的值为"真"时要执行的唯一一条语句（即空语句）。编译软件认为后面再写的复合语句都与该 if 语句无关，这样会出现语法错误或运行结果错误的情况，是我们不希望的。

（3）在 if 语句的三种形式中，所有嵌入的复合语句应该由括号｛｝括起来，但也要注意的是在"｝"之后不能再加分号，只有当该复合语句中只有一条语句时可以省略｛｝。例如：

```
if(a>b)
  {a++;
  b++;}
else
    {a=0;
    b=10;}
```

如果出现 if 语句嵌套，当嵌进去的 if 语句是 if 语句的基本形式时，如果嵌入的位置不是最下面的一个 if 语句的 else 之后，必须将嵌进去的这个基本形式 if 语句用｛｝括起来。在分析别人书写的程序时，如果是嵌套的 if 语句形式，必须知道 C 语言的 if 和 else 配对规则。该规则是：自下向上在同一对｛｝内将两个距离最近且没有配对的 if 和 else 配对，从最内层逐层向外分析配对关系。

【例 5-6】 判断两个数的大小关系。

```
void main()
{
    int a,b;
    printf("please input A,B:");
    scanf("%d%d",&a,&b);
    if(a!=b)
    if(a>b)  printf("A>B\n");
    else  printf("A<B\n");
    else  printf("A=B\n");
}
```

程序运行结果如下：

```
please input A,B:4 6
A<B
请按任意键继续. . .
```

该程序是比较两个数的大小关系。本例中用了 if 语句的嵌套结构。该嵌套的 if 语句是 if 完整形式的语句在条件为"真"的分支处嵌入了一个完整形式的 if 语句。

通过前面描述的配对原则可知，写在最里面的 if 和 else 最近，所以它们两个配成一对从而构成一个 if-else 的完整形式 if 语句。剩下在外面的两个 if 和 else 最近，所以它们配成一对。这样一来就与以下形式等价：

```
if(a!=b)
{
    if(a>b)  printf("A>B\n");
    else  printf("A<B\n");
}
else
  printf("A=B\n");
```

采用嵌套结构实质上是为了进行多分支选择，实际上有 3 种选择，即 A 大于 B、A 小于 B 或 A 等于 B。本例中当表达式 a!=b 结果为"真"时，执行嵌入的另一个 if-else 语句。当这个 if 语句的表达式 a>b 值为"真"，即 a 大于 b 时执行内嵌的 printf("A>B\n")，输出 A>B 并换行。当 a>b 值为"假"，即 a 小于 b 时执行内嵌的 if-else 语句的 else 后嵌入的 printf("A<B\n")，输出 A<B 并换行。当表达式 a!=b 结果为"假"，即 a 等于 b 时执行最外层的 if-else 语句 else 后面嵌入的 printf("A=B\n")，输出 A=B 并换行。

另外这种问题用 if-else-if 语句的常用多级嵌套形式就可以完成，而且程序更加清晰，更容易被人理解。代码书写时使用必要的缩进形式更能够提高程序可读性，但缩进书写形式不能决定 if 和 else 的配对关系，只是为了阅读方便，如例 5-7。

【例 5-7】　判断两个数的大小关系。

```
void main()
{
    int a,b;
    printf("please input A,B: ");
    scanf("%d%d",&a,&b);
    if(a==b) printf("A=B\n");
    else if(a>b)  printf("A>B\n");
         else  printf("A<B\n");
}
```

其运行结果与例 5-6 是一样的。

【例 5-8】 判断年份是否为闰年。

（1）算法分析。只要满足以下条件中的任意一个,则该年份为闰年。

① 该年份能被 4 整除同时不能被 100 整除。

② 该年份能被 400 整除。

（2）程序代码如下：

```
#include <stdio.h>
void main()
{
    int year,a;
    printf("Please input a year:\n");
    scanf("%d",&year);
    if(year%400==0)
        a=1;
    else
        if(year%4==0&&year%100!=0)
            a=1;
        else
            a=0;
    if(a==1)
        printf("%d year is a leap year\n",year);
    else
        printf("%d year is not a leap year\n",year);
}
```

程序运行结果如下：

```
Please input a year:
2022
2022  year is not a leap year
请按任意键继续. . .
```

5.4 switch 语句

要点 1：switch 的条件是整数值的等于关系的比较。

要点 2：switch 语句的各分支程序中,除书写位置在最后的分支以外,其他分支程序执行完毕后要想退出 switch 程序,取决于 break 的存在。

C 语言还提供了另一种用于多分支选择的 switch 语句,其是使用具有明确区分度的整数值或字符型数据(即 ASCII 码值)来选择执行的多分支程序结构控制语句。switch 语句的一般语法形式如下：

```
switch(表达式){
    case 常量表达式 1:  语句组 1
    case 常量表达式 2:  语句组 2
    ...
    case 常量表达式 n:  语句组 n
    default        :  语句组 n+1
}
```

其功能是计算"表达式"的值,使用该值从前到后逐个与"常量表达式"值相比较,当"表达式"的值与某个"常量表达式"的值相等时,即执行其后的"语句组",不再进行判断。也就是顺序执行写在该 case 后面的所有"语句组"中的语句,直到遇到 break 或该 switch 语句的回括号"}"时退出该 switch 语句,转去顺序执行这对{ }后面的 switch 语句之后的其他语句。另外,如果"表达式"的值与所有 case 后的"常量表达式"的值均不相同时,则执行 default 后的语句组,同样直到遇到 break 或该 switch 语句的回括号"}"时退出该 switch 语句,顺序执行这对{ }后面的语句。

在每个"case 常量表达式"的":"之后语句组中,原则上要在最后放一个"break;"语句。一个 case 是一个分支,default 也是一个分支,书写时没有必然的前后要求,因为 switch 语句的分支条件是"表达式"的值与其后的"常量表达式"值做是否等于判断的,所以前后关系可以不同。但是如果有些分支的语句组的最后没有"break;",就需要注意各个 case 对应的分支语句的书写前后顺序。

语法上"表达式"的一对()后面不要加分号,其必须是一个起括号"{",之后书写各个分支代码,每个分支的":"号后面书写多条用于完成任务的语句组,再根据需要加"break;"语句,这些语句构成的语句组不需要加{}括起来,当然为了提高可读性,也可以使用{}括起来。

另外,switch 语句中与起括号"{"成对的回括号"}"后边不需要加分号";",如果加了也与 switch 语句无关,只是与其平行的且需要向下顺序执行的一个空语句而已。

在使用 switch 语句时应注意以下问题。

(1) switch 语句的条件一定是整数值(整型或字符型),其是进行等于关系比较。

(2) 在 case 后的各常量表达式的值不能相同,否则无法区分,会出现错误。

(3) 在每个 case 后,允许有多个语句,可以不用{}括起来。但要根据算法需要选择性地在部分或全部分支语句组中的最后书写"break;"语句。

(4) 在"break;"语句齐全的前提下,各 case 和 default 子句的先后顺序可以变动,而不会影响程序执行结果。只有写在最下面的一个分支,无论是 case 还是 default 都可以省略"break;"语句。

(5) default 子句可以省略不用,也就是不满足各个分支条件时如不用执行代码,可直接退出 switch 语句。

【例 5-9】　switch 语句的特性案例 1。

```c
void main()
{
    int a;
    printf("input integer number: ");
    scanf("%d",&a);
    switch (a){
    case 1:printf("Monday\n");
    case 2:printf("Tuesday\n");
    case 3:printf("Wednesday\n");
    case 4:printf("Thursday\n");
    case 5:printf("Friday\n");
    case 6:printf("Saturday\n");
    case 7:printf("Sunday\n");
```

```
    default:printf("error\n");
    }
}
```

程序运行结果如下：

本程序是要求输入一个数字，输出一个英文单词。但是当输入 4 之后，却执行了"case 4："以后的所有语句，直到"}"为止，从而输出了 Thursday 及以后的所有单词，这当然是不希望得到的结果。为什么会出现这种情况呢？这恰恰反映了 switch 语句的一个特点。

在 switch 语句中"case 常量表达式"只相当于一个语句标号，当表达式的值和某标号相等时则转向该标号执行，但不能在执行完该标号的语句后自动跳出整个 switch 语句，必须使用"break;"语句才能跳出，所以出现了继续执行后面所有 case 语句的情况。这是与前面介绍的 if 语句完全不同的地方，应特别注意。

修改例题的程序，在每个 case 语句组中的任务语句之后增加一个"break;"语句，使每一次执行完必要的任务语句后跳出 switch 语句，从而避免输出不应有的结果。以下为例程的修改结果。

【例 5-10】 switch 语句的特性案例 2。

```
void main()
{
    int a;
    printf("input integer number:");
    scanf("%d",&a);
    switch (a){
      case 1:printf("Monday\n");break;
      case 2:printf("Tuesday\n"); break;
      case 3:printf("Wednesday\n");break;
      case 4:printf("Thursday\n");break;
      case 5:printf("Friday\n");break;
      case 6:printf("Saturday\n");break;
      case 7:printf("Sunday\n");break;
      default:printf("error\n");
    }
}
```

程序运行结果如下：

从运行结果上看是符合实际需求的。

【例 5-11】 计算器程序。用户输入运算数和四则运算符，输出计算结果。

```
void main()
```

```
{
    float a,b;
    char c;
    printf("input expression: a+(-,*,/)b \n");
    scanf("%f%c%f",&a,&c,&b);
    switch(c){
        case '+': printf("%f\n",a+b);break;
        case '-': printf("%f\n",a-b);break;
        case '*': printf("%f\n",a*b);break;
        case '/': printf("%f\n",a/b);break;
        default: printf("input error\n");
    }
}
```

程序运行结果如下：

本例在使用变量定义语句定义需要的变量之后，使用 printf 函数输出提示字符串
"input expression：a＋(－，＊，/)b \n"，再使用"scanf("%f%c%f"，&a，&c，&b)；"语句调
用 scanf 函数，从键盘上接收 3 个信息，分别给 a、c 和 b 变量，注意中间 c 变量输入的格式符
是%c。如果输入时带间隔符会被读入给 c 变量，所以运行时看到提示字符串后输入第一个
数(如 465)，之后直接输入＋、－、＊ 或/符号，如"＊"号，再输入第二个数字。

这三个输入信息之间不要加空格和跳格，最后按 Enter 键。至此，scanf 函数完成数据
到变量的输入，顺序执行后面的 switch 语句。

switch 语句的条件表达式只是一个变量 c 的值，即输入的运算符的 ASCII 码值，其与
每个 case 后面的常量字符的 ASCII 码值相比较，如果是＋、－、＊ 或/字符的 ASCII 码值，即
'+'、'-'、'*' 或'/'，就执行其后的语句组，直到"break；"或者 switch 语句的回括号"}"为止。

所以输入 465 ＊ 23 后执行的是 case '＊' 之后的语句组"printf("%f\n"，a ＊ b)；break；"，
输出了 465 ＊ 23 的值 10695.000000，之后退出 switch 语句。因此本例实现的是四则运算求
值，其中 switch 语句用于判断运算符，然后输出运算值。当输入运算符不是＋、－、＊ 或/字
符时，由"default：printf("input error\n")；"输出错误提示 input error 后换行。

5.5　条件运算符及应用

要点：要实现根据条件进行两个同类型运算结果的二选一选择时，使用条件运算符优
于 if 语句。

条件运算符是由"："号和"?"号两个符号及 3 个"表达式"构成的一个特殊运算。其语法
格式如下：

表达式 1? 表达式 2：表达式 3

"表达式 1"是条件,"表达式 2"和"表达式 3"的值是整个条件运算表达式值的两个可选值。具体语法规则是:当"表达式 1"的值为真(非零)时计算"表达式 2"的值,"表达式 3"不计算(不处理),整个条件运算表达式的值就是"表达式 2"的值,但如果"表达式 1"的值为假(零)时,计算"表达式 3"的值,"表达式 2"不计算(不处理),整个条件运算表达式的值就是"表达式 3"的值。

【例 5-12】 条件运算符举例。

```c
#include<stdio.h>
void main()
{
    int a=2,b=4,y;
    y=a>b?a++:b++;
    printf("y=%d,a=%d,b=%d",y,a,b);
}
```

程序运行结果如下:

```
y=4,a=2,b=5请按任意键继续. . .
```

本例中表达式 y=a>b?a++:b++ 是由一个赋值运算符、条件运算符与两个++运算符构成的表达式。

注意:这个表达式中++运算符优先级别最高,其次是条件运算符"?:",最低的是赋值运算符"="。但是两个++运算符是嵌在条件运算符中的,其运算要符合条件运算符的规则。

由于 a 的值是 2,b 的值是 4,所以 a>b 条件是"假",这样程序就只处理 b++而不处理 a++,所以整个条件运算表达式的值是 b++的值,即 b 加 1 前的值 4,之后 b 加 1 变成了 5,而 a++没执行,所以 a 的值还是 2。

从条件运算符的功能特性上看,如果只是完成根据一个条件的真假对一个变量赋不同的值的任务,可以使用 if 语句实现,也可以使用条件运算符构成的赋值表达式实现。

任务 5-1:分别使用条件运算符和 if 语句实现将输入的整数转换成等级符号,将大于或等于 60 时转换成 A 字符,小于 60 时转换成 B 字符。

任务分析:本程序任务是根据输入的整数的大小转换成一个字符,当大于或等于 60 时转换成 A 字符,当小于 60 时转换成 B 字符。这就是一个条件选择结构,不过两个分支任务比较简单,只是将不同值赋值给一个变量,所以使用 if 语句可以实现。两个分支的代码就是一个赋不同值的赋值语句。

任务实现代码如下:

```c
#include<stdio.h>
void main()
{
    int a;
    char y;
    printf("input a number=");
    scanf("%d",&a);
    if(a>=60)
        y='A';
```

```
    else
        y='B';
    printf("Number=%d,Grade=%c\n",a,y);
}
```

程序运行结果如下：

```
input a number=45
Number=45,Grade=B
请按任意键继续. . .
```

同样可以使用条件运算实现，先根据条件选择不同的结果值，再使用赋值运算写入对应变量，由赋值运算符、条件运算符和相应的变量构成的表达式语句可以完成同样的功能。

任务实现代码如下：

```
#include<stdio.h>
void main()
{
    int a;
    char y;
    printf("input a number=");
    scanf("%d",&a);
    y=a>=60?'A':'B';
    printf("Number=%d,Grade=%c\n",a,y);
}
```

使用条件运算符取代 if 语句会使程序代码更短，且执行效率更高。

5.6 习　　题

本章的习题内容请扫描二维码观看。

第 5 章课后习题

第6章 循环控制语句及循环程序设计

要点：循环程序是根据条件反复执行循环体(一个代码段)的程序。其必备要素为条件和循环体。

循环结构程序是一种根据条件判断结果决定是否反复执行一段程序代码的结构形式。因此，必然有条件判断和被反复执行的程序段。那其与分支语句有什么异同呢？从上述两点看，二者都需要一个表达式作为判断依据，这是共同点。但是循环程序只有一段嵌入的程序代码跟该条件有关，当条件为"真"时执行，并且反复执行该段代码；当条件不成立(即为"假")时跳过该段程序代码后顺序向下执行其他语句，这是二者的区别。

另外，要想使循环语句在开始时满足条件并反复执行该嵌入在循环程序结构中的程序段，当达到某种情况时退出循环，就必须使循环条件值是可变的，要能够使循环趋于结束。这就是有限次数的循环程序必须具备的第三个要素：循环条件中含有变量，该变量需要被初始化，并且在循环体执行过程中必须不断被修改。

循环结构程序中用于构成条件的表达式的值称为循环条件，反复执行的程序段称为循环体，表达式中在循环进行过程中的可变量叫作循环变量。每个循环程序都是针对这些内容进行设计。C 语言提供了多种循环控制语句，可以组成各种不同形式的循环结构，下面依次讲解这些与循环相关的循环结构控制语句及辅助语句。

6.1 while 语 句

要点：while 语句是一个先判断条件再执行的循环程序设计结构控制语句。条件满足时才执行循环体语句。

while 语句的一般形式如下：

```
while(表达式)
    内嵌循环复合语句
```

其中，"表达式"是循环条件，"内嵌循环复合语句"为循环体。

while 语句的执行过程是：首先计算"表达式"的值，当值为"真"(非零)时，执行"内嵌循环复合语句"(循环体)，直到作为循环条件的"表达式"的值为"假"(为零)时退出循环，跳

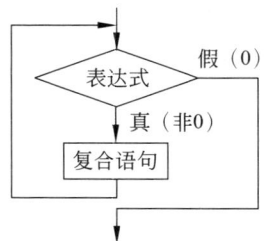

图 6-1 while 语句执行过程

过"内嵌循环复合语句"，顺序向下执行整个 while 语句下面的程序，其执行过程如图 6-1 所示。

要想实现循环体的执行，循环条件必须为"真"，其次要想循环有限次数，循环条件必须随着循环程序的反复执行要趋于"假"。所以在循环体中必须含有能够修改循环条件表达式中所含有的循环控制变量值的语句，也就是要满足有限次循环程序设计的第三个要素。

语法上"内嵌循环复合语句"需要使用一对 { } 括起来，除非该复合语句只有一条语句，也包括只有一条空语句的特殊情况。反过来说，如果 while(表达式)之后没有紧跟着一对 { }，编译系统会认为 while(表达式)之后的任何一条语句，哪怕是一个分号";"都是该 while 语句的循环体，也就是表达式为真时需要反复执行的唯一语句。

在此给出大家容易出现的一种错误情况，就是习惯性地在 while(表达式)后加分号，写成：

```
while(表达式);
{
    内嵌循环语句
}
```

此种情况下，编译软件不报语法错误，因为语法没有错误。但是运行结果不是想要的结果，还会出现循环无法退出，并且应该执行的循环体也没有执行的情况。

任务 6-1：用 while 语句求 $\sum_{n=1}^{100} n$。

任务分析：该程序任务是计算 $1+2+\cdots+100$，是进行 99 次加法运算，需要存储每次运算的结果，并且每次参与运算的数据又是变化的。所以一般需要两个变量，分别存储这个变化的运算参与者，即运算对象(假设定义变量 i)以及总和(假设定义变量 sum)。另外需要进行 99 次加法运算，是写 99 个加法运算之后再赋值的表达式语句吗？答案是最好不要，因为那样代码基本是重复的，编程效率和程序存储效率都很低。由于加法过程是重复的，无非是把 1 到 100 的 100 个数进行累加求和的过程，也就是实现结果变量 sum 在初值是 1 的情况下反复进行加 2，加 3……一直加到 100 的过程。

因此可以使用循环程序实现，围绕三要素再结合设计任务设计循环程序。

(1) 循环条件是要加的数小于或等于 100，大于 100 就不加了，退出循环，则循环条件可以是 i<=100。

(2) 循环体中的任务代码：任务是累加求和，那么我们必然使用加法运算，如 sum=sum+i。

(3) 循环是要结束的，循环条件就要随着循环的推进趋于结束，因此循环程序中要有能够修改循环条件中的变量值的语句，如每次循环完成一次加法，下一次要加的数据应该比上一次的大 1，如 i=i+1，这样既可以实现循环加法加的数字变化，也可以使循环条件趋于假，使循环结束，并且初值是从 2 开始。

while 语句实现的累加求和循环程序段流程如图 6-2 所示。

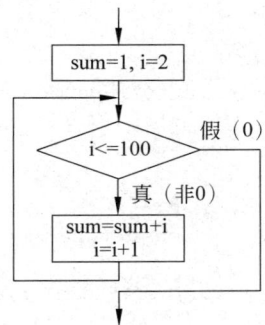

图 6-2　while 语句实现的累加求和循环程序段流程

根据 while 语句的功能和语法特点设计程序代码。

任务实现程序代码如下：

```
void main()
{
  int i,sum=1;
  i=2;
  while(i<=100)
  {
    sum=sum+i;
    i=i+1;
  }
  printf("1+2+…+100=%d\n",sum);
}
```

程序运行结果如下：

```
1+2+ … +100= 5050
请按任意键继续. . .
```

该例程中的循环体还可以进一步优化，以改善程序存储和执行效率。如使用＋＋运算代替加 1 运算，并且根据＋＋运算具有前加和后加特性，程序循环体中内嵌的两句代码可以合成为"sum＝sum＋i＋＋;"，请自行验证和修改。

任务 6-2：统计从键盘输入一行字符的个数。

任务分析：需要从键盘上输入一行字符，必须使用具有接收键盘输入字符功能的函数来完成字符输入。如果能够一个一个地输入字符，每输入一个字符就对一个变量加 1，任务就完成了。因为不知道输入多少个字符，所以加法运算必须循环进行，最好使用循环程序实现。根据题目"统计从键盘输入一行字符的个数"可知任务结束的条件是输入完一行字符。输入回车换行，也就是输入了'\n'时表示输入完一行字符。那么循环条件就是判断输入的字符是不是'\n'。如果不是'\n'，就继续输入字符并统计；如果是'\n'，就结束输入和统计的程序。因此输入和统计程序就是循环体。循环条件的修改就是循环体中输入不同字符。

任务实现程序代码如下：

```
#include <stdio.h>
void main()
{
  char ch;
  int n=0;
  printf("input a string:\n");
  ch=getchar();
  while(ch!='\n')
  {
      n++;
      ch=getchar();
  }
    printf("%d\n",n);
}
```

程序运行结果如下：

```
input a string:
1\dgf,g kjg35
13
请按任意键继续. . .
```

本例程序中为了接收输入字符的 ASCII 码值和统计字符个数,定义了两个变量 ch 和 n。使用 printf 函数输出提示字符串后,使用"ch=getchar();"读入第一个字符,之后进入循环程序,根据条件判断的结果开始循环输入和统计。循环条件为"ch!='\n'",其意义是当输入字符的 ASCII 码值不等于'\n'时就循环(统计和再次输入),直到输入的是'\n'为止。循环体 n++完成对输入字符个数的计数,即统计,从而程序实现了对输入一行字符的个数统计。最后当输入的字符是'\n'时,循环条件不成立,退出循环,执行其后的语句"printf("%d\n",n);",输出当前统计结果,程序执行结束。

根据运行结果可以看出,该程序运行后一共输入了 13 个字符,包括标点符号、空格和数字等,最后输入回车换行符来结束输入,之后屏幕输出显示数字 13,程序运行正确。

本程序由于循环条件就是判断输入字符的 ASCII 码值,该 ASCII 码值别无他用,因此程序可以简化。将字符输入和条件判断合二为一,使用一个含有函数调用的表达式作为条件即可,因为 getchar()函数的值就是输入字符的 ASCII 码值。所以具体程序代码可以修改如下:

```
#include <stdio.h>
void main()
{
    int n=0;
    printf("input a string:\n");
    while(getchar()!='\n') n++;
    printf("%d\n",n);
}
```

程序运行结果如下:

```
input a string:
12\dgj,.epg3
12
请按任意键继续. . .
```

本例程序中的循环体是"while(getchar()!='\n')"之后的"n++;",而不是"printf("%d\n",n);"。只有牢记语法规则,才能正确分析和设计程序。

6.2   do-while 语句

要点:do-while 语句是先执行循环体后判断条件,因此无论其循环条件初始值是否为"真",都执行一次循环体,这是与 while 语句的最大区别。

do-while 语句也是一种循环控制语句,其与 while 语句的区别在于循环条件的书写位置决定了其判断的时刻不同。do-while 的循环体写在条件表达式之前,程序先执行一次循环体,再根据循环条件的"真"或"假"来决定是否继续执行循环体。因此,该种类型的循环控制语句的最大特点是不管循环条件在循环程序开始执行时是否为"真",循环体都至少被执行一次。所以使用该语句设计循环程序时要特别注意,只有满足该特性处理过程的任务才能使用该循环控制语句实现,否则只能使用其他循环控制语句实现。

C 语言中一般使用 while 语句实现的循环称为"当型循环",使用 do-while 语句实现的循环称为"直到型循环"。因为 while 语句是先判断条件,当条件为"真"时执行循环体,条件变成"假"时退出循环。而 do-while 语句是先执行循环体再判断条件,直到条件不满足时退出循环,所以称为"直到型循环"。

do-while 语句的一般形式如下:

```
do
    内嵌循环复合语句
while(表达式);
```

在语法上,do-while 的关键字 do 和 while 之间是循环体,也就是内嵌循环复合语句,其需要使用一对{ }括起来,除非该复合语句只有一条语句,也包括只有一条空语句的特殊情况。反过来说,如果 do 之后没有紧跟着一对{ },编译系统会认为 do 之后的任何一条语句,哪怕是一个分号";"都是该 do-while 语句的循环体,所以在没有{ }情况下,do 到 while 关键字之间只能有一条语句,否则编译时会提示语法错误。另外,while(表达式)之后必须使用";"结尾,这是 do-while 语句在语法上的另一个特殊之处。do-while 语句的执行过程如图 6-3 所示。

任务 6-3:用 do-while 语句求 $\sum\limits_{n=1}^{100} n$。

任务分析:同样使用传统流程图和这个 1 到 100 累加求和的例子来讲解该语句的功能和使用方法。因为 1 到 100 累加求和的加法次数肯定不会是 0 次,所以符合 do-while 语句的特点。do-while 语句实现的累加求和循环程序段流程如图 6-4 所示。

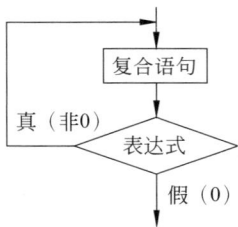

图 6-3 do-while 语句的执行过程

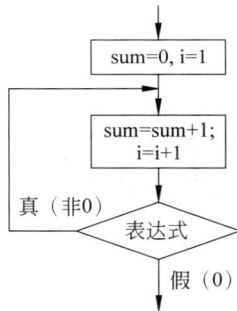

图 6-4 do-while 语句实现的累加求和循环程序段流程

任务实现程序代码如下:

```c
#include <stdio.h>
void main()
{
    int i=1,sum=0;
    do
    {
    sum=sum+i;
    i++;
    }
    while(i<=100);
    printf("%d\n",sum);
}
```

程序运行结果如下：

```
5050
请按任意键继续. . .
```

6.3　for 语 句

要点：for 语句是一个实现 while 循环程序的简化循环结构控制语句。

在 C 语言中，for 语句使用最为灵活，它完全可以取代 while 语句。for 语句的一般形式如下：

```
for(表达式 1;表达式 2;表达式 3)
    内嵌循环复合语句
```

语法上其使用关键字 for，一对( )中拥有三个表达式，之间使用两个";"间隔，这里的";"只是语法上的间隔符，不是语句结束标志。两个";"缺一不可，三个表达式根据需要输入，也可以都不写，但是如果不写"表达式 2"，系统默认该表达式的值为数字 1，即逻辑"真"。内嵌循环复合语句与其他分支或循环控制语句的内嵌语句一样，需要使用一对{ }括起来，除非该复合语句只有一条语句，也包括只有一条空语句的特殊情况。反过来说，如果"for(表达式 1;表达式 2;表达式 3)"之后没有紧跟着一对{ }，编译系统会认为其之后的任何一条语句，哪怕是一个分号";"，都是该 for 语句的循环体。

for 语句的执行过程如下。

（1）先求解表达式 1 的值。

（2）再求解表达式 2 的值，如果其值为"真"（非零），则执行第（3）步，如果其值为"假"（0），转到第（6）步结束循环。

（3）执行 for 语句中指定的内嵌循环复合语句。

（4）求解表达式 3。

（5）转回第（2）步继续执行。

（6）循环结束，执行 for 语句下面的一条语句。

for 语句的执行流程如图 6-5 所示。

结合有限次循环的三要素，for 语句最简单的应用形式也是最容易理解的，其说明形式如下：

图 6-5　for 语句的执行流程

```
for(循环变量赋初值;循环条件;循环变量修改)
    内嵌循环复合语句
```

"循环变量赋初值"总是一个赋值语句，它用来给循环控制变量赋开始循环前的初始值。"循环条件"是一个关系表达式，它决定什么时候退出循环。"循环变量修改"决定循环控制变量每循环一次后按什么方式变化。这三个部分之间用";"隔开。

例如：

```
for(i=1; i<=100; i++) sum=sum+i;
```

先给 i 赋初值 1，判断 i 是否小于或等于 100，如果是"真"则执行 sum＝sum＋i，之后 i

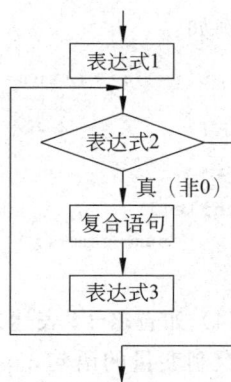

91

增加 1。再重新判断循环条件,即表达式 2 的值,直到值为"假",即 i>100 时,结束循环。

相当于:

```
i=1;
while(i<=100)
{ sum=sum+i;
    i++;
}
```

对于 for 语句构成循环的一般形式,如果使用 while 实现,其一般形式如下,大家注意理解。

```
表达式 1;
while(表达式 2)
{复合语句
  表达式 3;
}
```

for 语句语法特性的补充说明如下。

(1) for 循环中的"表达式 1""表达式 2"和"表达式 3"都是可选项,即可以默认不输入,但";"不能省略。

(2) 如省略了"表达式 1",表示不对循环控制变量赋值,可以在该 for 语句之前完成对相关变量的赋值操作。

(3) 如省略了"表达式 2",则条件默认为真(编译系统编译时处理成"真"),即循环体中不使用其他方式结束循环,本循环程序进行无限次循环,即成为死循环。

例如:

```
for(i=1;;i++)sum=sum+i;
```

相当于:

```
i=1;
while(1)
    { sum=sum+i;
     i++;}
```

(4) 如省略了"表达式 3",则不对循环控制变量进行操作,这时可在语句体中加入修改循环控制变量的语句。

例如:

```
for(i=1;i<=100;)
    { sum=sum+i;
     i++;}
```

(5) 省略"表达式 1"和"表达式 3"。在循环前面增加赋值语句,在循环体中增加循环变量修改语句。

例如:

```
for(;i<=100;)
    { sum=sum+i;
     i++;}
```

相当于：

```
while(i<=100)
    { sum=sum+i;
      i++;}
```

（6）3 个表达式都可以省略。

例如：

```
for(;;) 复合语句
```

相当于：

```
while(1) 复合语句
```

（7）"表达式 1"可以是设置循环变量初值的赋值表达式，也可以是实现其他功能的表达式。

例如：

```
for(sum=0;i<=100;i++) sum=sum+i;
```

（8）"表达式 1"和"表达式 3"既可以是简单表达式，也可以是逗号表达式等任何形式的表达式。

例如：

```
for(sum=0,i=1;i<=100;i++) sum=sum+i;
```

或

```
for(i=0,j=100;i<=100;i++,j--) k=i+j;
```

（9）"表达式 2"一般是关系表达式或逻辑表达式，但也可是任何形式的表达式，当其值为"真"时执行循环体，为"假"时退出循环。

例如：

```
for(i=0;(c=getchar())!='\n';i+=c);
```

又如：

```
for(;(c=getchar())!='\n';)
    printf("%c",c);
```

6.4　goto 语句以及用 goto 语句构成循环

要点：goto 语句是一个无条件跳转语句，跳转目标不受限制，功能强大但破坏性也大，结构化程序中极少使用。

goto 语句是一种无条件转移语句，goto 语句的使用格式如下：

goto 语句标号；

其中语句标号是一个有效的标识符，这个标识符加上一个"："一起出现在函数内某处，执行 goto 语句后，程序将跳转到该语句标号处并执行其后的语句。另外，语句标号一般与

goto 语句同处于一个函数中,但可以不在同一个循环层次中。通常 goto 语句与 if 条件语句连用,当满足某一条件时,程序跳到语句标号处运行。

通常不用 goto 语句,主要因为它使程序层次不清,且不易读,但如果从多层嵌套的循环里面退出,用 goto 语句则比较简单。

【例 6-1】 用 goto 语句和 if 语句构成循环以求 $\sum\limits_{n=1}^{100} n$。

```
#include <stdio.h>
void main()
{
    int i,sum=0;
    i=1;
loop: if(i<=100)
        {sum=sum+i;
         i++;
        goto loop;}
    printf("%d\n",sum);
}
```

其运行结果与其他实现方法一样。由于 goto 使用得比较少,并且不建议初学者使用,所以在此不再过多讲解和举例。

以上四种循环语句都可以嵌套使用,也就是每个循环语句中的内嵌复合语句可以包含另一个循环语句以构成多重循环程序。具体实例见第 6.6 节。

6.5 break 和 continue 语句

要点:在循环程序中如果执行时遇到 break 语句则立即退出循环,遇到 continue 语句时只是结束本次循环体执行。

1. break 语句

break 语句通常用在循环语句和 switch 语句中。当 break 用于 switch 中时,可使程序跳出 switch 而执行 switch 以后的语句。break 在 switch 中的用法已在前面相关章节介绍过,不再重复介绍。当 break 语句用于 do-while、for、while 等循环控制语句中时,可使程序从循环体内部终止循环,转而去执行循环语句外的其他语句。

通常 break 语句与 if 语句配合使用,break 语句嵌在 if 语句中,当 if 语句的条件成立,即表达式为“真”时执行 break 语句,使循环结束,即退出循环。而如果循环程序执行到该 if 语句时该 if 语句的条件表达式为“假”,则跳过 break 语句,继续执行循环体中的其他语句,即按照原有循环程序执行过程执行。

【例 6-2】 break 语句应用举例。

```
#include <stdio.h>
void main()
{
    int i=0;
```

```
        char c;
        while(1)                          /* 设置循环为死 */
        {
                /* 给变量赋初值 */
            while((c=getchar())!='\n')    /* 键盘接收字符,直到按 Enter 键 */
            printf("%c", c);
            i++;
            printf("The No. is %d\n", i);
            if(i==5)
                break;                    /* 判断是否达到退出循环的条件 */
        }
        printf("The end");
}
```

程序运行结果如下:

```
we
weThe No. is 1
rt
rtThe No. is 2
23
23The No. is 3
6f
6fThe No. is 4
f4
f4The No. is 5
The end请按任意键继续.
```

程序中 while(1)循环是一个条件永远成立的死循环,如果循环体中没有结束循环的指令,程序就一直反复执行该循环体的程序。这样的程序代码在无操作系统支持的嵌入式系统程序设计中是必须要有的,因为嵌入式处理器需要程序一直运行,必然存在一个死循环程序。如果需要一个按照其功能任务要求设计的代码反复执行,这就需要一个死循环。除此之外,有时也需要一个循环条件不规律的循环程序,程序需要循环,又不能设置一个规律的循环条件表达式,但是结束循环的条件是简单且容易找到的。这时就使用 break 语句反其道而行之,循环条件设计成永远为"真"的非零常量值,如 1 等,使循环工作在死循环模式,在循环体中设计一个 if 语句,在满足确切的退出循环条件时退出循环。

本例中嵌套在 while(1)循环体中的"while((c＝getchar())!＝'\n') printf("％c", c);"完成循环读取一行字符,再逐个字符输出。之后使用"i＋＋;"统计处理了多少行数值,并使用"printf("The No. is ％d\n", i)"输出当前处理的行数。当"if(i＝＝5) break;"语句的条件表达式为"真"时执行 break 语句,退出正在执行的循环体,转去执行 while(1)循环以外的"printf("The end");"语句,输出 The end 字样,到此程序执行全部完成。

另外需要说明的是:在多层循环中,一个 break 语句只向外跳一层,需要退出多层循环时要在不同的层使用不同的 if 语句配合 break 语句实现,或者使用 goto 语句实现,但不建议使用 goto 语句。

2. continue 语句

continue 语句的作用是跳过本次循环体中剩余没有被执行的语句而强行执行下一次循环条件判断来决定是否继续循环。continue 语句只用在 for、while、do-while 等循环体中,常与 if 条件语句一起使用,用来根据条件选择性地执行一部分循环体代码。

需要强调的是,与 while 和 do-while 语句规律一样,continue 语句是转去进行循环条件判断,但是 for 语句与它们有一点区别,是先执行"表达式 3"计算之后,再去做循环条件判断(即计算"表达式 2"的值),然后根据其值的真假关系决定是否继续循环。

【例 6-3】 continue 语句使用举例。

```c
#include <stdio.h>
void main()
{
    int i=0,sum=0;
    while(i<100)
    {   i++;
        if(i%3==0)
            continue;
        sum+=i;
    }
    printf("sum=%d\n", sum);
}
```

程序运行结果如下:

```
sum=3367
请按任意键继续. . .
```

本程序中去掉了 if 语句部分代码,其不难理解是实现的 $1+2+3+\cdots+100$ 的功能,与任务 6-1 的实现代码唯一的区别是先对 i 变量的加 1,之后再累加,所以循环变量的初值是 0,循环条件是 i<100,注意理解。这个"if(i%3==0) continue;"语句在程序中起到把所有能够被 3 整除的数字排除在外,即不累加的作用。具体而言,当循环程序执行到 if 语句时,如果条件 i%3==0 成立,即 i 变量能够被 3 整除,则执行该 if 语句的内嵌语句"continue;",使本次循环体程序执行中途结束。没有执行循环体的后半部分语句"sum+=i;",即没有进行累加,转而进入下一次循环的循环条件判断,如果循环条件为"真",就进入下一次循环。这样一来就跳过了能够被 3 整除的 i 的值的累加程序,因此输出结果就不再是 5050,而是去掉所有 1~100 中能够被 3 整除的数字之后的数字累加和 3367。

本例程如果使用 for 语句实现,代码如下:

```c
#include <stdio.h>
void main()
{
  int i=0,sum=0;
  for(;i<=100;i++)
    {   if(i%3==0)
            continue;
        sum+=i;
    }
  printf("sum=%d\n", sum);
}
```

程序运行结果一样,但是需要注意程序执行过程和代码书写的区别。理解 continue 语句在 while、do-while 及 for 语句中使用时程序执行的规律。

6.6　循环程序应用举例

要点：实践是检验真理的唯一标准。通过分析程序设计任务到设计程序再到检验结果的学习过程来巩固和补充所学习知识,从而提高程序设计技能。

任务 6-4：输入两个正整数 m 和 n,求其最大公约数和最小公倍数。

任务分析：最小公倍数等于输入的两个数之积,再除以它们的最大公约数。所以关键是求出最大公约数。求最大公约数有三种方法：第一种是遍历相除法；第二种是辗转相除法(又名欧几里得算法)；第三种是辗转相减法。

（1）遍历相除法是对两个数 a、b 依次除以 2、3、4…直到找到能够同时除尽 a 和 b 的最大数,即为最大公约数。该算法简单,但是数越大,程序运行时间越长,效率不高,也就是算法不够优异。

（2）辗转相除法步骤如下。

第一步：a÷b,令 c 为所得余数,当 c 等于 0 时 b 为最大公约数。

第二步：互换,即 a←b,b←c,并返回第一步。

（3）辗转相减法步骤如下。

第一步：a、b 从大到小排序,通过交换保证 a＞b。

第二步：c＝a－b,令 c 为所得差,当 c 等于 b 时 b 为最大公约数。

第三步：互换,即置 a←b,b←c,并返回第一步。

该方法使用减法代替除法实现对最大公约数的求解,特别适用于乘除法运算速度比较慢的处理器和没有专门的乘除法电路的处理器程序设计。

（1）遍历相除法实现程序代码如下。

```
#include<stdio.h>
void main()
{
    int a,b,c,t;
    printf("请输入两个数:\n");
    scanf("%d%d", &a, &b);
    t=2;
    c=1;
    while(t<=a&&t<=b)
        {   if(a%t==0&&b%t==0)
            c=t;
            t++;
        }
    printf("最大公约数是:\n%d\n",c);
    printf("最小公倍数是:\n%d\n",a*b/c);
}
```

（2）辗转相除法实现程序代码如下。

```
#include <stdio.h>
void main()
```

```
{   int a,b,c,m,t;
    printf("请输入两个数:\n");
    scanf("%d%d",&a,&b);
    m=a*b;
    c=a%b;
    while(c!=0)
        {   a=b;
            b=c;
            c=a%b;
        }
    printf("最大公约数是:\n%d\n",b);
    printf("最小公倍数是:\n%d\n",m/b);
}
```

（3）辗转相减法实现程序代码如下。

```
#include <stdio.h>
void main()
{   int a,b,c,m;
    printf("请输入两个数:\n");
    scanf("%d%d",&a,&b);
    m=a*b;
    if(a<b)
        {   c=a;
            a=b;
            b=c;
        }
    c=a-b;
    while(c!=b)
        {   a=b;
            b=c;
            if(a<b)
            {   c=a;
                a=b;
                b=c;
            }
            c=a-b;
        }
    printf("最大公约数是:\n%d\n",b);
    printf("最小公倍数是:\n%d\n",m/b);
}
```

程序运行结果如下：

任务 6-5：判断 m 是否为素数。

任务分析：素数又称质数,所谓素数是指除了 1 和它本身以外,不能被任何整数整除的数。例如,23 就是素数,因为它不能被 2~22 内的任一整数整除。因此判断一个整数 m 是否是素数,只需用 m 被 2~m−1 内的每一个整数除,如果都不能被整除,那么 m 就是一个素数。另外判断方法还可以简化。m 不必被 2~m−1 内的每一个整数除,只需用 2~$\sqrt{m}$ 内的每一个整数去除就可以。因为如果 m 能被 2~m−1 内的任一整数整除,其两个因子必定有一个小于或等于 $\sqrt{m}$,另一个大于或等于 $\sqrt{m}$。例如,16 能被 2、4、8 整除,16=2 * 8,2 小于 4,8 大于 4,16=4 * 4,4=$\sqrt{16}$。

任务实现程序代码如下:

```c
#include<stdio.h>
#include<math.h>
void main()
{   int m,i,k;
    scanf("%d",&m);
    k=sqrt(m);
    for(i=2;i<=k;i++)
    if(m%i==0)
    {
        printf("%d/%d=%d\n",m,i,m/i);
        break;
    }
    if(i>=k+1)
        printf("%d is a prime number\n",m);
    else
        printf("%d is not a prime number\n",m);
}
```

程序运行结果如下:

```
35
35/5=7
35 is not a prime number
请按任意键继续. . .
```

【例 6-4】　求 100~200 中的全部素数。

```c
#include<stdio.h>
#include<math.h>
void main()
{
int m,i,k,n=0;
    for(m=101;m<=200;m=m+2)
    {
        k=sqrt(m);
        for(i=2;i<=k;i++)
            if(m%i==0)
                break;
        if(i>=k+1)
        {
            n=n+1;
            if(n%5==0) printf("%d\n",m);
            else printf("%d,",m);
```

99

```
        }
    }
    printf("\n");
}
```

程序运行结果如下：

```
101, 103, 107, 109, 113
127, 131, 137, 139, 149
151, 157, 163, 167, 173
179, 181, 191, 193, 197
199,
请按任意键继续. . .
```

任务 6-6：判断 m 是否是完数。

任务分析：如果一个数等于它的因子之和，则称该数为完数（或完全数）。例如，6 的因子为 1、2、3，而 6＝1＋2＋3，因此 6 是完数。本题的关键是求出数值 m 的因子，即求 1～m-1 范围内能整除 m 的数。可利用语句 if(i%j＝＝0)判断某一个数 i 是否为 m 的因子。求某一个数的所有因子，需要在 1～m-1 范围内进行遍历，同样采用循环实现。如果 n 为偶数，最大因子为 n/2；如果为奇数，最大因子小于 n/2，这样可以把遍历范围缩小为 1～n/2，程序执行速度可以快一倍。

任务实现程序代码如下：

```
#include<stdio.h>
#include<math.h>
void main()
{
    int i,s,m;
    printf("请输入一个整数：");
    scanf("%d", &m);                /* m 的值由键盘输入 */
    for(s=0,i=1; i<=m/2; i++)
    {
        if(m%i ==0)                 /* 判断 i 是否为 m 的因子 */
            s += i;
    }
    if(s ==m)                       /* 判断因子之和是否和原数相等 */
        printf("%d 是一个完数\n", m);
    else
        printf("%d 不是一个完数\n", m);
}
```

程序运行结果如下：

```
请输入一个整数：234
234不是一个完数
请按任意键继续. . .
```
```
请输入一个整数：28
28是一个完数
请按任意键继续. . .
```

【例 6-5】 判断某一个数字以下的数字中哪些是完数。

```
#include<stdio.h>
void main()
{
    int i, j, s, n;          /* 变量 i 控制选定数范围，j 控制除数范围，s 记录累加因子之和 */
    printf("请输入所选范围上限：");
```

```
    scanf("%d", &n);         /* n 的值由键盘输入 */
    for(i=2; i<=n; i++)
    {
        s=0;                 /* 保证每次循环时 s 的初值为 0 */
        for(j=1; j<i; j++)
        {
            if(i%j == 0)   /* 判断 j 是否为 i 的因子 */
                s += j;
        }
        if(s ==i)            /* 判断因子之和是否和原数相等 */
            printf("It's a perfect number:%d\n", i);
    }
}
```

程序运行结果如下：

```
请输入所选范围上限: 10000
It's a perfect number:6
It's a perfect number:28
It's a perfect number:496
It's a perfect number:8128
请按任意键继续. . .
```

任务 6-7：判断 m 是否是水仙花数。

任务分析：所谓的"水仙花数"是指一个三位数各个十进制数据位上数字的立方和等于该数本身。例如，153 是"水仙花数"，因为 $153 = 1^3 + 5^3 + 3^3$。根据"水仙花数"的定义，判断一个数 m 是否为"水仙花数"，最重要的是把给出三位数 m 的个位 a、十位 b、百位 c 分别拆分出来，并对其求立方和 s，如果 s 与给出的这个三位数 m 相等，三位数为"水仙花数"；反之则不是。

任务实现程序代码如下：

```
#include <stdio.h>
void main()
{
    int a,b,c, m;
    printf("The result is:");
    for(m=100; m<1000; m++)                      //整数的取值范围
    {
        c =m / 100;
        b = (m-c * 100) / 10;
        a =m %10;
        if(m ==c * c * c +b * b * b +a * a * a)   //各位上的立方和是否与原数 m 相等
            printf("%d   ", m);
    }
    printf("\n");
}
```

程序运行结果如下：

```
The result is:153   370   371   407
请按任意键继续. . .
```

类似的问题有很多，如回文数、百钱买百鸡问题等，同学们根据具体任务分析具体算法，使用适当循环程序和分支程序实现。

任务 6-8：猴子吃桃问题。

任务描述：猴子第一天摘下若干个桃子，当即吃了一半，还不过瘾，又多吃了一个。第二天早上又将第一天剩下的桃子吃掉一半，又多吃了一个。以后每天早上都吃了前一天剩下的一半零一个。到第 10 天早上想再吃时，发现只剩下一个桃子。编写程序求猴子第一天摘了多少个桃子。

任务分析：猴子每天吃之前的桃子数和吃剩下的桃子数是什么关系？满足 $x/2-1=y$，y 是后一天的桃子数，x 是前一天的桃子数，即 $x=2(y+1)$。第十天只剩一个，那么前面一共吃了 9 天，只要往前推算 9 天就是第一天的桃子数了，使用 9 次循环计算以上公式即可。

任务实现程序代码如下：

```
#include <stdio.h>
void main()
{   int day,x,y;                         //定义 day、x、y
    day=9;                               //前面一共吃了 9 天
    y=1;                                 //第十天只剩 1 个
    while(day>0)
    {   x=(y+1) * 2;                      //前一天的桃子数是后一天的桃子数加 1 后的两倍
        y=x;
        day--;                           //因为从后向前推，所以天数递减
    }
    printf("the total is %d\n",x);       //输出桃子的总数
}
```

程序运行结果如下：

```
the total is 1534
请按任意键继续. . .
```

类似的问题有很多，如球落地又反弹回原高度一半的问题、兔子生兔子问题等，同学们根据具体题目分析迭代运算（或叫递推运算）规律和迭代或递推次数。根据此规律设计循环程序就可以实现相关问题的解答。

另外，如果使用后续章节学习的递归函数实现此类问题，算法更加清晰易懂，但是比较消耗计算机内存资源，对于部分内存资源比较紧缺的嵌入式处理器，不建议使用递归函数设计类似算法程序。使用何种方式实现具体取决于相关处理器硬件资源和程序编译系统。

任务 6-9：图形显示问题。

任务描述：根据用户输入的总行数，打印以下具体图形。

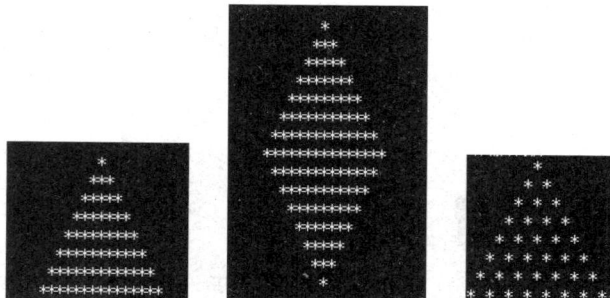

任务分析：左边三角形的图形规律是从第一行开始分别显示 i * 2 - 1(i 为行号)个 *
号,由于显示的每行都是从矩形显示区域的最左边开始,如果每行的 * 号要居中对齐,必须
先将显示位置移动到正确位置后再输出 * 。如何移动显示位置呢?方法是输出空格字符。
分析图形规律可知,每行前面需要输出空格数是总行数 n 减去 i。因此使用循环程序,每次
循环输出一行适当个数的空格和 * 即可以完成任务。

中间的菱形是一个上三角形和下三角形合并的图形,总行数和星号 * 个数的关系有变
化,首先行数必须是奇数行。上下三角形分解行在(n+1)/2 位置,上下部分输出的空格和
* 号个数规律相反,上半部分空格数递减,* 号数递增;下半部分空格数递增,* 号数递减。

右边三角形显示规律受显示设备显示机制限制,计算机输出显示设备是使用点阵图形
显示的,字符输出时,在显示设备上是字符位置上下对齐的,如果要显示本图形效果,必须在
每行 * 号后面填充空格字符,为上下行的 * 对齐预留位置,其他规律相同。

(1) 上三角形(每行奇数个 *)程序代码如下。

```c
#include <stdio.h>
void main()
{
    int n;                          //总行数
    int i;                          //当前行
    int j;                          //当前列
    printf("请输行数：");
    scanf("%d", &n);
    for(i=1; i<=n; i++){            //遍历所有行
        for(j=1; j<=n-i; j++)      //先输出 n-i 个空格
            printf(" ");
        for(j=1; j<=i * 2-1; j++)   //再输出 i * 2-1 个 * 号
            printf(" * ");
        printf("\n");
    }
}
```

(2) 菱形程序代码如下。

```c
#include <stdio.h>
void main()
{
    int n;                          //菱形总行数
    int i;                          //当前行
    int j;                          //当前列
    while(1)
    {
      printf("请输入菱形的行数(奇数)：");
        scanf("%d", &n);
        if(n%2==0){                 //判断是否是奇数
            printf("必须输入奇数！\n");
        }
        else break;
    }
    for(i=1; i<=n; i++){            //遍历所有行
        if(i<=(n+1)/2){             //上半部分(包括中间一行)
```

```
        for(j=1; j<=(n+1)/2-i; j++)          //先输出(n+1)/2-i个空格
        printf(" ");
        for(j=1; j<=i*2-1; j++)              //再输出 i*2-1个 * 号
        printf("*");
        printf("\n");
        }else{                                //下半部分
            for(j=1; j<=i-(n+1)/2; j++)      //先输出 i-(n+1)/2个空格
        printf(" ");
        for(j=1; j<=((n+1)-i)*2-1;j++)       //再输出((n+1)-i)*2-1个 * 号
        printf("*");
        printf("\n");
    }
    }
  printf("\n");
}
```

（3）上三角形（每行 * 的个数递增 1 个）程序代码如下。

```
#include <stdio.h>
void main()
{
    int n;                                   //总行数
    int i;                                   //当前行
    int j;                                   //当前列
        printf("请输行数：");
      scanf("%d", &n);
    for(i=1; i<=n; i++)                      //遍历所有行
    {
        for(j=1; j<=n-i; j++)                //先输出 n-i 个空格
        printf(" ");
        for(j=1; j<=i; j++)                  //再输出 i 个 * 号
        printf("* ");                        //屏幕显示是每列对齐的,使用空格补位置 *
        printf("\n");
    }
}
```

图形显示问题主要是使用循环程序根据要实现的图形规律和显示设备物理特性,分析字符输出规律,完成图形输出任务。具体图形具体分析,算法相似但细节不同。

6.7 习　　题

本章的习题内容请扫描二维码观看。

第 6 章课后习题

第 7 章 位 运 算

要点：计算机中数据存储的最小单位是二进制位,简称"位",各种不同形式的数据存储都是由不同个数的二进制"位"构成的。位运算就是针对这些"位"进行的逐位运算。

前面介绍的各种运算和数据处理都是以字节作为最基本单位进行的,但在很多系统程序中常要求针对某个或某些位数据进行运算或处理,特别是嵌入式系统处理器的程序设计中经常需要针对特定位的数据进行处理和运算,以实现一些功能电路的配置或功能控制等。C 语言提供了位运算的功能,这使 C 语言能够完成针对以位为单位的数据处理目标的运算和控制功能。

C 语言提供了六种位运算符,分别是按位与、按位或、按位异或、按位取反、按位左移和按位右移。位运算符特性及其功能描述见表 7-1。只能针对字符型数据或整型数据进行运算,运算过程和结果遵循数据类型自动转换规则。

表 7-1 位运算符特性及其功能描述

运算符	名 称	功 能 说 明
&	按位与	双目运算：两个参与运算的数据经过数据类型自动转换后的同长度整型数据的每个对应位进行逻辑与运算(即只要有一个为 0,则结果为 0),最终结果为长度相同的整型数
|	按位或	双目运算：两个参与运算的数据经过数据类型自动转换后的同长度整型数据的每个对应位进行逻辑或运算(即只要有一个为 1,则结果为 1),最终结果为长度相同的整型数
^	按位异或	双目运算：两个参与运算的数据经过数据类型自动转换后的同长度整型数据的每个对应位进行逻辑异或运算(即相异为 1,相同为 0),最终结果为长度相同的整型数
~	按位取反	单目运算：对该运算符后的数据值的每个二进制位进行取反运算(即 0 变 1 或 1 变 0),最终结果为长度相同的整型数
<<	按位左移	双目运算：运算符左边是移位运算的数据对象,右边是移动的位数。使运算符左边的数值以二进制位为单位,依次从右向左移动运算符右边数值决定的位数。移动之后的末尾依次全部补数字 0,最终形成新的等长数值
>>	按位右移	双目运算：运算符左边是移位运算的数据对象,右边是移动的位数。使运算符左边的数值以二进制位为单位,依次从左向右移动运算符右边数值决定的位数。运算符左边的数值如果是无符号数,最高位每移动一次补一个数字 0;运算符左边的数值如果是有符号数,最高位每移动一次补数字符号位(正数补 0,负数补 1),最终形成新的等长数值

7.1 按位与运算

要点：按位与对应位上只要一方是 0，结果就是 0。

按位与运算符"&"是双目运算符。其功能是参与运算的两数进行数据类型自动转换后，各对应的二进位相"与"。只有对应的两个二进位均为 1 时，结果位才为 1，否则为 0。为了减少举例的数据书写位数，以 16 位编译系统 int 类型为例，其数据为 16 位二进制数（32 位系统情况与其规则一样，只是数据位数多了一倍，同学们自行分析）。

例如，34&12 可写成以下算式：

  0000000000100010（int 类型的整型常量 34 在计算机中存储的二进制数据值）
& 0000000000001100（int 类型的整型常量 12 在计算机中存储的二进制数据值）

  0000000000000000（int 类型的整型数值 0 在计算机中存储的二进制数据值）

可见 34&12 的结果为 int 类型的整型数值 0。

又如，104&56 可写成以下算式：

  0000000001101000（int 类型的整型常量 104 在计算机中存储的二进制数据值）
& 0000000000111000（int 类型的整型常量 56 在计算机中存储的二进制数据值）

  0000000000101000（int 类型的整型数值 40 在计算机中存储的二进制数据值）

可见 104&56 的结果为 int 类型的整型数值 40。

按位与运算通常用来对某些位清 0 同时保留另外某些位。例如，把 16 位整型变量 a 的高八位清 0，保留低八位，可以使用 a＝a&0x00ff 运算实现（0x00ff 的二进制数为 0000000011111111，也可以写成十进制的 255，由于十六进制形式对于程序员来讲能够更直观地反映哪些位是 0，哪些位是 1，所以常用十六进制形式书写代码，也可以定义相应符号常量来实现，在第 10 章再举例）。

【例 7-1】 按位与运算程序举例。

```c
#include <stdio.h>
void main()
{
    char c=23;
    short a=56787;
    long b=32590525;
    printf("%#04x&15=%#04x\n",c,c&15);
    c=129;
    printf("%#04x&0x0f=%#04x\n",c,c&0x0f);
    printf("%#06x&0x00ff=%#06x\n",a,a&0x00ff);
    printf("%#06x&0xff00=%#010x\n",a,a&0xff00);
    printf("%#010x&0xff000000=%#010x\n",b,b&0xff000000);
    printf("%#010x&0xff00=%#010x\n",b,b&0xff00);
}
```

程序运行结果如下：

```
0x17&15=0x07
0xffffff81&0x0f=0x01
0xffffddd3&0x00ff=0x00d3
0xffffddd3&0xff00=0x0000dd00
0x01f14abd&0xff000000=0x01000000
0x01f14abd&0xff00=0x00004a00
请按任意键继续. . . . _
```

　　本例尽管程序简单,但是涉及三个方面的知识:①按位与运算;②表达式数据类型自动转换规则;③printf 函数使用格式控制符 x 以十六进制形式输出整数规则。所以本例在分析按位与运算规则时又复习了其他两个方面的内容。

　　本例的 c=23 使 c 值的二进制形式为 00010111,对应十六进制数为 17。输出时使用格式控制符%♯04x,实现以十六进制形式显示,要求显示宽度包括前缀为 4 位,不足 4 位时补 0。所以第一个“printf("%♯04x&15=%♯04x ",c,c&15);”输出 0x17&15=0x07,因为 15 的二进制值为 0x0f,即最高四位为 0,最低四位为 1,按位与运算的对应位上为 0 决定该位为零,所以结果高四位为零,低四位为 c 值的低四位值,为 0x07。

　　“c=129;”后使 c 的值的二进制形式为 10000001,对应十六进制数为 0x81,其中 printf 的输出项对于字符型数据和短整型数据进行输出时,先转换成 int 类型数据,c 变量的值 0x81 中最高位是数字 1,由于 c 是有符号字符型,所以 char 到 int 类型数据转换时前面补符号位 1,c&0x0f 运算中数值常量 0x0f 是以十六进制形式书写的,默认为无符号常量,自动转换成 int 类型数据是自动在前面补 0,所以第二个 printf 函数调用“printf("%♯04x&0x0f=%♯04x\n",c,c&0x0f);”输出结果为 0xffffff81&0x0f=0x01。

　　也许同学们会问前面 printf 既然把数据换成 int 类型的 32 位(本例软件编译器为 32 位)二进制数,为什么第一、第二个 printf 函数调用会有少于 32 位的数字形式(0x17, 0x07,0x01)输出? 原因是%x 等整数形式的个数控制符是使用最短形式输出,遇到最短形式比限定宽度大时才以最短形式的实际数据宽度显示,如果实际的最短形式比限定宽度小,显示限定宽度和补零控制才起作用。本例中的 23、7 和 1 的最短显示为 0x17、0x7 和 0x1,所以使用%♯04x 格式控制符(4 位字符宽度,补 0,显示前缀符号)才显示为 0x17、0x07 和 0x01。后面短整型数据尽管是 16 位,在 32 位编译系统中也将自动转换成 32 位 int 类型数据,后面不再说明。

　　第三个 printf 函数调用“printf("%♯06x&0x00ff=%♯06x\n",a,a&0x00ff);”输出短整型数据的按位与运算,尽管 a 被扩展成了 0xffffddd3,但是 0x00ff 高位扩展的是 0,所以按位与运算的结果是 0xd3(注意以最短形式表示,实际是 32 位数),以 6 位字符宽度形式显示为 0x00d3。

　　第四个 printf 函数调用“printf("%♯06x&0xff00=%♯010x\n",a,a&0xff00);”中对 a&0xff00 的结果进行输出,同样 0xff00 扩展成 32 位时前面补 0,再进行按位与运算,所以结果为 0xdd00(最短形式),使用 10 个字符宽度显示为 0x0000dd00,前面补充显示了 4 个 0。

　　第五个 printf 函数调用“printf("%♯010x&0xff000000=%♯010x\n",b, b&0xff000000);”对 10 字符宽度的长整型数据 b 的值和 b 的值按位与 0xff000000 的运算结果进行输出,位值为零的结果为 0,位值为 1 的结果为 1,所以 b&0xff000000 的结果低 24 位为 0,高 8 位为 b 变量的高 8 位的值,即为 0x01000000。

　　第六个 printf 函数调用“printf("%♯010x&0xff00=%♯010x\n",b,b&0xff00);”中 b&0xff00 对 4 字节宽度的长整型数据 b 的值进行按位与 0xff00 运算后输出,位值为 0 的结

果为 0,位值为 1 的结果为 1,由于 0xff00 进行无符号数扩展,成为 0x0000ff00,按位与运算的结果的 9~16 位的值是 b 变量 9~16 位的值,其余全部为 0,所以 b&0xff00 的结果为 0x00004a00。

注意:通过以上例程的分析,我们知道要想得到某一位或某些位为零的数据变化,只需使用对应位为 0 且其他位为 1 的数值或常量与要想改变的原始数据值进行按位与运算。

7.2　按位或运算

要点:按位或对应位上只要一方是 1,结果就是 1。

按位或运算符"|"同样是双目运算符。其功能是参与运算的两数各对应的二进位相"或"。只要对应的两个二进位有一个为 1 时,结果就为 1。其他规则同按位与运算。

例如,34|12 可写成以下算式:

0000000000100010(int 类型的整型常量 34 在计算机中存储的二进制数据值)

| 0000000000001100(int 类型的整型常量 12 在计算机中存储的二进制数据值)

0000000000101110(int 类型的整型数值 46 在计算机中存储的二进制数据值)

可见 34|12 的结果为 int 类型的整型数值 46。

又如,96|15 可写成以下算式:

0000000001100000(int 类型的整型常量 96 在计算机中存储的二进制数据值)

| 0000000000001111(int 类型的整型常量 15 在计算机中存储的二进制数据值)

0000000001101111(int 类型的整型数值 111 在计算机中存储的二进制数据值)

可见 96|15 的结果为 int 类型的整型数值 111。

按位或运算通常用来对某些位置 1,同时保留某些位。例如把 16 位整型变量 a 的高八位置 1,保留低八位,可以使用 a=a|0xff00 运算(0xff00 的二进制数为 1111111100000000)实现。

【例 7-2】　按位或运算程序举例。

```
#include <stdio.h>
void main()
{
    char c=23;
    short a=56787;
    long b=32590525;
    printf("%#04x|15=%#04x\n",c,c|15);
    c=129;
    printf("%#04x|0x0f=%#04x\n",c,c|0x0f);
    printf("%#06x|0x00ff=%#06x\n",a,a|0x00ff);
    printf("%#06x|0xff00=%#010x\n",a,a|0xff00);
    printf("%#010x|0xff000000=%#010x\n",b,b|0xff000000);
    printf("%#010x|0xff00=%#010x\n",b,b|0xff00);
}
```

程序运行结果如下:

```
0x17|15=0x1f
0xffffff81|0x0f=0xffffff8f
0xffffddd3|0x00ff=0xffffddff
0xffffddd3|0xff00=0xfffffd3
0x01f14abd|0xff000000=0xffff14abd
0x01f14abd|0xff00=0x01f1ffbd
请按任意键继续. . . _
```

第一个 printf 函数调用"printf("%#04x|15＝%#04x\n",c,c|);",输出有符号字符型数据 c 的值和 c 按位或数字 15 的运算结果。c 符号扩展成 32 位的 0x17,与无符号扩展成 32 位的 15(0xf)按位或运算的结果是 0x1f(注意最短形式表示),以 4 位形式显示为 0x1f。

使用"c=129;"语句对 c 重新赋值后,其最高位为 1,进行符号扩展后的值为 0xffffff81,所以第二个 printf 函数调用"printf("%#04x|0x0f=%#04x\n",c,c|0x0f);",输出有符号字符型数据 c 的值和 c 按位或数字 15 的运算结果。c 符号扩展成 32 位的 0xffffff81,与无符号扩展成 32 位的 0xf(15)按位或运算的结果是 0xffffff8f。

第三个 printf 函数调用"printf("%#06x|0x00ff=%#06x\n",a,a|0x00ff);",输出短整型数据 a 的值和 a 按位或数字 0x00ff 的运算结果,a 符号扩展成 32 位的 0xffffddd3,与无符号扩展成 32 位的 0x000000ff 按位或运算的结果是 0xffffddff。

第四个 printf 函数调用"printf("%#06x|0xff00=%#010x\n",a,a|0xff00);",输出短整型数据 a 的值和 a 按位或数字 0xff00 的运算结果。a 符号扩展成 32 位的 0xffffddd3,与无符号扩展成 32 位的 0x0000ff00 按位或运算的结果是 0xfffffd3。

第五个 printf 函数调用"printf("%#010x|0xff000000=%#010x\n",b,b|0xff000000);",输出长整型数据 b 的值和 b 按位或数字 0xff000000 的运算结果。a 为 0x01f14abd,与 0xff000000 按位或运算的结果是 0xfff14abd。

第六个 printf 函数调用"printf("%#010x|0xff00=%#010x\n",b,b|0xff00);",输出长整型数据 b 的值和 b 按位或数字 0xff00 的运算结果。b 为 0x01f14abd,与无符号扩展成 32 位的 0x0000ff00 按位或运算的结果是 0x01f1ffbd。

7.3　按位异或运算

要点:按位异或对应位有一方是 1,结果是对方值的翻转;有一方是 0,结果是保持对方的值。

按位异或运算符"^"同样是双目运算符。其功能是参与运算的两数各对应的二进位相"异或",当两对应的二进位相异时,结果为 1,相同时为 0。其他规律同按位与运算和按位或运算。

例如,46^12 可写成以下算式:

```
  0000000000101110（int 类型的整型常量 46 在计算机中存储的二进制数据值）
^ 0000000000001100（int 类型的整型常量 12 在计算机中存储的二进制数据值）
  0000000000100010（int 类型的整型数值 34 在计算机中存储的二进制数据值）
```

可见 46^12 的结果为 int 类型的整型数值 34。

又如,96^255 可写成以下算式:

    0000000001100000(int 类型的整型常量 96 在计算机中存储的二进制数据值)

^   0000000011111111(int 类型的整型常量 255 在计算机中存储的二进制数据值)

    0000000010011111(int 类型的整型数值 159 在计算机中存储的二进制数据值)

可见 96^255 的结果为 int 类型的整型数值 159。

按位异或运算通常用来对某些位值取反,同时保留某些位不变。例如,把 16 位整型变量 a 的高八位值取反,保留低八位,可以使用 a=a^0xff00 运算实现(0xff00 的二进制数为 1111111100000000)。

【例 7-3】 按位异或运算程序举例。

```
#include <stdio.h>
void main()
{
    char c=0x0f;
    printf("%#04x^0xf0=%#06x\n",c,c^0xf0);
    printf("%#04x^0x0f=%#06x\n",c,c^0x0f);
}
```

程序运行结果如下:

第一个 printf 函数调用"printf("%♯04x^0xf0=%♯06x\n",c,c^0xf0);"输出有符号字符型数据 c 的值和 c 按位异或数字 0xf0 的运算结果。c 符号扩展成 32 位的 0x0000000f,与无符号扩展成 32 位的 0x000000f0 按位异或运算的结果是 0xff,以 6 位形式显示为 0x00ff。

第二个 printf 函数调用"printf("%♯04x^0x0f=%♯06x\n",c,c^0x0f);"输出有符号字符型数据 c 的值和 c 按位异或数字 0x0f 的运算结果。c 符号扩展成 32 位的 0x0000000f,与无符号扩展成 32 位的 0x0000000f 按位异或运算的结果是 0,以 6 位形式显示为 000000。

7.4 按位取反运算

要点:按位取反就是对应位的值由 0 变成 1,由 1 变成 0。

按位取反运算符"~"为单目运算符,具有右结合性。其功能是对参与运算的数值的每个二进位按位"取反"。

例如,~46 可写成以下算式:

~0000000000101110(int 类型的整型常量 46 在计算机中存储的二进制数据值)

    1111111111010001(int 类型的整型常量 -47 在计算机中存储的二进制数据值)

【例 7-4】 按位取反运算程序举例。

```
#include <stdio.h>
void main()
```

```
{
    int c=0x0f;
    printf("c=%#x\n～c=%#x\n",c,～c);
}
```

程序运行结果如下：

```
c=0xf，c=0xfffffff0
请按任意键继续. . .
```

本程序调用"printf("c=％#x\n～c=％#x\n",c,～c);"输出有符号整型数据 c 和按位取反后 c 的运算结果。c 扩展成 32 位的 0x0000000f,c 取反后 32 位的值是 0xfffffff0。

7.5　按位左移运算

要点：移位操作可以理解成串座位。按位左移即丢弃左边移出的位,右边补零。

按位左移运算符"<<"是双目运算符。其功能把"<<"左边数值的各二进制位全部左移若干位,由"<<"运算符右边的数决定移动的位数,每移动一位便把高位丢弃,低位补 0。

例如：

a<<4

其是把 a 的值各二进制位向左移动 4 位从而得到表达式的值,注意 a 变量原来的值不变。如 a 的值是 00000011(十进制 3),左移 4 位后得到的值为 00110000(十进制 48)。48 是 3 的 16 倍,正好是 2^4 倍,这也是在嵌入式系统中常被用来计算一个数的倍数值的方法,因为部分嵌入式处理器的乘除法电路运算效率低,所以能用加减法或位运算实现乘除功能,就尽量不用乘除法指令实现。

如果移位运算的目的是进行乘法,其使用条件是必须进行 2 的幂次倍数乘法,并且移位(乘法运算)后的数据不能超出该数据类型的表示范围。如果移位过程中有符号数符号位有变化或无符号数最高位移出(丢弃)的数据位为 1,就不再是严格的乘法关系了。

【例 7-5】 按位左移运算举例。

```
#include <stdio.h>
void main()
{
    unsigned int a=0x0f;
    int b=0x0f;
    printf("unsigned int %#x<<4=%#x\t",a,a<<4);
    printf("int %#x<<4=%#x\n",b,b<<4);
    printf("unsigned int %u<<4=%u\t",a,a<<4);
    printf("int %d<<4=%d\n",b,b<<4);
    printf("unsigned int %u<<30=%u\t",a,a<<30);
    printf("int %d<<30=%d\n",b,b<<30);
}
```

程序运行结果如下：

```
unsigned int 0xf<<4=0xf0        int 0xf<<4=0xf0
unsigned int 15<<4=240  int 15<<4=240
unsigned int 15<<30=3221225472  int 15<<30=-1073741824
请按任意键继续. . .
```

本程序分别使用十六进制和十进制形式输出左移运算前后的数据并进行对比,前两个 printf 函数调用是在同一行以十六进制形式输出无符号数 0x0f 和有符号数 0x0f 左移 4 位的结果,从结果上可以看出都是向左移动了 4 位,后面补了 4 个 0,结果都为 0x000000f0。

中间两个 printf 函数调用是在同一行以十进制形式输出无符号数 15 和有符号数 15 左移 4 位的结果,从结果上可以看出都是向左移动了 4 位,后面补了 4 个 0,结果都为 240(即 $15 * 2^4$ 倍)。

最后两个 printf 函数调用是在同一行以十进制形式输出无符号数 15 和有符号数 15 左移 30 位的结果,从结果上可以看出都是向左移动了 30 位,后面补了 30 个 0,但结果已经不是 $15 * 2^{30}$ 了,因为移位时高位数据有丢失情况。

7.6 按位右移运算

要点:按位右移,丢弃右边移出的位,左边补符号位或补零,根据被移位的是否为有符号数决定。

按位右移运算符">>"是双目运算符。其功能是把">>"左边数值的各二进制位全部右移若干位,由">>"右边的数决定移动的位数。根据被移位的数据类型是有/无符号数确定每移动一位最高位补符号位还是补 0,同时丢弃最低位。低位移出(丢弃)的数据位如果为 1,对于有/无符号数就不再是严格除法关系了,因为有数据丢失,或者理解成丢弃余数后做取整的除法运算。

例如,设 a=15,a>>2 表示把 000001111 右移为 00000011(十进制 3)。

应该说明的是,对于有符号数,在右移时,原符号位的值也移动。最高位是补 0 或是补 1 取决于编译系统的规定,但多数编译系统规定补符号位。即当为正数时,最高位补 0;为负数时,最高位补 1。同样地,3 是 15 除以 4(2^2)的整数商,这也是在嵌入式系统中常被用来计算商的一个方法,原因与乘法相同。其使用条件是必须进行 2 的幂次除法,并且结果要在数据存储范围内。

【例 7-6】 按位右移运算举例。

```c
#include <stdio.h>
void main()
{
    unsigned int a=0xf0000000;
        int b=0xf0000000;
    printf("unsigned int %#010x>>4=%#010x\t",a,a>>4);
    printf("int %#010x>>4=%#010x\n",b,b>>4);
    printf("unsigned int %u>>4=%u\t",a,a>>4);
    printf("int %d>>4=%d\n",b,b>>4);
}
```

程序运行结果如下:

```
unsigned int 0xf0000000>>4=0x0f000000   int 0xf0000000>>4=0xff000000
unsigned int 4026531840>>4=251658240    int -268435456>>4=-16777216
请按任意键继续. . .
```

本程序分别使用十六进制和十进制形式输出右移运算前后的数据并进行对比,前两个 printf 函数调用是在同一行以十六进制形式输出无符号数 0xf0000000 和有符号数 0xf0000000 右移 4 位的结果,注意这两个数最高位都是 1,对于有符号数,最高位代表的是符号。从结果上可以看出每一位都向右移动了 4 位,无符号数 a 的值移动后在前面补了 4 个 0,而有符号数 b 的值移动后在前面补了 4 个 1,结果分别为 0x0f000000 和 0xff000000。

后两个 printf 函数调用是在同一行以十进制形式输出无符号数 0xf0000000 和有符号数 0xf0000000 右移 4 位的结果,从结果上可以看出每一位都向右移动了 4 位,无符号数 a 的值移动后在前面补了 4 个 0,而有符号数 b 的值移动后在前面补了 4 个 1,结果分别由 4026531840 变成 251658240 和由 −268435456 变成 −16777216。经过计算可知 251658240 是 4026531840 的 $16(2^4)$ 分之一,−16777216 是 −268435456 的 $16(2^4)$ 分之一。

7.7　嵌入式系统程序设计常规应用

要点:嵌入式系统程序设计中 C 语言是占比最高的程序设计语言,打好基础则事半功倍。

位运算在嵌入式系统的程序设计中是被广泛运用的,主要用于对某些数据或处理器的寄存器的特定位进行置 1,清零和取反处理,还可以对某些数据或处理器的寄存器的整体数值进行倍乘或倍除处理,不使用乘除法运算从而提高处理器运行效率。

编写嵌入式系统程序时,大多涉及寄存器内容的修改。因为 CPU 的外围电路的工作都是由寄存器控制管理的,所以对寄存器读写是完成设计任务功能的根本。直接对寄存器中的二进制数读写程序尽管效率较高,但是二进制数比较抽象,难以记忆。所以为了简化程序设计难度,嵌入式系统设计了相关集成开发环境,提供了功能较为全面的系统函数,使用较为容易记忆的函数调用形式再结合一些符号常量来间接地完成寄存器数据的修改,实现嵌入式处理器功能控制。例 7-7 演示的是修改处理器中寄存器内容的简单实例。系统函数对各个寄存器的读写也使用类似方式,数据来源和出口对应的是函数参数和函数返回值。

【例 7-7】　位运算在嵌入式系统中的应用举例。

```c
#include <stdio.h>
#define LED1 0x00000001
#define LED2 0x00000002
#define LED3 0x00000004
#define LED4 0x00000008
#define LED5 0x00000010
#define LED6 0x00000020
#define LED7 0x00000040
#define LED8 0x00000080
unsigned int P0=0;
void main()
```

```
{
    unsigned int a=0,b=1;
    a=a|0x00ff00ff;
    printf("a=%#010x\n",a);
    a=a&0xffffff00;
    printf("a=%#010x\n",a);
    b<<=5;
    printf("b=%u\n",b);
    b>>=3;
    printf("b=%u\n",b);
    P0=0x00000033;
    printf("P0=%#010x\n",P0);
    P0|=LED1|LED2|LED5|LED6;        //灯亮
    printf("P0=%#010x\n",P0);
    P0&=~(LED1|LED2|LED5|LED6);  //灯灭
    printf("P0=%#010x\n",P0);
}
```

程序运行结果如下：

```
a=0x00ff00ff
a=0x00ff0000
b=32
b=4
P0=0x00000033
P0=0x00000033
P0=0000000000
请按任意键继续. . .
```

程序中定义全局变量 P0 来模拟嵌入式处理器与芯片引脚相关联的数据寄存器,这里只是分析位运算的用途。主函数中定义了两个无符号整型变量 a 和 b,初值分别是 0 和 1。

紧接着"a=a|0x00ff00ff;"使 a 值从低到高第 1 字节和第 3 字节的每一位都由按位或运算设置成了 1,所以第一个 printf 函数调用输出 a=0x00ff00ff。

之后"a=a&0xffffff00;"将 a 值的最低 4 位由按位与运算清零,所以第二个 printf 函数调用输出 a=0x00ff0000。

b<<=5 等价于 b=b<<5,其对 b 变量的值 1 进行左移 5 位后写回 b 变量,即实现了对 b 的值乘以 32(2^5)的运算,所以第三个 printf 函数调用输出 b=32。

b>>=3 等价于 b=b>>5,其对 b 变量的值 32 进行右移 3 位后写回 b 变量,即实现了对 b 的值除以 8(2^3)的运算,所以第四个 printf 函数调用输出 b=4。

假设 P0 控制嵌入式处理器外部引脚的一个控制寄存器,其最低 8 位链接了 8 个灯,最低位对应的灯在最右边,以此类推,其可以控制 8 个灯的亮和灭。1 对应位置引脚所连接的灯亮;0 对应位置引脚所连接的灯灭。

要想从右起第 1 个、第 2 个、第 5 个和第 6 个灯亮起来,可以将 P0 寄存器的从低到高第 1 位、第 2 位、第 5 位和第 6 位置 1,其他位不变,即 0x00000033,所以使用"P0=0x00000033;"即可使第 1 个、第 2 个、第 5 个和第 6 个灯亮而其他灯灭。但是没有用于控制灯的高 24 位也被写成数字 0(或者某个确切的数据),这样往往会改变高 24 位的功能或产生不良后果。所以可以使用按位与运算"&"或者按位或"|"运算来只修改某些位而让其他位保持不变。

"P0|=LED1|LED2|LED5|LED6;"是结合了编译预处理指令#define 实现的,这也是嵌入式系统编程的常用方法。使用符号常量定义语句,如#define LED1 0x00000001 等,将

LED1～LED8 定义成 0x00000001、0x00000002、0x000000040、x00000008、0x00000010、0x00000020、0x00000040、0x00000080,展开成二进制数就是最低位到倒数第 8 位分别是 1 且其他位是 0 的 8 个 32 位整数。每个整数对应可以控制该位对应引脚相连接的灯亮,所以在编译系统翻译程序时 LED1|LED2|LED5|LED6 将所有符号替换成其代表的常量(符号序列原样替换),即 P0 | 0x00000001 | 0x00000002 | 0x00000010 | 0x00000020,运算结果为 0x00000033,使用复合赋值运算实现 P0＝P0|0x00000033,完成对 P0 的第 1 位、第 2 位、第 5 位和第 6 位置 1,其他位不变。

当然前面"P0＝0x00000033;"也可以改成"P0＝P0|0x00000033;"来实现只将 P0 的第 1 位、第 2 位、第 5 位和第 6 位置 1,其程序可读性差,不如使用符号常量。

如果要使第 1 个、第 2 个、第 5 个和第 6 个灯灭,可以像程序中一样使用按位与运算,注意对 0x00000033 按位取反运算的结果是 0xffffffcc,即第 1 位、第 2 位、第 5 位和第 6 位为 0,其他位为 1。使用按位与运算 P0＝P0&0xffffffcc 的结果是使第 1 个、第 2 个、第 5 个和第 6 个灯灭,其他位保持不变。如程序中使用"P0&＝～(LED1|LED2|LED5|LED6);"语句实现。

在知道寄存器每个位的序号和功能的前提下,如果不想费脑筋分析对应二进制数的值,可以使用移位运算实现,这也是嵌入式系统程序设计时常见的代码。如可以将前面程序中的符号常量定义改成以下形式:

```
#define LED1 1
#define LED2 1<<1
#define LED3 1<<2
#define LED4 1<<3
#define LED5 1<<4
#define LED6 1<<5
#define LED7 1<<6
#define LED8 1<<7
```

因为♯define 不是程序执行时执行的指令,而是编译预处理指令,其是工作在编译软件翻译程序之前,辅助编译系统软件翻译程序的,其把程序中所有出现符号常量(如 LED1 等)的地方全部无条件替换成符号常量定义时后边的字符序列(如 1 或 1＜＜1 等),替换完成后编译系统软件才开始翻译程序。

注意:即使♯define 语句定义内容带来语法错误,编译软件也提示是在被替换过后的位置有错误,而不会提示♯define 语句有错误,同学们一定要掌握这个♯define 语句的特点。后续第 10 章会再举例分析其功能与特点。

任务 7-1:循环移位。

任务描述:在嵌入式系统程序设计中经常需要对一些数据进行循环移位,也就是首尾相连的移位操作。如循环左移,每一位向左移动的同时被移出去的最高位不是丢弃而是顺序补到最低位上来。循环右移也是一样,每一位向右移动的同时被移出去的最低位不是丢弃而是顺序补到最高位上。

任务分析:C 语言没有这样的运算符或指令可以直接实现,必须自己编写程序实现。要实现移位很容易实现,只要使用移位运算符对变量进行移位运算就可以了。但是 C 语言的移位运算只是补位,不能实现首尾相连。要想实现首尾相连要在移位运算执行之前先判断被移出去的位值是 0 还是 1,因为要实现的循环移位处理一般都是针对无符号数进行的,所以根据 C 语言移位运算符的运算特性可知使用移位运算符进行移位运算时默认补 0。如果移出去的位值是 1,移位运算后在被自动补 0 的位上使用按位或运算补 1 即可。

实现一个先循环左移 40 位再循环右移 40 位的程序代码如下:

```c
unsigned int P0=1;
void main()
{
    int a=0;
    while(a<40)
    { if((P0&0x80000000)==0)          //判断最高位是否为 0
        P0<<=1;                        //最低位补 0
      else                            //最高位为 1
      { P0<<=1;
        P0|=0x1;                       //最低位补 1
      }
      printf("P0=%#010x ",P0);
      a++;                            //循环趋于结束,10 次移位
      if(a%8==0)                       //每行显示 8 个数据,或者每显示 8 个数据后换行
        printf("\n");
    }
    printf("\n");
      a=0;
      while(a<40)
      { if((P0&0x1)==0)               //判断最低位是否为 0
        {
            P0>>=1;
            P0&=0x7fffffff;            //最高位补 0,防止补符号位
        }
        else                          //最低位为 1
          { P0>>=1;
            P0|=0x80000000;            //最高位补 1
          }
        printf("P0=%#010x ",P0);
        a++;                          //循环趋于结束,10 次移位
        if(a%8==0)                     //每行显示 8 个数据,或者每显示 8 个数据后换行
          printf("\n");
      }
}
```

程序运行结果如下:

```
P0=0x00000002 P0=0x00000004 P0=0x00000008 P0=0x00000010 P0=0x00000020 P0=0x00000040 P0=0x00000080 P0=0x00000100
P0=0x00000200 P0=0x00000400 P0=0x00000800 P0=0x00001000 P0=0x00002000 P0=0x00004000 P0=0x00008000 P0=0x00010000
P0=0x00020000 P0=0x00040000 P0=0x00080000 P0=0x00100000 P0=0x00200000 P0=0x00400000 P0=0x00800000 P0=0x01000000
P0=0x02000000 P0=0x04000000 P0=0x08000000 P0=0x10000000 P0=0x20000000 P0=0x40000000 P0=0x80000000 P0=0x00000001
P0=0x00000002 P0=0x00000004 P0=0x00000008 P0=0x00000010 P0=0x00000020 P0=0x00000040 P0=0x00000080 P0=0x00000100

P0=0x00000080 P0=0x00000040 P0=0x00000020 P0=0x00000010 P0=0x00000008 P0=0x00000004 P0=0x00000002 P0=0x00000001
P0=0x80000000 P0=0x40000000 P0=0x20000000 P0=0x10000000 P0=0x08000000 P0=0x04000000 P0=0x02000000 P0=0x01000000
P0=0x00800000 P0=0x00400000 P0=0x00200000 P0=0x00100000 P0=0x00080000 P0=0x00040000 P0=0x00020000 P0=0x00010000
P0=0x00008000 P0=0x00004000 P0=0x00002000 P0=0x00001000 P0=0x00000800 P0=0x00000400 P0=0x00000200 P0=0x00000100
P0=0x00000080 P0=0x00000040 P0=0x00000020 P0=0x00000010 P0=0x00000008 P0=0x00000004 P0=0x00000002 P0=0x00000001
请按任意键继续. . .
```

本程序使用 P0 模拟嵌入式系统处理器中与芯片引脚关联的寄存器,本程序使用两个

循环程序分别实现对 P0 寄存器中的数由初值 1 开始循环左移 40 次,每次输出移位后的结果;再反向循环右移 40 次,每次输出移位后的结果。程序使用 if 语句控制每显示 8 个数据后换行,从而使显示效果更加节省空间和易读。

程序中分别判断移出的位是数字 0 还是数字 1,再使用按位逻辑与"&"或者按位逻辑或"|"运算来将最高位或最低位清零或置 1。

位运算符与关系运算符相比优先级别低,要想先处理位运算再进行关系运算,必须使用一对()将位运算部分括起来,以提升其运算顺序。如程序中 if 语句的条件表达式,其在判断将要被移出去的最高位或最低位的值时使用的条件是(P0&0x80000000)====0 和(P0&0x1)====0,位运算部分都带有括号。关于运算符优先级别和结合性相关知识自行复习巩固,如果程序设计时不能确定优先级别关系,最好使用()来明确运算的顺序。

7.8　习　　题

本章的习题内容请扫描二维码观看。

第 7 章课后习题

第 8 章　数　　组

要点 1：数组就是连续存储的多个同种类型变量的集合，不同形式的数组只是其中每个变量的类型和命名规则不同，这也带来了对应变量的定义、初始化和访问规则的不同。

要点 2：数组名是数组首地址，但不一定是数组第一个元素的地址。一维数组名是数组第一个元素的地址，二维数组等多维数组的数组名也是数组的首地址，但不是第一个数组元素的地址属性。

在程序设计中，为了访问数据方便，往往会把具有相同类型的若干变量按序号从小到大顺序存储于地址从小到大的连续存储空间中。这些按序号从小到大排列的同类型变量（数据元素）的集合称为数组。一个数组可以分解为多个数组元素（可以理解成变量），这些数组元素可以是基本数据类型或自定义数据类型。数组从使用规则和感官意义上又可分为线性序号排列的一维数组，二维序号排列的二维数组，甚至可以是三维以上序号排列的多维数组。本章重点学习数组元素为基本数据类型的一维数组和二维数组，并在二维数组的基础上简单了解一下多维数组的相关知识。

8.1　一维数组的定义和引用

要点：一维数组的特点是其数组元素的命名规则是一个维度的。

8.1.1　一维数组的定义

因为数组是同种类型变量的有序组合，所以和变量一样在使用数组前必须先进行定义。定义时同样使用类型说明符，即 C 语言中的"数据类型名"说明数组的数据类型，其本质是说明（或叫定义）该数组每个元素的数据类型。数组是一组变量，必须明确一组有多少个变量，因为计算机是机器，不能时刻分析程序员大脑中的想法。所以定义数组除了定义每个元素的数据类型外，还要定义其个数，即数组长度。系统根据定义的数据类型和数组长度为数组分配确切个数的存储空间，用于存储数据。

一维数组的定义方式如下：

类型说明符 数组名［常量表达式］；

其中，"类型说明符"是任一种基本数据类型或由基本数据类型演化的数据类型或自定义数据类型。"数组名"是用户定义的名称，其是自定义名称，即标识符，所以程序员在定义数组时所使用数组名要符合标识符规则，并且不能与其他相同作用域（相同文件或一对｛｝内）

标识符同名。方括号及"常量表达式"是必须要有的,方括号与数组名之间不要有空格。方括号中的"常量表达式"表示数据元素的个数,也称为数组的长度。顾名思义,"常量表达式"是由常量和运算符构成的表达式,其不能含有变量,这一点切记。例如:

```
int a[10];              //说明整型数组 a 有 10 个元素
float b[2 * 5],c[20];   //说明实型数组 b 有 10 个元素,实型数组 c 有 20 个元素
char ch[20];            //说明字符数组 ch 有 20 个元素
```

方括号中常量表达式指定数组元素的个数,如 a[5]表示数组 a 有 5 个元素。但是其下标从 0 开始使用。因此 5 个元素分别为 a[0],a[1],a[2],a[3],a[4]。

不能在方括号中用变量来指定元素的个数,但是可以是符号常数或常量表达式。例如:

```
#define FD 5
void main()
{
  int a[3+2],b[7+FD];
  ...
}
```

是合法的。

但是下述说明方式是错误的。

```
void main()
{
  int n=5;
  int a[n];
  ...
}
```

允许在同一个类型定义或说明语句中,定义或说明多个数组和多个变量。例如:

```
int a,b,c,d,k1[10],k2[20];
```

8.1.2　一维数组的初始化

数组的初始化也就是数组元素的初始化。如果没有为某个{ }中定义的变量和数组元素写入确切的数值,编译软件在翻译程序时是不允许对这样的变量或数组元素进行数据读取操作的,否则编译时会出错。要想编译通过,必须在读其值前使用赋值运算为其写入数值,或在定义该变量或数组时对变量或数组元素写入初始值。数组元素初始化就是在数组定义时给数组元素赋予初始值。如果使用数组的每个元素的初始值是确定的,即不是其他程序处理的结果,可以在定义数组时直接对其进行初始化,这样比定义完数组后再使用赋值语句对每个数组元素赋值,处理器运行时间短且效率高。

数组定义时对数组元素进行初始化的一般形式如下:

类型说明符　数组名[常量表达式]={值,值,...,值};

其中,在{ }中的各数据值即为各元素的初值,各值之间用逗号间隔。必须有＝号和一对{ },一对{ }中必须含有一个以上的数值。数值个数不能超过数组长度,否则后面数据被舍弃或编译出错,具体跟编译系统有关。注意这里的"＝"不是赋值运算符,而是在变量或数

组定义时进行数据初始化的功能标志,两个初始化数据之间必须使用一个逗号间隔开。例如:

```
int a[10]={0,1,2,3,4,5,6,7,8,9};
```

C 语言对数组的初始化赋值还有以下几点规定。

(1) 可以只给部分元素赋初值。当{ }中值的个数少于元素个数时,只将前面部分元素初始化成指定的初值,后面编译系统自动初始化成零。这里的零是指每个元素所占用的存储单元的每一位的值都是 0,可以理解成为整数类型时是整数 0,为实数类型时是实数 0.0,为字符类型时数据是'\0'。例如:

```
int a[10]={0,1,2,3,4};
```

表示只将 a[0]~a[4]5 个元素分别初始化成 0,1,2,3,4,而后 5 个元素自动初始化成 0 值。

(2) 只能逐个给元素赋初值,不能给数组整体赋初值。例如,给 10 个元素全部赋 1 值,只能写为"int a[10]={1,1,1,1,1,1,1,1,1,1};",而不能写为"int a[10]=1;"。

(3) 如在定义数组时将全部元素都初始化,则在数组定义时可以省略数组长度不写。数组长度不写不是没有数组长度,是编译软件根据后面初始化表的初值个数,自动补充一个数组长度值,其值等于数组初始化表中的初值个数。

例如:"int a[5]={1,2,3,4,5};"可写为"int a[]={1,2,3,4,5};"。

这种形式只能是简化程序的编程输入过程,实质上编译软件在翻译程序时补充一个数组长度后再翻译程序代码,与编程时书写数组长度值是一样的效果。

8.1.3 一维数组元素的引用

要点:数组元素引用的下标范围是 0 的到数组定义长度值减 1 的值,即访问数组元素时使用的最大下标要比数组定义长度值小。

数组元素是组成数组的基本单元。每个数组元素也是一个变量,只是名称组成形式是规律的,其为数组名后跟一个序号,即下标的规律形式,下标是元素在数组中的序号。

数组元素的序号是从 0 开始的,0 是第一个数组元素的序号,最后一个数组元素的序号是"数组长度值-1"的值。

也就是说使用前面定义好的数组元素时不能使用以数组长度值作为序号(下标)的数组元素。因为以这个序号访问到的存储单元位于其所定义数组实际占用的存储单元之后,即超过了该数组的合法存储区域,这叫越界访问。因此程序运行时会出现内存使用越界或内存使用溢出的错误现象,使程序运行中途退出而无法继续运行。

数组定义之后,使用该数组的数组元素的一般形式如下:

数组名[下标]

其中"下标"只能为整型数值或整型表达式,如为小数,C 编译将自动取整。注意这里可以使用变量和运算符构成表达式,但程序设计时一定要保证变量的取值不能使表达式的值大于或等于数组长度值,也不能小于零。数组元素的引用(也称使用)与数组定义或说明的语法形式是有很大区别的,不能混淆。例如:a[5]、a[i+j]、a[i++]都是合法的数组元素使

120

用形式。

数组尽管是一组变量,但是使用元素时必须单个使用而不能一次使用整个数组。即不能对整个数组进行一次性数据读写或运算处理,必须通过多个程序语句分别访问各个不同数组元素。

例如,输出有 10 个元素的数组中存储的数值必须使用循环语句逐个输出各元素的值,相应程序代码可以使用以下形式:

```
for(i=0; i<10; i++)
    printf("%d",a[i]);
```

而不能用一个语句输出整个数组。

下面的写法是错误的,得不到想要的输出结果:

```
printf("%d",a);
```

因为“printf("％d",a);”中的格式控制符％d 对应的输出项应该是一个数值,a 不是数组中存储的数值,这里 a 是数组名。在程序中数组名除了与下标组合一个元素名用来访问数组元素外还有别的用途吗? 答案是肯定的。

数组名有其专有属性,一维数组名、二维数组名及多维数组名的专有属性不同。这里先说一维数组名的属性,大家需要牢记,后续内容将以此为基础。一维数组名代表一个数值,是常量,其值是该数组第一个元素在内存中所占用存储单元的第一个单元的地址,即整个数组所有元素占用的存储单元中最前面(地址值最小)的存储单元的地址。

一维数组名的值是数组首地址,也是数组中第一个元素的地址,这是一个需要大家牢记的重要知识点。

【例 8-1】　一维数组定义与使用数组举例。

```
#include <stdio.h>
void main()
{
    int i,a[10];
    for(i=0;i<=9;i++)
        a[i]=i;
    for(i=9;i>=0;i--)
        printf("%d",a[i]);
    printf("\n");
}
```

程序运行结果如下:

```
9876543210
请按任意键继续. . .
```

语句“int i,a[10];”定义了一个 int 类型的变量 i 和含有 10 个元素的数组 a,变量 i 和数组元素都没有初始化,其初值不确定。

之后使用 for 语句分 10 次使用循环体中的“a[i]=i;”语句对其序号为 0～9 的数组元素分别写入循环变量 i 的值,分别是 0～9。

之后在循环变量的值由 9 变为 0 的过程中,使用 for 语句分 10 次循环,由循环体程序中的“printf("%d",a[i]);”语句对序号从 9 到 0 的数组元素分别输出,因此输出为“9 8 7 6

543210"。

本例中读取并使用数组元素值的代码是"p rintf("%d",a[i]);",在这之前一定要通过赋值或初始化的形式对数组元素写入确切的数值。本程序用一个循环程序分 10 次向 10 个数组元素写入数值。如果这个组元素的初始数值就应该是这些已知数字,完全可以在定义时使用初始化方式来代替使用循环程序进行 10 次循环赋值,以提高程序运行效率。具体代码可以修改成以下形式:

```
#include <stdio.h>
void main()
{
    int i,a[10]={0,1,2,3,4,5,6,7,8,9};
    for(i=9;i>=0;i--)
      printf("%d",a[i]);
    printf("\n");
}
```

8.1.4　一维数组程序举例

编写程序时往往需要存储多个同样属性或同样性质的数据,根据任务需求对这些数据在不同情况下进行数据查找、统计及分析等操作。这就需要根据数据处理需求和数组的特性,设计数据处理流程和程序代码以完成对数组元素的处理,从而得到任务需求的结果。数组是含有多个元素的变量序列,存储多个数据,每个数据的性质都相同,针对其进行的处理往往是迭代运算,所以一般数组数据处理程序都是与循环程序相结合实现的。下面针对各种与一维数组相关的常规数据处理任务进行介绍和分析,以此来分析一维数组的程序设计方法和特点,同时讲解各种数据处理算法的原理和程序实现方法。

任务 8-1:计算一组数据的平均值,要求输入 10 个整型数据,统计其平均值。任务完成后输出各个数据和平均值,平均值以浮点数形式输出,输出时保留两位小数。

任务分析:该任务主要是统计一组数据的平均值。统计平均值的方法很简单,无非是累加求和,但是数据在数据处理过程中不能被改变和丢失,所以必须使用内存单元同时存储 10 个数据,不能边输入边累加求和。必须定义含有 10 个以上元素的数组来存储数据,之后再统计运算,最后输出显示。

任务要求平均值结果必须使用浮点数形式输出和输出时保留两位小数,所以必须设计程序使整数运算变成浮点数运算,并以浮点数形式存储,printf 函数输出平均值时要使用格式字符串控制显示包括两位小数的实数形式。

任务实现程序代码如下:

```
#include<stdio.h>
void main()
{
    int i,a[10];
    float mean;
    printf("input 10 numbers:\n");
    for(i=0;i<10;i++)
        scanf("%d",&a[i]);
```

```
mean=0;
for(i=0;i<10;i++)
    mean+=a[i];
mean/=10;
for(i=0;i<10;i++)
    printf("a[%d]=%d",i,a[i]);
printf("\nmean=%.2f\n",mean);
}
```

程序运行结果如下：

```
input 10 numbers:
34 54 53 76 94 74 68 23 85 10
a[0]=34 a[1]=54 a[2]=53 a[3]=76 a[4]=94 a[5]=74 a[6]=68 a[7]=23 a[8]=85 a[9]=10
mean=57.10
请按任意键继续. . .
```

第一个 for 语句循环调用 scanf 函数逐个输入 10 个数到数组 a 的每个元素中。然后把
mean 变量写入数字 0，开始计算平均值。在第二个 for 语句中从 a[0]到 a[9]逐个与 mean
中的内容累加。循环结束时 10 个数累加完毕，求平均值只需要除以数字 10 即可，为了得到
包括小数的实数数值，所以 mean 变量定义成实数类型。使用"mean/=10;"实现 mean＝
mean/10 的数据除法运算，注意该语句不是前面循环体中的语句。由于 mean 变量是 float
类型变量，所以运算结果是 float 类型。计算完平均值后，根据程序任务要求，开始输出
数据。

先使用循环程序的循环体中的 10 次"printf("a[%d]＝%d",i,a[i]);"函数调用，其在
循环变量 i 从 0 变到 9 的过程中，分别输出 10 个数组元素的值。注意格式控制字符串中的
非格式字符是原样输出的，格式字符串组合的最后是一个空格字符，起到输出 10 个数组元
素信息在一行上的间隔作用，使输出信息容易区分。合理设计输入/输出函数的格式控制字
符串，特别是非格式控制字符的字符串和个数对于提高人机交互的友好性特别重要。

最后一个 printf 调用的格式控制字符串"\nmean＝%.2f\n"的第一个字符是回车换行，
在下一行的开始位置输出后面的信息，输出 mean＝字符串后，再输出保留两位小数的变量
mean 的值，所以最后一行输出为 mean＝57.10。

任务 8-2：计算多个数据中的最大值（最小值自行根据本例分析、修改实现），要求输入
10 个整型数据，找到最大值并输出。

任务分析：计算多个数据中的最大值是逐个数据比较的过程，一般是定义一个变量用
于存储比较得到的最大值，正如在两个数找最大值的例子中定义的 max 变量。这里进行两
个以上的数据比较所以不止比较一次，而要比较多次，比较"数据个数－1"次。所以在设计
循环变量和循环条件时要注意循环次数和循环开始时循环变量的初值。把每次比较找到的
当时最大值放到 max 变量中，如此反复比较和赋值即可完成一组数据中最大值数据的查找。

任务实现程序代码如下：

```
#include<stdio.h>
void main()
{
    int i,a[10],max;
    printf("input 10 numbers:\n");
    for(i=0;i<10;i++)
```

123

```
        scanf("%d",&a[i]);
    max=a[0];
    for(i=1;i<10;i++)
        if(max<a[i])
            max=a[i];
    for(i=0;i<10;i++)
      printf("a[%d]=%d",i,a[i]);
    printf("\nmax=%d\n",max);
}
```

程序运行结果如下：

```
input 10 numbers:
34 54 53 76 94 74 68 23 85 10
a[0]=34 a[1]=54 a[2]=53 a[3]=76 a[4]=94 a[5]=74 a[6]=68 a[7]=23 a[8]=85 a[9]=10
max=94
请按任意键继续. . .
```

本程序同样是使用 scanf 函数在 for 语句控制下逐个输入 10 个数到数组 a 的每个元素中。使用"max＝a[0];"先假定第一个存储在数组元素 a[0]的值最大。

之后再使用 for 语句进行 9 次比较，如果找到更大的数据，就使用循环体的 if 语句中条件成立时执行的"max＝a[i];"语句将当前更大的数据 a[i]的值写入 max 变量中。

循环变量是从 1 开始的，因为 a[0]是循环开始假定的最大值，所以其不需要再重复比较，这样可以提高程序运行速度，当然本例循环变量 i 的值从 0 开始，不影响结果，只是多了一次比较，因为第一次比较的结果是两个数相等，没有改变 max 变量的值。但不是所有情况都没影响，要根据程序的算法和程序执行过程具体分析。要保证循环下标的起、止和中间变化符合算法要求的同时，不能越界和对数据处理产生破坏，这是循环程序设计的一个重点内容和注意事项。

如果要求把最大值放在数组第一个元素的位置，程序应该如何实现？

任务 8-3：计算多个数据中的最大值，要求输入 10 个整型数据，找到最大值并放在数组第一个元素的位置。

任务分析：本程序任务要求是将最大值放在数组第一个元素的位置，即数组元素下标为 0 的元素中，这样就可以使用下标为 0 的元素取代单独存储最大值的变量即可，程序实现查找最大值的过程不变。

任务实现程序代码如下：

```
#include<stdio.h>
void main()
{
    int i,a[10],max;
    printf("input 10 numbers:\n");
    for(i=0;i<10;i++)
        scanf("%d",&a[i]);
    for(i=1;i<10;i++)
        if(a[0]<a[i])
            a[0]=a[i];
    for(i=0;i<10;i++)
      printf("a[%d]=%d",i,a[i]);
```

```
    printf("\n");
}
```

程序运行结果如下：

```
input 10 numbers:
34 54 53 76 94 74 68 23 85 10
a[0]=94 a[1]=54 a[2]=53 a[3]=76 a[4]=94 a[5]=74 a[6]=68 a[7]=23 a[8]=85 a[9]=10
请按任意键继续. . .
```

该程序中使用 a[0]代替 max，虽然实现了最大值的查找并写入了 a[0]，但出现了一个问题，即原来 a[0]中的数据丢失了。如何修改程序以解决此问题呢？方法是在找到更大的数据时，不要简单使用这个更大值覆盖 a[0]中的原有值，而是把这两个数值交换存储位置，这样既实现了任务要求，也把 a[0]中原有的值保留了下来，只不过是换了位置而已。具体程序如例 8-2。

【例 8-2】　计算多个数据中的最大值：要求输入 10 个整型数据，找到最大值并放在数组第一个元素的位置，且保证原有数据不丢失。

```c
#include<stdio.h>
void main()
{
    int i,a[10],max,temp;
    printf("input 10 numbers:\n");
    for(i=0;i<10;i++)
        scanf("%d",&a[i]);
    for(i=1;i<10;i++)
        if(a[0]<a[i])
        { temp=a[0];
          a[0]=a[i];
          a[i]=temp;
        }
    for(i=0;i<10;i++)
      printf("a[%d]=%d",i,a[i]);
    printf("\n");
}
```

程序运行结果如下：

```
input 10 numbers:
34 54 53 76 94 74 68 23 85 10
a[0]=94 a[1]=34 a[2]=53 a[3]=54 a[4]=76 a[5]=74 a[6]=68 a[7]=23 a[8]=85 a[9]=10
请按任意键继续. . .
```

程序中使用"temp＝a[0];a[0]＝a[i];a[i]＝temp;"代替了原有"a[0]＝a[i];"，不再是简单赋值，而是使用数据交换方法。这里注意数据交换代码的顺序，不能反。先把要覆盖的数据保存起来，这里事先定义了一个变量 temp 用于临时保存原有的值，原有值写入 temp 变量中后再使用新值 a[i]覆盖 a[0]的原有值，最后把原有的值从 temp 变量读出并写入 a[i]中进行保存，实现一次数据交换任务。通过运行结果可以看出第一个元素是找到的最大值，但是原来数组中的数据都在，不过是换了位置。

在查找最大值的比较过程中，只要找到一个更大的数值，无论是否是整个数组中的最大值，都进行一次交换，每次交换都要执行 3 个数据交换的赋值语句，虽然能够完成任务，但是

125

程序效率比较低。

能否找到最大值时再交换？如果是这样只要交换一次即可，就可以大大提高程序效率。答案是可以的，方法是把数据交换改成位置记录，即每次比较时如果找到更大的数据，不立即交换数据存储位置，只是记录其所在的存储位置（即记录下标序号）。之后再将该下标序号的数组元素与后面的数据进行比较，即可实现最大值的查找，最后把记录下标值对应的数组元素与第一个（或者程序要求的某个元素）进行交换即可。具体下标记录法查找程序修改如下。

```c
#include<stdio.h>
void main()
{
    int i,a[10],max,temp,k;
    printf("input 10 numbers:\n");
    for(i=0;i<10;i++)
        scanf("%d",&a[i]);
    k=0;
    for(i=1;i<10;i++)
        if(a[k]<a[i])
            k=i;
    if(k!=0)
    {   temp=a[0];
        a[0]=a[k];
        a[k]=temp;
    }
    for(i=0;i<10;i++)
        printf("a[%d]=%d",i,a[i]);
    printf("\n");
}
```

程序运行结果如下：

```
input 10 numbers:
34 54 53 76 94 74 68 23 85 10
a[0]=94 a[1]=54 a[2]=53 a[3]=76 a[4]=34 a[5]=74 a[6]=68 a[7]=23 a[8]=85 a[9]=10
请按任意键继续. . .
```

程序中使用"k=i;"代替"temp=a[0];a[0]=a[i];a[i]=temp;"，也就是在循环比较过程中找到更大的值时不再进行数据交换，而是把其下标 i 保存到 k 变量中。后边循环使用 a[k]作当前最大值做进一步比较，所以用于大小判断的 if 语句的条件修改成"if(a[k]<a[i])"而不再使用 a[0]，同样要在循环开始时假定第一个数组元素是最大的，所以在循环开始前使用 k=0 将下标 0 写入 k 中。该循环程序执行完毕后最大值就找到了，其下标被记录在变量 k 中，这时只需要根据要保存的位置进行一次交换就可以了，所以程序使用"temp=a[0];a[0]=a[k];a[k]=temp;"三条语句实现 a[0]和 a[k]的交换。

注意：这三句是循环程序退出后执行的 if 语句的内嵌语句，是循环程序条件不成立后退出循环之后执行的。

观察运行结果，a[0]的值是最大值，a[0]原来的值与数组中原来的最大值 a[4]的值进行了交换，数组其他元素的值没有变化。

任务 8-4：输入 10 个整型数据，经程序处理后数组中存储的数据按照从小到大的顺序进行排列。

任务分析：数据排序无非是查找数据的大小关系并交换位置，使其存储位置发生改变后满足任务要求的数值大小顺序关系。前面例子中分析了数据查找和交换的方法，对其进行演化和多次运用即可。

一般排序的原理性方法有两种。例如，要从小到大排序，第一种是依次找到最小的、次小的等放在数组前面；第二种是找到最大的、次大的等放在数组后面。第二种方法每次都是将相邻两个元素进行比较，较大的值向后移。如果把由小到大的方向看作由下向上的情况，就可以使用形象的生活常识来描述该过程，即气泡从水里冒出的过程，大的气泡越过小的气泡依次浮出水面，大的先出，小的后出。所以使用该算法设计的排序程序叫作"冒泡法"排序。

任务实现程序代码如下：

```c
#include <stdio.h>
void main()
{
    int i,j,t,a[10];
    printf("请输入 10 个数：\n");
    for(i=0;i<10;i++)
        scanf("%d",&a[i]);
    for(i=0;i<10-1;i++)                  //变量 i 控制比较的轮数
        for(j=0;j<10-i-1;j++)            //变量 j 控制每轮两两比较的次数
            if(a[j]>a[j+1])
            {
                t=a[j];                  //实现数组元素值的互换
                a[j]=a[j+1];
                a[j+1]=t;
            }
            printf("排序后的顺序是：\n");
            for(i=0;i<10;i++)
                printf("%5d",a[i]);      //按冒泡法排序后的顺序输出
            printf("\n");
}
```

程序运行结果如下：

```
请输入10个数：
34 54 53 76 94 74 68 23 85 10
排序后的顺序是：
   10   23   34   53   54   68   74   76   85   94
请按任意键继续. . .
```

程序开始时先定义必需的变量，再输出提示字符串，然后使用循环程序开始输入 10 个数据给数组的每个元素。紧接着使用一个由 for 语句构成的二重循环实现冒泡法排序。最后重新输出排序后的数据。

冒泡法排序的循环程序中，外循环的 for 语句控制循环 9 轮，每轮冒泡出来目前剩下数据中最大数字，存储在该数据范围的最后，注意这里的最后不是指数组末尾元素。每一轮冒泡都完成一次数据的正确排序，即找到对应数据范围中的最大数据并放在该排序范围的最后。第二轮冒泡时该数组最后边元素就不在其数据比较范围内了，只要对剩下的数据找最

大值即可。因此,放在去掉前面完成排序的数组元素以外的数组元素范围内的最后一个位置即可,以此类推,10 个数据经过 9 轮冒泡就完成了排序。所以外循环的循环条件是 i<10−1,共实现 9 次循环,注意循环条件中 10−1 的含义,这里书写形式可以不同,但原则是保证循环次数是"数据长度−1"次。

内循环的 for 语句控制每一轮冒泡的每次相邻两个数据比较交换的冒泡过程,每一次循环也就是每一次冒泡,都是从最下面(第一个数组元素)开始比较相邻两个元素,通过大小判断和数据交换程序完成一个相邻数据冒泡过程(通过交换,使相邻两个元素从小到大排序),直到最后两个元素的比较交换完毕,实现一次冒泡过程,即把该范围内的数据最大数交换到当前范围的末尾数组元素位置。再下一次外循环重新开始一轮冒泡(内循环)时,内循环次数要减少,因为前面已经在数组中找到了一个最大的数。

外循环每循环一次就完成当前数据范围内最大的数据排列在末尾的排序任务,下轮排序(冒泡)数据范围就少一个上次冒泡过程的末尾元素,所以内循环的循环条件中的结束值要随着外循环次数变化而变化,外循环每循环一次,内循环的循环结束值就递减一次。因此内循环的循环条件是 j<10−i−1,这里的−i 就是实现结束值递减,即每轮内循环的循环次数是递减的,因为外循环变量 i 是递增的。

由于冒泡过程是使用 if(a[j]>a[j+1]) 判断相邻两个数顺序关系的,因此 j 的值只能从最前面的 0 变化到该次冒泡的数据范围的倒数第二个,否则 a[j+1] 就不是该范围的最后一个数据了。以第一轮冒泡为例,此时外循环的 i 变量值为数字 0,全部数组元素都在本轮冒泡处理的数据范围内,即最后一个数据的下标是 9,倒数第二个元素的下标是 8,所以内循环的循环变量 j 只能从 0 变化到数字 8。即要使一个数−i 后等于 9,这个数只能是 9,因此内循环条件写成"j<10−i−1"。其中 10−i−1 只是为了说明该循环条件与总的排序数据的关系,自行分析理解。

本例中使用的冒泡法排序,举的例子是从小到大排序,从大到小排序的方法是一样的,只不过是小的向上冒而已,比较条件由 if(a[j]>a[j+1]) 变成 if(a[j]<a[j+1]) 就可以了,原理自行分析、理解。

任务 8-5:一维数组数据排序。要求输入 10 个整型数据,程序处理后数组中存储的数据按照从小到大的顺序排列,使用顺序查找法(比较交换法)。

任务分析:根据排序的原理性方法可知,依次找到最小的、次最小的等依次放在数组最前面、次前面,以此类推即可。前面找最大值(或最小值)的例子中分析了数据查找和交换的方法,对其进行演化和多次运用即可。

任务实现程序代码如下:

```
#include <stdio.h>
void main()
{
    int i,j,t,a[10];
    printf("请输入 10 个数: \n");
    for(i=0;i<10;i++)
        scanf("%d",&a[i]);
    for(i=0;i<10-1;i++)                //变量 i 控制比较的轮数
        for(j=i+1;j<10;j++)            //变量 j 控制每轮比较的次数
            if(a[i]>a[j])
```

```
        {
            t=a[i];                         //实现数组元素值的互换
            a[i]=a[j];
            a[j]=t;
        }
        printf("排序后的顺序是：\n");
        for(i=0;i<10;i++)
            printf("%5d",a[i]);             //将排序后的顺序输出
    printf("\n");
    }
```

程序运行结果如下：

```
请输入10个数：
34 54 53 76 94 74 68 23 85 10
排序后的顺序是：
     10    23    34    53    54    68    74    76    85    94
请按任意键继续. . .
```

程序大体结构还是使用由两个 for 语句构成的二重循环实现的，外循环的 for 语句控制数据查找的轮次，内循环的 for 语句完成每一轮的数值查找和交换。程序使用多轮内循环，每轮内循环依次找到数组中最小、次最小……一直到倒数第二大的数，依次放在数组的前面元素中。

外循环变量 i 的值为 0～8，也就是要存储的从小到大的数据位置顺序，所以内循环将每次查找的最小数据使用交换操作过程写入 a[i]中，内循环每次查找也是使用 a[i]与后面元素作比较，所以内循环的循环变量初值和条件是 for(j＝i＋1;j<10;j＋＋)。每一轮内循环依次找到一个元素 a[i+1]到元素 a[9]中间更小的数据与 a[i]交换，实现把当前数据中相对最小的数据放在 a[i]中。

在 i 变量的值依次从 0～8 的控制下实现 9 轮内循环，找到 10 个数组元素中从小到大前 9 个排在数组的前 9 个元素中，最大的在交换过程中被放到了最后，所示实现了 10 个数从小到大的排序。

在掌握了最大值或最小值查找程序的处理过程和原理的情况下比较容易理解该方法。同样如果要从大到小排序，只要修改比较判断语句的条件，将 if(a[i]>a[j])改成 if(a[i]<a[j])即可。

数据查找交换在每轮数据查找过程可能会发生多次，与前面数据查找程序一样，其处理过程导致计算机执行效率较低，同样可以使用“下标记录法”完成每一轮数据的查找和交换以减少代码条数，提高处理速度，具体修改程序如下。

```
#include <stdio.h>
void main()
{
    int i,j,t,a[10],k;
    printf("请输入 10 个数：\n");
    for(i=0;i<10;i++)
        scanf("%d",&a[i]);
    for(i=0;i<10-1;i++)                     //变量 i 控制比较的轮数
      { k=i;
        for(j=i+1;j<10;j++)                 //变量 j 控制每轮比较的次数
```

```
        if(a[k]>a[j])
            k=j;                        //记录位置
        if(k!=i)
        { t=a[i];                       //实现数组元素值的互换
          a[i]=a[k];
          a[k]=t;
        }
    }
    printf("排序后的顺序是: \n");
    for(i=0;i<10;i++)
        printf("%5d",a[i]);             //将排序后的顺序输出
    printf("\n");
}
```

每次内循环开始数据查找之前使用 k=i 假定序号 i 对应的数组元素的值是剩下数组元素中最小的值。内循环结束后通过 if(k!=i) 判断找到的最小值的元素是不是假定的元素，如果不是就交换，把找到的元素值交换到正确的位置。注意外循环的 for 语句的内嵌语句自上而下有 3 条语句，第一个是"k=i;"语句，第二个是 for 语句，第三个是 if 语句(if(k!=i)条件成立后进行数据交换)，所以要用一对{ }括起来。

任务 8-6：约瑟夫环问题。

任务描述：编号为"$1,2,3,\cdots,n$"的 n 个人围坐一圈，任选一个正整数 m 作为报数上限值，从第一个人开始按顺时针方向报数，报数到 m 时停止，报数为 m 的人出列。从出列人的顺时针方向的下一个人开始又从 1 重新报数，如此下去，直到所有人都出列为止。依次输出出列人的序号和最后一个出列人的序号，即胜利者。

任务分析：每个人的编号存放在一个数组中，如定义数组 a，定义代表总个数以及报数上限值的 n 和 m 变量，使用键盘输入两个整数给变量赋值，要求输入的总人数小于或等于数组长度。使用循环程序对数组元素进行序号赋值。程序中利用循环访问数组中 n 个元素，使用内循环连续访问 m 个值为非零的元素，元素访问的下标为 k，访问到第 m 个元素时，如果元素的值不是 0，则输出元素 a[k]，再设定 a[k] 为 0，继续访问后面的元素。直到输出第 n 个序号为止。

任务实现程序代码如下：

```
#include <stdio.h>
#define N 100
void main()
{
    int a[100];
    int i,j,m,n,k=0;
    printf("input n(n<=100) and m: \n");
    scanf("%d%d", &n, &m);
    for(i=0;i<n;i++)
        a[i]=i+1;
    printf("The people who are out in order are: \n");
    for(i=0;i<n;i++)
    {
        j=1;
        while(j<m)
```

```
        {
            while(a[k]==0)
            k=(k+1)%n;
            j++;
            k=(k+1)%n;
        }
        while(a[k]==0)
        k=(k+1)%n;
        printf("%d",a[k]);
        a[k]=0;
    }
    printf("\nThe winner is %d\n",k+1);
}
```

程序运行结果如下：

```
input n(n<=100) and m:
25 3
The people who are out in order are:
3 6 9 12 15 18 21 24 2 7 11 16 20 25 5 13 19 1 10 22 8 23 17 4 14
The winner is 14
请按任意键继续. . .
```

本程序中使用 n 和 m 变量接收设定的总人数和报数上限值，i 变量控制每次出局一个人的报数轮次，一轮报数出局一个人，一共 n 个人，出局 n 次，所以 i 循环变量的值是从 0～n－1 变化，控制循环 n 次。数组下标号是围成一圈的人的位置号，位置号是由报数过程处理程序找到的位置号，用 k 来表示。j 变量控制每轮报数的循环报数过程，每轮报数 m 次，但是如果第 m 次报数，即判决某人出局的报数不算在内，每轮报数就是循环报数，即 m－1 次。

每次报数要使用程序找到那个没有被标记已出局的位置号，即 k（方法是使用循环判断程序"while(a[k]==0)k=(k+1)%n;"实现，即如果当前位置人已出局，则判断下一个位置，直到条件不成立，即该位置还有人），之后进行模拟报数，即 j＋＋，位置号下移，即使用"k=k+1;"为找下一个人提供位置变化。充分考虑是围在一圈的 n 个人进行报数，下标应该是首尾相接的，所以使用"k=(k+1)%n;"实现序号首尾相连。

当 m－1 次报数完成后，如果找到后面位置上有人，那个人就出局，所以 while(j<m)条件为"假"后退出循环，执行"while(a[k]==0)k=(k+1)%n;"查找下一个人，找到后使用"printf("%d",a[k]);a[k]=0;"输出其编号以及标记该位置上的人已出局，本次外循环到此结束。再进行循环条件判断，看是否完成全部人员出局的操作。

如果外循环条件为"假"，即没有完成全部报数出局任务，则继续执行循环体，进行下一轮报数，即判决，直到出局人数等于总人数，即 for 语句中循环条件 i<n 为假，这时 i 的值已经等于总人数 n 了。最后一次出局人的序号是 k+1（其位置号＋1），这是由前面程序"for(i=0;i<n;i++)a[i]=i+1;"对人员的编号过程决定的，所以控制 n 个人出局的 for 循环程序退出时使用"printf("\nThe winner is %d\n",k+1);"输出胜利者编号。

那为什么不使用 a[k]作为输出胜利者的编号呢？原因是最后一次循环中使用"printf("%d",a[k]);"输出其编号，然后使用"a[k]=0;"将该编号标记成已出局，其值不再是人员编号了。如果现在要在最后一个人出局时直接输出其是胜利者，程序可以将"printf("%d",a[k]);"语句修改成一个条件判断语句，即修改成"if(i==n-1) printf("\

nThe winner is ％d\n",k＋1);else printf("％d",a[k]);"并删除循环外面的"printf("\nThe winner is ％d\n",k＋1);"语句。

8.2　二维数组的定义和引用

要点：二维数组的特点是其元素的命名规则是两个维度的。

8.2.1　二维数组的定义

前面介绍的数组只有一个下标,称为一维数组,其数组元素也称为单下标变量。在实际问题中有很多数据直观上可以理解成二维或多维,因此 C 语言允许构造二维甚至是二维以上的多维数组。多维数组元素有多个下标,用以标识它在直觉维度空间中的位置或者数组元素的序号,这样的数组元素称为多下标变量。数组下标的坐标含义是程序员人为赋予的,不同人可能定义的含义不同。每个人要按照自己的定义与实际处理的数据关系编写合适的程序来完成自己的任务,不能一概而论。数组下标与数组元素的关系是确定的,这个必须牢记。本小节只介绍二维数组,多维数组可由二维数组类推而得到。

二维数组定义的一般形式如下：

类型说明符 数组名[常量表达式 1][常量表达式 2]

其中,"常量表达式 1"表示第一维下标的长度,"常量表达式 2"表示第二维下标的长度。习惯上将第一维下标的长度当作行数,第二维下标的长度当作列数,但不是绝对的。例如：

int a[3][4];

定义一个拥有 12 个 int 类型元素的数组,数组名为 a,每个元素的类型都为整型。该数组共有 3×4 个元素,对于 16 位系统,int 类型变量占 2 字节,32 位系统中 int 类型变量占 4 字节,其在内存中的存储顺序分别是：a[0][0],a[0][1],a[0][2],a[0][3],a[1][0],a[1][1],a[1][2],a[1][3],a[2][0],a[2][1],a[2][2],a[2][3]。可以这样理解其顺序：如果把两个下标按照原有位置组合成数字,从小到大排列即是内存中各个元素的顺序,数值小的排在前面,数值大的排在后面。

一般程序员把二维数组理解成以下形式,即分行和分列,但这只是人为定义的直观含义,不是绝对的。

a[0][0],a[0][1],a[0][2],a[0][3]
a[1][0],a[1][1],a[1][2],a[1][3]
a[2][0],a[2][1],a[2][2],a[2][3]

根据二维数组的下标结构特点,C 语言支持对其进行拆分使用。即一个二维数组可以看作多个一维数组,每一行的元素可以看作一个一维数组。从命名规则上看,每一行的多个元素名去掉最后一位下标后就是数组名,如 a[0][0],a[0][1],a[0][2],a[0][3]是由四个元素构成的一维数组,a[0]是该一维数组的数组名,同理 a[1]是由[1][0],a[1][1],a[1][2],a[1][3]构成的一维数组的数组名,a[2]是由 a[2][0],a[2][1],a[2][2],a[2][3]

构成的一维数组的数组名。必须强调的是,如果定义了二维数组 a,同一对{ }内就不能再使用相同标识符定义一维数组 a,因为这时 a[0],a[1],a[2]已经是二维数组的相关特性名称。同时记住 a[0],a[1],a[2]是一维数组名,即二维数组的行名,不是变量,其值是一维数组(二维数组行)的首地址,是常量。其相关细节和使用方法在第 11 章进行讲解。

二维数组名是二维数组的首地址,但其在程序中的含义不是第一个数组元素的首地址。二维数组名与一维数组名的含义不同,程序设计时不能混用。在二维数组中,如果每一行都是一个一维数组,可以叫二维数组的行数组。每一行的一维数组由多个数组元素构成,这时的数组名(行数组名)才是首元素的地址。

例如,前面例子中定义的二维数组 a,a[0],a[1],a[2]分别是每一行的一维数组名,也就是每一行的第一个元素的首地址,而二维数组名 a 不是二维数组的第一个元素的地址(含义不同,但值相同)。程序设计时不会直接使用数组名所代表的地址值,而是使用数组名及下标构成的数组元素名,或者由数组名构成表达式计算元素的地址来访问数组元素,所以数组名的真正值对于程序员无意义。二维数组 a 的第一个元素的地址是 &a[0][0],等于 a[0]的值。程序设计时可以使用取地址运算符 & 获得某个元素的首地址,简称地址。例如,&a[0][0]就是 a[0][0]的地址。& 是取地址运算符,其是单目运算符(与按位与运算符区分开,按位与是双目运算,编译软件在翻译程序时根据运算对象个数来区分)。&a[0][0]与 a[0]是相等的,都是地址常量,但具体值是多少我们不用关心,编译系统会根据操作系统和程序中当前内存使用情况为其分配相应地址对应的内存,供其使用。

注意:在 C 语言中,一维数组名和二维数组名及多维数组名及其值的含义不同,不能混用。

8.2.2 二维数组的初始化

二维数组初始化也是在数组定义时给各数组元素赋以初值。二维数组可按行分段初始化,也可按行连续初始化。与一维数组初始化类似,需要使用={ }进行界定。如果按行进行初始化,还要在{ }内部使用{ }和","号进行界定。

例如,可以使用以下形式对数组 a[5][3]进行初始化。

(1) 按行分段赋值。

```
int a[5][3]={{80,75,92},{61,65,71},{59,63,70},{85,87,90},{76,77,85}};
```

(2) 按行连续赋值。

```
int a[5][3]={ 80,75,92,61,65,71,59,63,70,85,87,90,76,77,85};
```

这两种初始化的结果是完全相同的。对于二维数组初始化赋值还有以下说明。

(1) 可以只对部分元素赋初值,未赋初值的元素自动初始化成零值(定义数据类型的元素占用的存储空间的每个位为 0)。例如:

```
int a[3][3]={{1},{2},{3}};
```

是对每一行的第一列元素赋值,未赋值的元素编译系统自动初始化成数值 0。初始化后各元素的值为 1 0 0 2 0 0 3 0 0。

133

又如：

```
int a[3][3]={{0,1},{0,0,2},{3}};
```

初始化后的元素值为 0 1 0 0 0 2 3 0 0。

（2）如对全部元素赋初值，则第一维的长度可以不给出。例如：

```
int a[3][3]={1,2,3,4,5,6,7,8,9};
```

可以写为

```
int a[][3]={1,2,3,4,5,6,7,8,9};
```

换句话说，在定义二维数组时当给出所有需要的元素初值时，二维数组定义语句可以不写第一维的长度，不写不代表没有，编译系统会自动根据初始化表中初值个数除以后面维数的长度得到的整数商（无条件进位）来补上第一维的长度值。但在任何情况下定义二维数组时都不能省略第二维的大小。以此递推到多维数组定义的情况是：在有足够多初值的情况下，定义多维数组时可以省略第一维的大小，但不能省略其他任何一维的大小。

8.2.3　二维数组元素的引用

要点：数组元素引用的每个维度的下标范围是 0 到数组定义时该维度的长度值减一的值。也就是访问数组元素时使用的每个维度的最大下标要比数组定义的该维度长度值小。

二维数组元素的引用也称为双下标变量的使用，一般使用双下标形式，其表示的形式如下：

数组名[下标][下标]

其中，"下标"应为整型常量或整型表达式，其可以由变量及运算符构成，但表达式的值不能超过下标的数字范围。与一维数组一样，数组下标都是从 0 开始的，最后一个下标是定义时对应的"长度值－1"。例如，数组定义语句是"int a[3][4];"，则数组元素的行下标不能出现 3 和 3 以上的数字，列下标不能出现 4 和 4 以上的数字，像 a[3][0]，a[3][4]，a[1][4]等都是不符合语法规则的。

注意：数组元素的引用（也称使用）与数组定义（也称说明）的语法形式的区别，一个是带数据类型说明符的，另一个是不带数据类型说明符的，不能混淆。例如，a[1][2]是不带数据类型说明符的，表示 a 数组第 2 行第 3 列的元素，也就是整个二维数组的所有元素按照物理存储顺序，从低地址到高地址中存储的若干个（具体有多少个由数组定义语句决定）元素中的第 6 个元素。

任务 8-7：一个学习小组有 5 个人，每个人有 3 门课的考试成绩。编写程序求全组分科的平均成绩和总平均成绩。

任务分析：可设一个二维数组 a 用来存放 5 个人 3 门课的成绩，每行存一个人的 3 门课的成绩。再设一个一维数组 v 用来存放所求出的各分科平均成绩，设变量 average 为总平均成绩。学生成绩使用循环按人输入，每人输入 3 个成绩。存在每一行的 3 个元素中。统计平均成绩时，按列访问，统计每列 5 个成绩的平均值。将 3 个平均值再平均得到总的平均值。

任务实现程序代码如下：

```
#include <stdio.h>
void main()
{
    int i,j,s=0,average,v[3],a[5][3];
    printf("分别输入 5 个同学 3 门课程的成绩：\n");
    for(i=0;i<5;i++)                    //5 个同学
    {
        for(j=0;j<3;j++)                //3 门课程
            scanf("%d",&a[i][j]);       //输入第 i 个同学第 j 门课程的成绩
    }
    for(i=0;i<3;i++)                    //3 门课程
    {
        for(j=0;j<5;j++)                //5 个同学
        {   s=s+a[j][i];   }            //本门课程成绩累加
        v[i]=s/5;                       //求本门课程成绩的平均值
        s=0;                            //临时变量归零，为下一门课数据统计做准备
    }
    average = (v[0]+v[1]+v[2])/3;       //求总平均分
    printf("math:%d\nc languag:%d\ndbase:%d\n",v[0],v[1],v[2]);
                                        //分别输出各门课程的平均分
    printf("total:%d\n", average);      //输出总平均分
}
```

程序运行结果如下：

```
分别输入5个同学的3门课程的成绩：
67 87 94
77 78 96
87 97 88
76 98 97
87 99 65
math:78
c languag:91
dbase:88
total:85
请按任意键继续. . . _
```

程序中首先用了一个双重循环输入 5 行 3 列的 5 个人的 3 门课成绩，注意这时的循环变量 i 和 j 访问数组元素时的下标关系，i 是行下标，j 是列下标。

之后又用了一个双重循环，注意这时循环变量 i 和 j 访问数组元素时的下标关系，i 是列下标，j 是行下标。在内循环中依次读入某一门课程的各个学生的成绩，并把这些成绩累加起来，退出内循环后再把该累加成绩除以 5 并写入 v[i] 之中，这就是该门课程的平均成绩。外循环共循环三次，分别求出三门课各自的平均成绩并存放在 v 数组之中。退出外循环之后，把 v[0]、v[1]、v[2] 的和除以 3 即得到各科总平均成绩。最后按题意输出各个成绩。

8.2.4　二维数组程序设计

任务 8-8：计算 3×3 矩阵和主副对角线上元素的和。

任务分析：3×3 的矩阵需要 9 个数据，所以必须定义含有 9 个元素的数组来存储，矩阵可直观理解为 3 行 3 列的数据，所以可以定义一个 3 行 3 列的二维数组。根据数组元素的

下标关系可以把二维数组第一行的 3 个数组元素看作矩阵的第一行,向下以此类推。根据这个定义,总结数据处理规律,编写数据处理程序。主对角线数据对应的数组元素行下标与列下标相等,副对角线数据对应的数组元素当前行下标等于行最大下标值减去当前列下标的值。所以使用循环程序对每行的相应元素累加求和即可。

任务实现程序代码如下:

```c
#include <stdio.h>
void main()
{
    int i,j,z=0,f=0,a[3][3]={2,8,6,5,4,7,9,8,1 };
    for(i=0;i<3;i++)          //3 行
    {
        for(j=0;j<3;j++)      //3 列
        {
            printf("%d",a[i][j]);
            if(i==j)          //主对角线上的元素
                z+=a[i][j];
            if(i==2-j)        //副对角线上的元素
                f+=a[i][j];
        }                     //本门课程成绩累加
        printf("\n");
    }
    printf("主对角线元素之和:%d\n",z);
    printf("副对角线元素之和:%d\n", f);
}
```

程序运行结果如下:

```
2 8 6
5 4 7
9 8 1
主对角线元素之和:7
副对角线元素之和:19
请按任意键继续. . .
```

程序中使用由 for 语句构成的二重循环对二维数组从第一行到第三行的每个元素进行遍历,外循环控制行变化,内循环控制列变化,并根据当前行下标和列下标判断是主对角线上的还是副对角线上的元素,分别进行累加求和。注意这里不能使用 if-else 实现,必须使用两个不带 else 的 if 语句的基本形式实现,因为主副对角线不是独立的,有可能出现某个元素既是主对角线上的数据也是副对角线上的数据。

任务 8-9:打印杨辉三角形。

```
              1
            1   1
          1   2   1
        1   3   3   1
      1   4   6   4   1
    1   5  10  10   5   1
  1   6  15  20  15   6   1
 1   7  21  35  35  21   7   1
1   8  28  56  70  56  28   8   1
1   9  36  84 126 126  84  36   9   1
```

任务分析：根据图形结构可以分析出，其由多行数据构成，每行数据的特点是两边数字为 1，中间每个数据是上一行数据对应位置和前一个位置的数据之和。因此可以使用二维数组实现，给二维数组的每个元素写入正确的值，再按照此图形结构使用必要的空格填充并输出此类图形。

```c
#include <stdio.h>
#define N 13
void main()
{   int i, j, k, n=0, a[N][N];                    //定义二维数组 a[13][13]
    while(n<=0||n>=13)
    {   //控制打印的行数不要太大,过大会使数据超过 3 位数,这样造成显示不规范
        printf("请输入要打印的行数(<13): ");
        scanf("%d",&n);
    }
    printf("%d行杨辉三角如下: \n",n);
    for(i=0;i<n;i++)
        a[i][0]=a[i][i]=1;                        //令两边的数为 1
    for(i=2;i<n;i++)
        for(j=1;j<=i-1;j++)
            a[i][j]=a[i-1][j-1]+a[i-1][j];  //除两边的数外,其他数都等于上两顶数之和
    for(i=0;i<n;i++){
        for(k=0;k<n-i-1;k++)
            printf("  ");    //这一行主要是在输出数之前打上两空格占位,让输出的数更美观
        for(j=0;j<=i;j++) //j<=i 的原因是不输出其他数,只输出想要的数
            printf("%-4d",a[i][j]);
        printf("\n");          //当一行输出完以后换行继续下一行的输出
    }
    printf("\n");
}
```

程序运行结果如下：

程序使用一个 for 语句实现对二维数组的第一列元素和主对角线上元素写入数字 1，下面由两个 for 语句构成二重循环，实现每行中间数据的计算和赋值。后边由三个 for 语句构成二重循环实现规定图形的输出，内循环的第一个 for 语句用于填充空格，后面一个 for 语句用于输出每行的数字。

如果将填充空格的 for 语句去掉，其程序运行的结果如下：

8.3 字 符 数 组

要点：字符型数组也是数组，只不过是每个数组元素存储的是字符的 ASCII 码。但其也可以存储由连续、多个字符组成的字符串。字符是单个的，字符串是成组的，其含义和处理方法不同，所以 C 语言使用一种处理规则加以区别，该规则就是存储字符串时，最后一个字符之后的元素要存储一个标志，这个标志称为字符串结束标志。

用来存放字符类型数据的数组称为字符数组。字符数组只是基本数据类型数组的一种，基本知识不再重复，这里重点讲解字符型数组在用于存储字符串时的一些特殊性和程序设计方法。

8.3.1 字符数组的定义

字符数组也是基本数据类型的一维数组，其定义形式与前面介绍的一维数组定义形式相同。例如：

```
char c[10];
```

由于字符型数据是以 ASCII 码形式存储的，所以具有整数特性，这个已在第 3 章介绍过。一般也可以定义整型数组（如 int c[10]），存储字符型数据，但这时每个数组元素占用 4（16 位编译系统为 2 字节）字节的内存单元，存在浪费存储单元的问题，所以不建议使用。但反过来如果需要使用比较小范围的整数，如 -128～127，可以使用字符型数组实现，这样节省内存。特别是对于嵌入式系统程序设计，由于内存比较有限，此方法还是比较常用的。

字符数组也可以是二维或多维数组。例如：

```
char c[5][10];
```

即为二维字符型数组。

8.3.2 字符数组的初始化

字符数组初始化的形式有以下三种。

（1）一维数组的初始化形式。这种形式和其他两种形式的区别在于每个元素给出的初

始化值是字符的 ASCII 值,表现形式为小于 128 的整数或由一对单引号括起来的字符常量。例如:

```
char c[10]={'c', '', 'p', 'r', 'o', 'g', 'r', 'a','m'};
```

赋值后:c[0]的值为'c',c[1]的值为' ',c[2]的值为'p',c[3]的值为'r',c[4]的值为'o',c[5]的值为'g',c[6]的值为'r',c[7]的值为'a',c[8]的值为'm',c[9]的值为'\0'。其中 c[9]在初始化表中未给出初值,但由编译系统自动赋予'\0'值,这个规则与一维和二维数组初始化规则一致。当对全体元素赋初值时也可以省去长度说明。例如:

```
char c[]={'c', '', 'p','r','o','g','r','a','m'};
```

这时数组的长度自动定为 9,而不是 10,因为初始化表里只给出了 9 个初值。

由于字符型数组多数情况下用于存储字符串,在计算机领域随着计算机的普及和程序设计语言的广泛应用,很多程序设计方法逐渐有了统一规范,如字符串的存储和处理方法。

字符串数据是存储在字符数组中的,第一个字符所在位置很容易找到,那就是数组下标为 0 的元素,但是相同长度数组可能存储不同长度的字符串,那怎么知道不同数组中存储的字符串到哪个数组元素结束呢? C 语言的最初程序设计人员使用了一个标记字符来标记数组中到什么地方字符串存储结束,这个标志字符就是 ASCII 码 0,即'\0'。

默认情况下程序对字符数组中存储的字符串进行以字符串为应用目的字符型数据读写时,只要发现某个元素的值是'\0',就停止读写,认为字符串中的字符已全部处理完成,其后元素中的数值是与该字符串无关的,所以不再进行处理。按照如此约定,C 语言的字符数组初始化就产生了另外两种初始化形式。

(2) 括号内使用字符串形式如下:

```
char 数组名[常量表达式]={"字符串"};
```

(3) 直接字符串形式如下:

```
char 数组名[常量表达式]="字符串";
```

后两种初始化形式都是使用字符串对字符类型数组进行数组元素初始化。一般常用后一种形式,因为两种形式初始化的结果都是一样的,而后一种形式书写更简单。这两种初始化形式都是将=号后面字符串中的所有字符的 ASCII 码依次存储在下标从 0 开始的数组元素中,注意这些字符包括字符串的结束标志,这一点必须牢记。例如:

```
char c[10]="asdf";
```

该数组定义语句是使用字符串常量"asdf"对字符数组 c 进行初始化。字符数组的前 4 个元素分别存储的是'a'、's'、'd'和'f',第 5 个数组元素及以后的元素存储的都是'\0'。同样注意使用字符串对字符数组进行初始化时,数组的元素个数要大于字符串常量的一对双引号中的字符个数,因为字符串必须用一个额外的数组元素存储结束标志。例如:

```
char c[4]="asdf";
```

部分编译系统可以编译通过,截取了前 4 个字符的 ASCII 码对数组元素进行初始化,但部分编译系统会报错。因为该数组中没有把字符串结束标志存储下来,这样的数组不能用标准的字符串处理方法或函数进行处理,否则会出现内存使用越界现象。因为字符串处理程序在字符数组中合法的存储范围内找不到字符串结束标志,因此对数组元素的处理停不下来,这样就会出现程序访问数组合法范围以外的数据,造成内存越界异常,会导致程序异常终止。

同样注意使用字符串对字符型数组进行初始化时,如果定义语句省略数组长度,例如:

```
char c[]="asdf";
```

要知道实际该数组的长度是比初始化字符串中的显式字符个数多一个的,多一个的数组元素存储的是'\0',即字符串结束标志。这个例子的 c 数组实际长度为 5,该数组 c 中合法的数组元素是 c[0]、c[1]、c[2]、c[3] 和 c[4]。

8.3.3   字符数组元素的引用

无论字符数组存储的是字符串还是非字符串数据,其对应的每个数组元素的值都是某个字符的 ASCII 码,即 8 位的二进制整数。所以程序中对字符型数组的使用都是对字符数组中每个元素的使用(也就是引用)。字符串处理的应用只是编程时通过判断某个元素的值是否为字符串结束标志'\0'来判断对该数组每个元素的处理是否结束。

【例 8-3】   非字符串属性的字符数组的数据引用:数据处理的循环程序条件不是判断'\0'。

```c
#include <stdio.h>
void main()
{
  int i,j;
  char c[4]={'A','B','C','D'};
  char a[][5]={{'Z','A','N','G','G'},{'L','I','A','N','G'}};
  for(i=0;i<4;i++)
  {
      c[i]=c[i]+1;
      if(c[i]>'Z')
        c[i]='A';
    printf("%c",c[i]);
  }
   printf("\n");
  for(i=0;i<=1;i++)
  {
    for(j=0;j<=4;j++)
      printf("%c",a[i][j]);
    printf("\n");
  }
}
```

程序运行结果如下:

```
BCDE
ZANGG
LIANG
请按任意键继续. . . _
```

本例定义了一个长度为 4 的一维数组 c,每个数组初始化的值依次是'A'、'B'、'C'、'D',又定义了一个二维字符数组,每行有 5 个元素,由于在初始化时使用分行初始化形式,因此一维下标的长度可以省略不写,编译系统软件自动根据初始化的值的行数添加二维数组第一维长度值为 2。

由一个 for 语句构成的循环程序实现对数组中每个元素的值的加一操作,并且判断加一之后是不是超过了大写字母的 ASCII 码值,如果超过就变成大写字母 A 的 ASCII 码值 'A',同时使用"printf("%c",c[i]);"输出运算后得到的数组元素的 ASCII 码值对应的字符。循环条件是 i<4,其跟字符串处理方法无关。该循环结束后使用"printf("\n");"输出换行符。

之后使用由两个 for 语句构成的二重循环,外循环控制处理的行号,内循环控制处理的列号。分 2×5 次完成对 2 行 5 列二维数组的每个元素值对应字符的输出,外循环每循环一次在结束时输出一个换行符。所以 2 行 5 列的字符型数组,最后输出 2 行字符,每行 5 个字符。

【例 8-4】　字符串属性的字符数组的数据引用:数据处理的循环程序条件是判断'\0'。

```
#include <stdio.h>
void main()
{
    int i,j;
    char c[5]="ABCD";
    char a[][6]={"ZANGG","LIANG"};
    for(i=0;c[i]!='\0';i++)
    { c[i]=c[i]+1;
        if(c[i]>'Z')
          c[i]='A';
      printf("%c",c[i]);
    }
     printf("\n");
    for(i=0;i<=1;i++)
    {    for(j=0;a[i][j]!='\0';j++)
         printf("%c",a[i][j]);
     printf("\n");
    }
}
```

程序运行结果如下:

```
BCDE
ZANGG
LIANG
请按任意键继续. . .
```

本程序是在例 8-3 基础上修改的,大家对比分析其区别。首先相同个数的字符以字符串形式在字符数组中存储,需要多使用一个字符数组元素存储字符串结束标志。所以本例中一维数组 c 的定义中数组长度使用的是 5 而不是 4,二维数组的第二维长度值使用的是 6 而不是 5。另外对存储的是字符串的数组进行处理时,由于整个数组存储的字符串可能长短不一,不一定正好占满整个数组的所有元素,所以其处理程序判断处理是否结束的方法,是判断当前访问到的数组元素值是否是字符串结束标志'\0'。详见本程序第一个 for 语句的第二个表达式,即循环条件表达式"c[i]!='\0';",下面处理二维数组的二重循环中内循环 for 语句的第二个表达式,即循环条件表达式"a[i][j]!='\0';"。其他程序语句与前面例子一致,就不再说明了。

8.3.4 字符数组的字符串形式数据输入/输出

如果程序员需要处理的数据是字符串,那在程序中使用字符数组以字符串形式存储和处理是最为方便的,因为有很多前人给我们编写的系统函数可以使用。首先回顾一下数据输入/输出函数的字符串的使用方法,与前面例子形成对比,分析其特点和程序设计方法的不同。

1. gets 函数和 puts 函数与一维数组结合输入/输出字符串

gets 函数和 puts 函数是 C 语言中专门针对字符串输入/输出编写的系统函数(或叫作库函数)。因为开发环境中的编译系统软件提供系统函数很多,所以按照功能的相关性,将相关的多个函数写在一个文件中,形成一个库文件,所以系统函数又叫库函数。每个库函数的函数原型都写在对应的头文件中,所以需要使用♯include 编译预处理指令将该文件包含到自己的程序文件中才能使用相应的系统函数。gets 函数和 puts 函数的头文件是 stdio.h,具体的相关知识在第 9 章进行讲解,这里只介绍数组与之结合如何实现字符串的输入/输出。

gets 函数的使用形式如下:

```
gets(字符型一维数组某元素地址);
```

其功能是输入一个字符串到这个字符数组中,输入第一个字符(包括空格和跳格字符)后存储在由该地址决定的数组元素中,其他输入的字符(包括空格和跳格字符)依次向后存储在后面元素中,输入回车换行符以结束输入,不存储回车换行符,但在存储最后一个非回车换行符的数组元素后的一个元素中存储一个字符串结束标志'\0'。该函数的特点是可以输入空格,不能完全被 scanf 函数所取代,因此也是比较常用的。

puts 函数的使用形式如下:

```
puts(字符型一维数组某元素地址);
```

其功能是从一维数组指定地址开始依次输出各个元素中存储的字符,直到某个元素中存储的是字符串结束标志'\0'为止,即输出从一维数组的指定地址对应元素开始的一个字符串,最后输出一个回车换行符。由于使用 printf 函数完全可以实现字符串输出并且格式可控性更强,因此该函数使用得比较少。

【例 8-5】 使用 gets 函数和 puts 函数进行字符串输入/输出。

```
#include <stdio.h>
void main()
{
    char c[20];
    gets(c);
    puts(c);
    puts(c+2);
}
```

程序运行结果如下:

程序定义了一个长度为 20 的一维数组 c，没有初始化。gets 函数调用开始从输入设备接收一行字符，其包括空格和跳格字符，存储到数组 c 中（注意开始位置）。当输入的是"how are you?"，即由 12 个字符加 1 个字符串结束标志构成的字符串时，一维数组 c 从第 1 个元素到第 13 个元素存储的就是"how are you?"。

之后使用"puts(c);"将 c 数组中的字符串输出，因此输出"how are you?"。之后又使用"puts(c+2);"输出 c 数组中从第三个元素开始的字符串，因此输出的是"w are you?"。这里 c+2 的功能是从数组的下标为 2 的数组元素开始输出，实际上 c+2 是进行一个由数组名参与的算数运算，只有掌握了数组名的含义，才能理解其运算规律，这里只要知道数组名参与的算术运算的结果仍然是数组元素的地址，加 1 是下一个元素的地址，减 1 是前一个元素的地址，以此类推。

不要关心其具体地址值是多少，因为地址值只对编译系统有意义，对于程序员无意义，所以程序员只要知道访问的对应元素位置变化规律即可。在 C 语言中，凡是可以使用数组名作函数参数的地方都支持数组名参与的算数运算表达式。

2. 使用 scanf 和 printf 函数进行字符串的输入/输出

scanf 和 printf 函数已在前面章节进行了详细讲解，只不过没有针对字符串的输入/输出进行举例分析，这里使用具体实例分析讲解其用法和注意事项。

【例 8-6】　使用 scanf 函数和 printf 函数进行字符串输入/输出。

```
#include <stdio.h>
void main()
{
    int i,j;
    char c1[20];
    char c2[20];
    scanf("%s%s",c1,c2);
    printf("%s,%s\n",c1,c2);
    printf("%s,%s\n",c1+1,c2+1);
}
```

程序运行结果如下：

在本例的 scanf 和 printf 函数中，使用的格式字符串为%s，表示输入/输出的是一个字符串。而在输入/输出表列中对应的要存入或输出对象参数使用的是组名，不能是数组元素。不能写成 printf("%s",c1 [])或 scanf("%s",c1[0])等形式。

本例中输入"how are you?"后按 Enter 键，原因是"scanf("%s%s",c1,c2);"尽管是要求输入两个字符串，但是该函数把空格、跳格及回车都作为输入数据项（除%c 以外）的标准间隔符，所以输入程序认为 how 是输入的第一个字符串，are 是第二个字符串。

scanf 函数调用完成后，c1 和 c2 字符型数组中存储的字符串分别是 how 和 are，因此后面的"printf("%s,%s\n",c1,c2);"函数调用输出的是 how,are。最后一个"printf("%s,%s\n",c1+1,c2+1);"调用由于输出项使用了数组名参与运算的表达式,使输出开始位置分别向后移了一个数组元素,所以输出 ow,re 内容。

注意： 使用字符数组输入函数输入字符串时,要小心数组的定义,一定要分析任务要求中可能输入的最长字符串,再加上字符串结束标志需要的存储空间长度。定义足够长的数组;否则程序运行时会出现内存使用越界的异常而终止程序运行。

8.3.5 字符串处理系统函数介绍

C 语言提供了丰富的字符串处理函数,大致可分为字符串的输入/输出、合并、修改、比较、转换、复制、搜索几类。前人栽树,后人乘凉,使用这些函数可大大减轻编程的负担。用于输入/输出的字符串函数,在使用前应包含头文件"stdio.h",前面讲解过了,不再重复讲解,使用其他字符串函数时则应包含头文件"string.h"。下面介绍几个最常用的字符串处理函数与一维数组的结合使用方式。

1. 字符串连接函数 strcat

格式如下：

strcat (字符数组 1,字符数组 2)

字符串连接函数 strcat 功能是把字符数组 2 中的字符串连接到字符数组 1 中字符串的后面,并覆盖掉字符串 1 后的字符串标志结束符'\0'。本函数返回值是字符数组 1 的首地址。也就是把字符数组 2 中的字符串与字符数组 1 中的字符串合并成一个字符串。

该函数的具体参数和返回值等信息可以在学完第 9 章后打开对应头文件查看。另外编写程序时要定义足够长的数组 1,保证合并操作能够将合并的字符串有效存储,否则会出现内存使用越界异常。

字符数组 1 和字符数组 2 可以是数组名,也可以是字符数组名构成的算术表达式。另外,字符数组 2 还可以是字符串常量。第 3 章已介绍过关于 C 语言常量的书写语法知识,字符串常量的值实际是在计算机中存储该字符串的第一个内存单元的地址,其与字符数组的数组名具有相同地址值属性,因此可以作为要被合并的字符串使用,但是不能作为合并到目的字符串使用,因为其是常量字符串。

【例 8-7】 使用 strcat 函数完成两个字符型数组中字符串的合并。

```
#include<stdio.h>
#include <string.h>
void main()
{
    char st1[30]="My name is ";
    char st2[20];
    printf("Input your name:\n");
    gets(st2);
    strcat(st1,st2);
    puts(st1);
}
```

程序运行结果如下：

程序使用长度为 20 的字符型数组 st2 存储输入的姓名字符串。使用 gets(st2)输入字符串给数组 st2，这样可以输入空格，如 dai jun feng。之后使用"strcat(st1,st2);"将数组从 st2 第一个数组元素开始的字符串连接到 st1 数组存储的字符串之后，st2 数组中第一个元素值写入 st1 数组中存储第一个字符串结束标志'\0'的数组元素中，直到 st2 数组中元素存储的第一个字符串结束标志'\0'写入 st1 的数组中为止。

注意：字符数组 st1 应定义足够的长度，否则不能全部装入被连接的字符串，会出现程序运行异常。

系统函数的原理性代码如下，使大家进一步理解字符串处理程序的设计方法。大家可以自行设计程序实现面其他字符处理系统函数，来锻炼自己的字符串处理程序的设计能力。

```c
#include <stdio.h>
void my_strcat(char st1[20],char st2[10])
{
    int i,j;
    for(i=0;st1[i]!='\0';i++)
    for(j=0;st2[j]!='\0';j++,i++)
        st1[i]=st2[j];
    st1[i]='\0';
}
void main()
{
    char c1[20]="12345";
    char c2[10]="eryery";
    my_strcat(c1,c2);
    printf("%s\n",c1);
}
```

该程序中定义了一个函数 my_strcat 来实现两个数组中的字符串合并，自定义函数的详细知识在第 9 章进行讲解，这里只是进行简要说明。函数的两个参数是两个字符型数组，是 my_strcat 函数要处理的数据载体。函数体中"for(i=0;st1[i]!='\0';i++);"是一个循环体为空语句的循环程序，功能是找到数组 st1 中存储的字符串末尾后的字符串结束标志所在下标值（循环结束时循环变量 i 的值）。

第二个 for 语句是在退出上一个 for 语句循环程序后开始执行的，在"st2[j]!='\0';"条件成立时，字符数组元素从 st2[0]开始依次读取写入 st1[i]，即 st1 数组的字符串后面的各个元素中，直到遇到 st2[j]存储的是字符串结束标志为止，最后循环复制退出后再使用"st1[i]='\0';"语句写入字符串结束标志。

主函数对该 my_strcat 函数进行调用，对主函数中定义的两个字符数组中的字符串进行连接（或叫合并）。之后使用 printf 输出连接成功后数组 st1 中存储的新字符串。

2. 字符串复制函数 strcpy

格式如下：

```
strcpy (字符数组 1,字符数组 2)
```

字符串复制函数 strcpy 功能是把字符数组 2 中的字符串复制到字符数组 1 中,注意是覆盖数组 1 中已有数据。字符串结束标志'\0'也一同复制。函数参数使用规范同 strcat 函数,在此不再重复。

【例 8-8】 使用 strcpy 函数完成字符串复制。

```c
#include<stdio.h>
#include <string.h>
void main()
{
    char st1[20]="asdfgh";
    char st2[20]="122345";
    strcpy(st2,st1);
    printf("st1[20]=%s\n",st1);
    printf("st2[20]=%s\n",st2);
}
```

程序运行结果如下:

```
st1[20]=asdfgh
st2[20]=asdfgh
请按任意键继续. . .
```

本函数将函数中定义的数组 st1 中存储的字符串复制到数组 st2 中。注意目标字符串 st2 存储的字符串被覆盖了,因为字符数据的读写过程都是从数组的第一个字符开始的。

3. 字符串比较函数 strcmp

格式如下:

```
strcmp(字符数组 1,字符数组 2)
```

字符串比较函数 strcmp 的功能是对字符数组对应下标位置的元素中存储的 ASCII 码值进行依次比较(减法运算),比较结果作为两个数组中字符串相比较的结果,并由函数返回值返回比较结果值。也就是分别从两个数组的第一个数组元素开始进行数组元素值的减法运算,如果出现不等于零的情况就返回减法的结果值。当到两个字符串中同为字符串结束标志时,如果之前的比较结果都是 0,则返回数字 0;否则返回非零的减法结果。具体函数返回值与字符串之间的关系如下。

(1)当字符串 1 与字符串 2 相同时(长度相同内容相同),返回值为数字 0。

(2)按照从前到后的顺序,当字符串 2 中某个元素存储的字符与字符串 1 对应位置的字符不同时,如果字符串 1 中该字符的 ASCII 码值大于字符串 2 中对应下标的元素的 ASCII 码值时,返回一个大于零的数值。

(3)按照从前到后的顺序,当字符串 2 中某个元素存储的字符与字符串 1 对应位置的字符不同时,如果字符串 1 中的该字符的 ASCII 码值小于字符串 2 中对应下标的元素的 ASCII 码值时,返回一个小于零的数值。

本函数也可用于比较两个字符串常量,或字符数组和字符串常量间的大小关系。

【例 8-9】 使用 strcmp 函数完成字符串比较。

```c
#include<stdio.h>
```

```
#include<string.h>
void main()
{
    int k;
    char st1[15],st2[]="C Language";
    printf("input a string:\n");
    gets(st1);
    k=strcmp(st1,st2);
    if(k==0) printf("st1=st2\n");
    if(k>0) printf("st1>st2\n");
    if(k<0) printf("st1<st2\n");
}
```

程序运行结果如下：

```
input a string:
asdfg
st1>st2
请按任意键继续. . .
```

本程序中把输入的字符串和数组 st2 中的字符串进行比较，比较结果返回 k 中，根据 k
值再输出结果。当输入为 asdfg 时，由 ASCII 码可知 asdfg 中第一个字符 a 的 ASCII 码值
大于"C Language"字符串中第一个字符 C 的 ASCII 码值，比较完第一个字符后就返回第一
个字符相减的结果给变量 k，因此 k 的值是大于零的。所以程序执行第二个 if 语句时，由于
条件成立，所以执行内嵌语句"printf("st1＞st2\n");"输出 st1＞st2 的信息内容。

4. 测量字符串长度函数 strlen

格式如下：

strlen(字符数组)

测量字符串长度函数 strlen 功能是计算字符数组存储的字符串（不包括字符串结束标
志）的实际长度。该函数实际统计的是从第一个元素到存储字符串结束标志'\0'的数组元素
之前的元素个数，并将该个数作为函数返回值。

【例 8-10】　使用 strlen 计算字符串长度。

```
#include<stdio.h>
#include<string.h>
void main()
{
    int k;
    char str[]="C language";
    k=strlen(str);
    printf("The string is : %s\n",str);
    printf("The lenth of the string is %d\n",k);
}
```

程序运行结果如下：

```
The  string is : C language
The lenth of the string is 10
请按任意键继续. . .
```

本程序使用"char str[]="C language";"定义了一个长度为 11 的字符型数组,初始化时存储了 10 个字符和 1 个字符串结束标志。strlen(str)函数计算出"C language"串的实际字符个数为 10(空格字符也是一个字符,如果有转义字符,一个转义字符算一个字符,如\n 等),并使用赋值运算写入 k 变量中。后面两个 printf 分别使用%s 和%d 输出了该字符串和 k 的值,即使用 strlen 计算得到的字符数组 str 中存储的字符串"C language"的长度。

8.3.6　字符数组应用程序举例

任务 8-10：输入一行字符串,之后统计数字、大写字母、小写字母和其他字符的个数。

任务分析：输入一行字符,包括空格和其他符号,所以需要使用 gets 函数。数据存储后才能开始统计,所以需要定义数组来存储输入的字符。根据需要设置一个极限长度,假设极限输入的字符个数为 100 个,数组长度应该定义成 101 个。统计过程就是使用循环程序对每个数组元素进行遍历判断的过程,根据判断结果对各个不同的统计变量进行增量运算。

任务实现程序代码如下：

```c
#include<stdio.h>
#include<string.h>
void main()
{
    int i,tj[4]={0};
    char str[101];
    printf("请输入一行字符,包含各种符号,要少于 100 个字符! \n");
    gets(str);
    for(i=0;i<101&&str[i]!='\0';i++)
    {   if(str[i]>=0x30&&str[i]<=0x39)
        tj[0]++;
        else if(str[i]>='a'&&str[i]<='z')
            tj[1]++;
        else if(str[i]>='A'&&str[i]<='Z')
            tj[2]++;
        else
            tj[3]++;
    }
    printf("输入的数字字符%d 个\n",tj[0]);
    printf("输入的小写字母%d 个\n",tj[1]);
    printf("输入的大写字母%d 个\n",tj[2]);
    printf("输入的其他字符%d 个\n",tj[3]);
}
```

程序运行结果如下：

该程序比较简单易懂,与前面章节的统计输入字符个数的例程类似。但这里使用的字符型数组先接收所有输入字符,再执行循环程序进行统计,另外统计变量是使用 int 类型数组元素实现。由于统计循环程序是以字符串形式进行的,所以处理结束条件包含了"str[i]!='\0'",完整条件是"i<101&&str[i]!='\0';"。

为什么将同时满足两个关系作为条件呢? 原因是"str[i]!='\0'"只能判断是否到了字符串的末尾,如果数组中接收或存储的字符没有结束标志,程序运行会使访问的数组元素越界。因此可以使用类似的代码,在循环条件中增加同时满足的条件"i<101",依次判断数组访问是否在数组有效范围内,来防止程序访问数组时越界。本程序中前面使用的 gets 函数输入字符串,如果输入字符超过 100 个,gets 函数运行就会出现越界现象,程序会异常终止,不会执行到统计循环程序,所以要按照提示输入。

任务 8-11:输入一行字符串,找到特定字符":"所在的位置。

任务分析:本任务还是输入一行字符,包括空格和其他符号,所以需要使用 gets 函数。数据存储后才能开始查找,所以需要定义数组来存储输入的字符。假设极限为 100 个字符,数组长度应该定义成 101 个。查找过程就是一个使用循环程序对每个数组元素进行遍历判断的过程,根据判断结果记录找到的位置下标。

任务实现程序代码如下:

```
#include<stdio.h>
#include <string.h>
void main()
{
    int i,k;
    char str[101];
    printf("请输入一行字符,包含各种符号,要少于 100 个字符! \n");
    gets(str);
    k=-1;
    for(i=0;str[i]!='\0';i++)
    {   if(str[i]==':')
        {
            k=i;
            break;
        }
    }
    if(k!=-1)
        printf("字符串中第一个:在位置%d\n",k);
    else
        printf("字符串中没有:\n");
}
```

程序运行结果如下:

请输入一行字符, 包含各种符号, 要少于100个字符!
aadjl:23jfdjg
字符串中第一个:在位置5
请按任意键继续. . .

本程序通过输入使数组接收了一行字符串,之后使用由 for 语句的构成循环程序从第一个数组元素开始对该字符数组中的每个字符进行判断,如果等于":"的 ASCII 码值,就把下标记录下来并结束循环。如果整个循环结束都没有找到":"的 ASCII 码,则"k=i;"就没有被执行过,仍然保持其初值－1,所以后面程序可以通过判断 k 的值是不是－1 来判断是否找到“:”和输出其位置 k。

任务 8-12：输入一行字符串,不考虑标点符号(单词之间使用空格间隔),统计单词个数。

任务分析：要解决这个问题,最自然的算法是读取文章的所有内容,然后一个单词接一个单词地统计。然而,在这里遇到了一个难题,即程序如何知道什么是一个单词,什么不是一个单词呢?似乎在这里遇到了障碍。可如果考虑设计任务中要求单词都是用空格间隔开的,那么单词数就等于空格数＋1。程序虽然不认识单词,但是程序容易判断是否为空格。这样,整个问题实际上就转换成了统计文章中的空格数。

但是注意连续出现的空格不能统计出多个单词,因此简单计数是不行的,必须判断空格前后都是非空格字符才能统计。有了这样的问题转换思路,整个问题就简单多了。

任务实现程序代码如下:

```
#include <stdio.h>
void main()
{
    char ch[51];
    int i,count=0,word=0;
    printf("输入一行字符<50 个: \n");
    gets(ch);
    i=0;
    while(ch[i]!='\0')
        if(ch[i++]==' ')
            word=0;
        else if(word==0)
        {   word=1;
            count++;
        }
    printf("总共有 %d 个单词\n",count);
}
```

程序运行结果如下:

本程序中使用由 while 语句构成的循环程序遍历字符型数组。对每个数组元素进行判断时为了避免连续多个空格,增加了一个状态变量,只有在非单词状态下出现了一个空格字符时才对统计变量＋1;否则不对统计变量＋1。“word＝0”表示当前是空格字符或没有单词出现,“word＝1”表示当前数组元素值是字符,即当前单词中的字符。

任务 8-13：使用字符型数组存储字符串,输入 5 个国家的名称,按字母从小到大顺序排列并输出。

任务分析：5 个国家名可以使用一个二维字符数组来处理。然而 C 语言规定可以把一个二维数组分为多个一维数组处理,因此本题又可以按五个一维数组处理方式完成,而每一个一维数组就是一个国家名对应的字符串。用字符串比较函数比较各个一维数组的大小,并排序,输出结果即可。

任务实现程序代码如下:

```c
#include <stdio.h>
#include <string.h>
void main()
{
    char st[20],cs[5][20];
    int i,j,p;
    printf(" input 5 country's name:\n");
    for(i=0;i<5;i++)
      gets(cs[i]);
      printf("\n");
    for(i=0;i<5;i++)
    {   p=i;
        for(j=i+1;j<5;j++)
          if(strcmp(cs[p],cs[j])>0)
          {
            p=j;
          }
          if(p!=i)
          {               //3个存储字符串的行(一维)数组中的字符串存储位置交换
            strcpy(st,cs[i]);
            strcpy(cs[i],cs[p]);
            strcpy(cs[p],st);
          }
          puts(cs[i]);
    }
    printf("\n");
}
```

程序运行结果如下:

```
 input 5 country's name:
china
japan
America
England
France

America
England
France
china
japan

请按任意键继续. . .
```

本程序的第一个 for 语句中,用 gets 函数输入五个国家名字的字符串。cs[5][20]为二维字符数组,可分为 5 个一维数组 cs[0],cs[1],cs[2],cs[3],cs[4]。因此在 gets 函数中使用 cs[i]是合法的,并且其是数组名。

在第二个 for 语句中又嵌套了一个 for 语句从而组成双重循环。这个双重循环完成按字母顺序排序的工作,使用的是记录下标的选择法排序,已在一维数组应用举例中进行了详细分析,自行复习。在外层循环中,每次都假定 cs[i]是剩下没排序的字符串中最小的字符串(把下标 i 赋予 p)。进入内层循环后,把 cs[p]与 cs[p]以后的各字符串作比较,如果有比

cs[p]小的字符串,则把该字符数组的行下标赋予 p。

完成内循环后,如 p 不等于 i,说明有比 cs[i]更小的字符串出现,因此交换 cs[i]和 cs[p]开始的一维数组中存储的字符串。至此已确定了数组 cs 的第 i 行元素的排序值,然后输出该行存储的字符串,即正确顺序下该位置存储的字符串。在外循环全部循环完成时,就完成了全部排序和输出。

8.4 习　　题

本章的习题内容请扫描二维码观看。

第 8 章课后习题

第 9 章　函　　数

要点：C 语言中所有实现某一任务的代码都必须以函数形式组织起来，所以 C 语言是函数式语言。

C 语言程序是由函数组成的，虽然在前面各章的程序中大多只有一个主函数 main，但实际设计的具有一定功能的程序往往是由多个函数组成的。函数是 C 源程序的基本模块，通过对函数的调用实现特定的功能。C 语言不仅提供了极为丰富的库函数，还允许用户自己定义函数。用户可把自己的算法编成一个个相对独立的函数（程序模块），然后用调用的方法来使用函数，从而实现对具有一定功能的程序模块的使用。C 语言程序的全部功能都是由各式各样的函数完成的，所以也把 C 语言称为函数式语言。

由于采用了函数式的模块化结构，C 语言易于实现结构化程序设计。程序的层次结构清晰，便于编写、阅读和调试。在 C 语言中可从不同的角度对函数进行分类，下面作简要说明。

（1）从函数定义的角度看，函数可分为库函数和用户定义函数两种。

① 库函数。由 C 语言的集成开发环境提供，用户无须定义，只需在书写程序的源代码文件的开头位置使用编译预处理指令的文件包含指令包含所要使用的函数对应的头文件即可，之后就可以在本文件的程序中直接调用相应的函数。在前面各章的例题中反复用到的 printf、scanf、getchar、putchar、gets、puts 等函数均属此类。C 语言提供了极为丰富的库函数，这些库函数又可从功能角度作以下分类。

- 字符类型分类函数：用于对字符按 ASCII 码进行分类。
- 转换函数：在字符间和字符串与各类数字量（整型、实型等）之间进行转换。
- 目录路径函数：用于文件目录和路径操作。
- 诊断函数：用于内部错误检测。
- 图形函数：用于屏幕管理和各种图形功能。
- 输入/输出函数：用于完成输入/输出功能。
- 接口函数：用于与 DOS、BIOS 和硬件的接口。
- 字符串函数：用于字符串操作和处理。
- 内存管理函数：用于内存管理。
- 数学函数：用于数学方面特定公式计算。
- 日期和时间函数：用于日期、时间转换操作。
- 进程控制函数：用于进程管理和控制。
- 其他函数：用于其他各种功能。

以上各类函数不仅数量多，而且有的需要硬件知识才会使用，因此要想全部掌握，需要一个较长的学习过程。应首先掌握一些最基本、最常用的函数,再逐步深入。由于课时关系,我们只介绍了很少一部分库函数,其余部分读者可根据需要查阅有关手册。

② 用户定义函数。用户定义函数是由用户(程序设计人员,简称程序员)按需要编写的符合函数语法结构的函数。对于用户定义函数,不仅要在程序中定义函数本身,而且要在调用它的函数的声明部分或主调函数所在文件的开始位置进行类型声明,然后才能使用。如果函数定义在调用点之前,可以省略函数声明,具体语法规则将在本章进行详细说明。

(2)C 语言的函数兼有其他语言中的带返回值的函数和不带返回值的函数两种功能,从这个角度看又可把函数分为有返回值函数和无返回值函数两种。

① 有返回值函数。有返回值函数被调用执行完后将向调用者返回一个执行结果的数值,称为函数返回值。如数学函数就属于此类函数。此类函数必须在函数定义和函数声明中明确使用类型符以说明返回值的类型。

② 无返回值函数。无返回值函数用于完成某项特定的处理任务,执行完成后不向调用者返回一个数值。由于函数无须返回值,用户在定义此类函数时必须指定它的返回值为"空类型",空类型的说明符为 void。

(3)从主调函数和被调函数之间数据传送的角度看,又可分为无参函数和有参函数两种。

① 无参函数。函数定义、函数说明及函数调用中均不带参数。习惯上把调用者称为主调函数,被调用的函数称为被调函数。主调函数和被调函数之间不进行参数传送。此类函数通常用来完成一个无须原始数据或者原始数据有其他来源的功能任务,返回或不返回数值均可。

② 有参函数。有参函数也称为带参数函数。在函数定义及函数声明时都有参数,称为形式参数(简称形参)。在函数调用时也必须给出参数,称为实际参数(简称实参)。进行函数调用时,主调函数将把作为实参的表达式的值传送给形参对象,一般为变量,供被调函数使用。函数实参是向形参进行单向值的传递,这一点必须切记。

还应该指出的是,在 C 语言中,所有的函数定义(包括主函数 main 在内)都是平行的。也就是说,在一个函数体内,不能再定义另一个函数,也就是不能嵌套定义。但是函数之间允许相互调用,也允许嵌套调用。函数还可以自己调用自己,称为递归调用。

main 函数是主函数,它可以调用其他函数,而不允许被其他函数调用。因此,C 程序的执行总是从 main 函数开始,完成对其他函数的调用后再返回 main 函数,最后由 main 函数结束整个程序。一个 C 语言程序有且只有一个主函数,即 main 函数。这是学习本章节必须牢记的第一个重要知识点。

9.1 函数的定义

要点:被调用的函数必须是已定义的函数,即函数要先定义后使用。

函数定义的代码书写的外观形式有两种,这两种形式其实可以统一成一种形式。为了以示区别,先分开讲解,再说明统一形式的原因,方便大家掌握和记忆。

1. 无参数函数的定义形式

格式如下：

返回值类型 函数名()
{　声明性语句部分
　　处理性语句部分
}

其中"返回值类型""函数名"及()构成函数定义代码的第一行,称为函数头,也叫函数首部。"返回值类型"是使用类型符声明本函数执行完必须返回一个该类型的数值,该类型习惯上叫函数类型(函数返回值声明部分)。该类型符可以使用前面介绍的各种数据类型说明符和部分自定义类型符。该类型符决定了本函数的函数体中是否需要在任务代码中使用由"return 表达式;"形式构成的语句返回一个程序处理结果值及值的类型。函数体代码中可以存在多个类似"return 表达式;"的语句,需要根据不同的条件选择性执行其中的某一个,不能一个都不执行。如果本函数的函数体(即任务代码)不需要返回一个数值,则可以在函数首部的返回值类型声明处使用空数据类型,即 void 关键字。返回值为空的函数体中也可以出现 return 语句,但是必须 return 后直接加分号以构成语句,不能在 return 和分号之间加任何形式的表达式(包括一个常量或一个变量)。因为这种 return 语句不是用来返回一个值的,只是用来结束函数调用,使程序返回到调用点,再继续执行调用点后面的操作(运算)或语句。

函数名是由用户定义的标识符,该标识符尽量不要与其他标识符重名,避免出现使用的二义性。函数名后有一个空括号(),该括号必不可少,其是函数参数表的界定符号,这里只是没有参数,括号中不写文字。

{ }中的内容称为函数体,并且这对{ }是不可以省略不写的,这一点一定要与前面的分支、循环语句中的语法规则区分开。在函数体中声明性语句部分是用于对本函数体内部所用到的数据量(主要是变量和数组)及调用的函数进行声明或定义,也就是与编译系统软件配合完成所需数据的存储空间分配或对已有且在后面或其他文件代码中定义的标识符或函数进行类型声明,以便于后续访问。因为 C 语言是强类型语言,程序中的语句在使用任何数据容器(变量或数组)或函数时必须先知道其类型,所以要在引用或调用点之前定义或声明。这一点是 C 语言的基本语法规则之一,要切记。

例如,可以定义以下函数:

```
void Hello()
{
    printf("Hello,world \n");
}
```

在之后定义的 main 函数中可以对其进行调用来完成输出 Hello,world 这样一行字的功能。

2. 有参函数定义的一般形式

格式如下：

类型标识符 函数名(形式参数列表)
{ 声明性语句部分
　　处理性语句部分
}

有参函数比无参函数多了一个形式参数列表,即形参表。在形参表中给出多个形式参数,它们可以由各种类型的变量或数组构成,各参数之间必须用逗号间隔。在进行函数调用时,主调函数将通过实参表形式给出实际数值并赋予这些形式参数,作为函数调用开始时形式参数的初值。函数体中对形式参数变量或数组进行使用,执行一段复合某算法的处理程序,完成一定任务。形参可以在函数体中使用,再根据 C 语言是强类型语言可知其必须在形参表中给出形参的类型说明。函数定义的其他内容与无参数函数定义相同,在此不再重复。

例如,定义一个函数,用于求两个数中的大数,可写为

```
int max(int a, int b)
{
    if(a>b) return a;
    else return b;
}
```

第一行说明 max 函数是一个整型函数,其返回的函数值是一个整型数。形参为 a 和 b,均为整型变量。a 和 b 的具体初值是由主调函数在调用时给出的实参的值赋予的。在{}中的函数体内,除形参外没有使用其他变量,因此只有执行语句而没有声明部分。在 max 函数体中的 if 语句嵌入 return 语句,把 a(或 b)的值作为函数值返回给主调函数。

有返回值的函数中至少应有一个 return 语句,且每次执行程序时根据条件必须有一个 return 语句被执行,实现返回一个数值。

在 C 程序中,一个函数的定义可以放在其他函数定义代码以外的任意位置,既可放在主调函数之前,也可放在主调函数后,甚至可以存在其他文件中。函数调用时需要提前声明,具体声明的方法在后续内容中讲解。

纵观这两种关于函数定义的形式,区别在于参数表。实际上这两种形式可以总结为一种形式,这种形式就是带参数的函数调用形式。不带参数的函数定义形式只是带参数的函数定义形式的一种特殊情况或者简化形式。因为不带参数的函数定义就是带参数的函数定义形式去掉参数表(或者叫没有参数表)的形式。

实际上不带参数的函数也可以理解成为参数为空的函数定义,数据类型中有空类型,即 void,所以不带参数的函数定义可以在参数表里写 void,形式就统一了。

9.2 函数的声明

要点 1:C 语言语法上要求在函数调用点之前必须已存在对所调用函数的基本属性的必要声明。此规则是程序编译过程决定的。

要点 2:函数定义同时具有函数属性的声明特性,即函数定义在调用点之前时可以省略函数声明。

在主调函数中调用某个函数之前应对该被调函数进行属性声明(说明),其也叫作函数原型声明,这与使用变量之前要先进行变量定义(或声明)是一样的。对被调函数声明的目的是使编译系统知道被调函数返回值的类型等属性,以便在主调函数中按此类型对返回值作相应的处理。

其一般形式为

类型说明符 被调函数名(类型 形参,类型 形参...);

或

类型说明符 被调函数名(类型,类型...);

括号内可以给出形参类型和形参名,或只给出形参类型,这便于编译系统进行检错和返回值信息相关处理。对于程序设计者来说,简单的函数声明语句的书写方法就是将函数定义时的函数首部复制下来,粘贴到需要声明的地方,再在后面加上一个分号以构成一个语句即可。

例如,对前面例子中定义的 max 函数的声明可以写为

int max(int a,int b);

或

int max(int,int);

C 语言中规定在以下几种情况下可以省去主调函数中对被调函数的声明。

(1) 如果被调函数的返回值是整型的 int 类型时,可以不对被调函数作说明,而直接调用。这时系统将自动对被调函数返回值按整型的 int 类型处理。

(2) 当被调函数的函数定义出现在主调函数之前时,在主调函数中也可以不对被调函数再作声明而直接调用。

(3) 如在主调函数的定义代码之前,预先声明了需要在后面调用的函数(如函数声明写在文件开始位置),则在声明点之后的各函数中,可不再对已声明过的函数作声明,这是比较常用的函数声明方法。

例如:

```
char f1(int a);
float f2(float b);
void main()
{
  ...
  f1(10);
  f2(8);
  ...
}
char f1(int a)
{...
  f2(6);
  ...
}
...
float f2(float b)
{
...
}
```

其中第一、第二行对 f1 函数和 f2 函数预先作了声明。因此在声明点以后的各个函数

的函数体语句可以调用这两个函数,无须再对 f1 和 f2 函数进行声明。

(4) 对库函数的调用不需要单独再写声明语句,但必须把该函数对应的头文件用 ♯include 命令包含在要调用该函数的源文件开始位置。

自定义函数的声明也可以仿照系统函数,将函数声明语句写到一个头文件中,在需要调用这些函数的文件中使用编译预处理指令 ♯include 将该头文件包含进来。具体程序设计方法和头文件的代码编写规范在第 10 章中进行详细讲解。

注意:函数调用前必须要声明和返回值是 int 类型的函数可以省略声明是否矛盾呢? 答案是不矛盾。因为省略声明不是没有声明,而是系统假设声明为 int 类型,即对于没有在代码中使用声明语句显式声明的被调用函数,系统认为其返回值是 int 类型。所以如果实际调用的函数定义的返回值是 int 类型,就不会出错;否则会出错。出错的表现有两种情况,一是找不到该函数的定义代码进行编译时会出错;二是运行错误,因为编译后调用的代码不是实际定义的函数。不同的编译系统情况不同,自行验证。

9.3 函数的调用与参数传递

要点 1:函数调用时只能实现实际参数向形式参数单向传递实际参数值,即单向值的传递。具体传递的值取决于形式参数定义的类型和作为实参的表达式当前的值。

要点 2:形参和实参的类型要一致,不一致时系统不进行类型转换也不报错,而是运行结果出错,程序设计时一定要避免出现这种情况。

函数调用时根据函数定义的参数表和返回值类型,在计算机内存中动态创建形式参数变量及函数中定义的局部变量。再将实参的值传递到形参,从而使被调函数的形参在该函数开始执行函数体代码之前获得初始数据。当被调用的函数体执行结束(执行到函数定义的函数体界定符号"}"或 return 语句)后根据函数定义时声明的返回值类型和 return 语句决定是否返回一个确定类型的数值给主调函数,同时将该函数执行时使用的形式参数及变量占用的动态内存全部释放。

9.3.1 函数调用形式

1. 函数调用的一般形式及调用过程

在 C 语言程序中是通过对函数的调用来执行函数体程序代码,从而实现使用该功能函数完成一个任务,其过程与其他语言的子程序调用相似。调用首先计算函数调用代码中书写的各个实参表达式的值,再将每个值传递给所调用函数的形式参数变量或数组,最后通过函数名找到函数体代码开始地址并执行函数体程序。在此提前记住一句话:函数名是函数代码所在存储单元的首地址,即函数首地址。开始执行函数体代码时形参变量的初值是本次函数调用时实参递过来的作为实参的表达式的当前值。任务代码中可能有输入/输出,也可能产生一个返回值,还可能出现其他形式数据处理结果。程序执行到函数体的界定括号"}"或遇到 return 语句时结束函数调用。函数调用结束后程序返回本函数的调用点并执行后面的处理或语句。

C 语言中,函数调用的一般形式如下:

函数名(实际参数表)

对无参函数调用时则无实际参数表。实际参数表中的参数可以是常数、变量或由常量、变量及运算符构成的表达式。各实参之间用逗号分隔。实参的直观形式是一个表达式,最简形式可以是一个常量或一个变量。不管是什么形式,实参的本质是由常量、变量及运算符构成表达式的运算结果值。再记住这句话:函数实参是表达式的值,即实参是值,参数传递是实参到形参的单向值的传递。即使代码中函数调用的实参位置写的是变量,也是变量的值作实参,而不是变量本身作实参。

2. 函数调用的具体形式

在 C 语言中,可以用以下几种形式调用函数。

(1) 函数返回值作为表达式的一个运算对象。函数返回值作为表达式中的一个数据项出现在表达式中,函数返回值参与表达式的运算。这种方式要求函数是有返回值的函数。例如,z＝max(x,y)是一个赋值表达式,把 max 函数调用结束得到的返回值再赋予变量 z。

(2) 函数调用语句。函数调用语句形式的函数调用是在函数调用的一般形式后加上分号,从而构成函数调用语句,该语句只完成函数调用,没有对返回值作进一步使用或处理。这种用法一般适用函数没有返回值或返回值对后面程序无作用的情况,所以函数调用语句不对函数返回值做处理,不保存或不再使用。例如,系统函数 printf 和 scanf 的调用,都是以函数调用语句的形式出现的。

(3) 函数调用作为另一个函数调用的实参。函数调用的返回值作为另一个函数调用的实际参数出现。这种情况是把该函数调用结束返回的值作为实参进行传送,因此要求该函数必须是有返回值的。例如,printf("%d",max(x,y))即是把 max 调用的返回值又作为 printf 函数调用的实参来使用的。

严格意义上讲该形式也是第一种形式,即函数返回值作为表达式的一个运算对象的形式,因为函数的实参就是表达式的值。

在函数调用中还应该注意的一个问题是求值顺序的问题。所谓求值顺序,是指对实参表中的多个表达式构成的多个实参的计算(或叫处理)顺序问题。多个实参表达式尽管是由逗号间隔的,但不是逗号表达式,其左右的多个实参表达式不是按照逗号表达式的处理规则处理的。顺序是自左至右还是自右至左呢?不同编译系统的规则不同,但多数系统是自右向左的,本书使用的 VC++ 软件的处理顺序是自右向左的。

9.3.2　函数调用的参数及参数传递关系

函数调用中,如果调用的函数参数表不为空,即有一个或一个以上的参数。这样的函数定义时要定义形式参数表,调用代码中要有实参表,实参表是由多个由逗号间隔的表达式构成的。根据目前所学知识,函数调用存在两种表现形式:一种是基本类型变量作函数形参,实参使用同种类型表达式的值作实参;另一种是数组作函数形参,数组名构成表达式的值作形式参数。下面分别来通过例程进行分析,掌握事物表象与本质的关系,学习会事半功倍。记住一句话:函数参数传递是实参到形参的值的传递。

1. 基本类型变量作形参：传递基本类型数值

在定义函数时使用基本类型变量作形式参数，函数调用时使用同种类型的表达式作实际参数，表达式的值传递给形参变量。也就是函数体程序执行开始时形式参数变量的初值是本次函数调用时实参传递过来的表达式的值。函数体程序运行不会影响和改变主调函数的实参表达式中的任何变量的数值。

任务 9-1：使用自定义函数计算两个整型变量存储数据的最大值，在主函数中调用并验证其功能。

任务分析：求两个变量中存储数据的最大值，前面例子中已讲过，可以使用 if 语句实现，也可以使用条件运算符实现。关键是现在要求使用自定义函数来形成一个模块化程序，可供其他程序反复使用。因为处理对象有两个，还要有一个结果产生，所以要定一个带有两个形式参数（用以接收要判断和分析的数据）和一个同种类型的返回值（用以返回一个分析结果）的函数。

任务实现程序代码如下：

```c
#include <stdio.h>
void main()
{
    int max(int a,int b);
    int x,y,z;
    printf("请输入两个整数：\n");
    scanf("%d%d",&x,&y);
    z=max(x,y);
    printf("这两个整数中的最大值是：%d\n",z);
}
int max(int a,int b)
{
    if(a>b)
        return a;
    else
        return b;
}
```

程序运行结果如下：

```
请输入两个整数：
34 56
这两个整数中的最大值是：56
请按任意键继续. . .
```

程序中调用的 max 函数定义在 main 函数之后。在 main 函数中需要调用 max 函数，所以在 main 函数的定义声明部分，使用函数声明语句"int max(int a,int b);"对 max 函数进行声明，该声明语句可以放在本程序所在文件的开头位置，即可以写在 main 函数定义外的 #include <stdio.h>语句之后。这也是目前大多数程序员的习惯写法，因为不仅声明点之后的 main 函数可以调用 max 函数，而且后面所有自定义的函数都可以调用 max 函数，无须再在调用 max 函数的其他函数的声明部分作声明。

程序开始执行时首先进入主函数，逐行执行其中的代码，执行到 scanf 函数调用（也是一个带参数和带返回值的函数调用，不过是返回值没有使用而已）时输入两个整数 34 和 56

并存入主函数中的变量 x 和 y,之后调用 max 函数,使用 x 和 y 的值(注意理解,是 x 和 y 的值)34 和 56 作实参传递给 max 函数的 a 和 b 形参变量,这时变量 a 和 b 的初值就是 34 和 56。

max 函数中使用 if 语句判断 a 和 b 的大小,取较大的值作为返回值,所有程序执行结束时返回的值是 56。max 函数调用结束后返回到"z＝max(x,y);"语句中执行赋值运算,即把 56 赋值给 z 变量。

最后主程序使用"printf("这两个整数中的最大值是：%d\n",z);"输出 z 变量的值是 56。

本程序很简单,主要是讲解函数定义、声明和参数传递及返回值的相关规则和处理过程。注意函数参数传递只能是实参值到形式参数变量的传递,无法反过来,因为实参是值。例如,修改程序如下:

```
#include <stdio.h>
void main()
{
    int max(int,int);
    int x,y,z;
    printf("请输入两个整数: \n");
    scanf("%d%d",&x,&y);
    z=max(x,y);
    printf("x=%d,y=%d\n",x,y);
    printf("z=%d\n",z);
}
int max(int x,int y)
{
    x=x+1;
    y=y+1;
    if(x>y)
        return x;
    else
        return y;
}
```

程序运行结果如下:

```
请输入两个整数:
34 56
x=34,y=56
z=57
请按任意键继续. . .
```

该程序主要修改了 3 点,第一是修改了自定义函数中的形式参数名称,不再是 a 和 b,而是使用与主调函数中同名的 x 和 y;第二是在 max 函数中使用加法赋值运算表达式语句分别对 x 和 y 变量的值进行改变,即都加了 1;第三是在主函数中增加了一个输出语句,用于对比显示 x 和 y 变量在 max 函数调用前后的值。

同样还是输入 34 和 56 两个数,max 函数的形式参数 x 和 y 的初值也就是 34 和 56,之后对 x 和 y 进行了加一,x 和 y 变成了 35 和 57,再根据 35＞57 的条件为"假",函数返回的 y 变量的值是 57。主调函数中把 max 函数调用的返回值 57 赋值给了 z 变量。最后两个

161

printf 分别输出 x、y 和 z 变量的值,可以看到 x、y 和 z 变量的值分别是 34、56 和 57。这里 x、y 没有变成 35 和 57,是为什么呢? 其实程序执行的结果没有错,这个就是我们所说的函数实参到形式参数变量是单向值的传递。

主函数中使用的 x、y 变量与自定义函数中 x、y 变量无关,其只不过是限定在不同使用范围的同名变量而已。因为在 C 语言中任何一对{ }都限定为代码的一个空间范围,即空间有效性范围,学名叫作用域。不同{ }内的代码具有不同的空间,即作用域。尽管{ }可以嵌套使用,相重复的空间尽管作用域是重复的,但也有内外之分,这个大家一定要会区分,后面会对其相关特性再做讲解和分析。

表达式的值作实参,所以函数调用时,实参完全可以使用包含常量、变量及运算符的表达式。如前面例子中的"z=max(x,y);"可以改为"z=max(x+y,y);",求 x+y 值与 y 值中的最大值,运行结果及过程自行分析和验证。

2. 数组作形式参数:传递开始处理的数组元素地址值

在定义函数时使用数组作形式参数,一般数组可以不定义第一维长度,因为这里的形式参数不是定义一个数组来接收实参组全部元素的值,而是定义一个能够接收实参给出数组的某个元素地址作为起始地址的数组别名,其作用域在本函数中。

这里形式参数数组只是由实参指定数组中从某个元素开始的多个数组元素构成的子数组的一个别名。此种情况下,函数调用时的实参可以使用由数组名构成的算数表达式,其就是使形参定义的数组别名与实参的对应元素关联起来,即确定第一个元素的位置。

实参和形参数组对应存储空间是在同一段存储空间,也就是在同一个数组的有效范围内,在不同作用域中有不同的名称可以使用。其本质上是实参传递要处理数组的某个开始元素的地址给被调函数的形参数组名,还是值的传递,不过传递的是地址值,而不是元素的值。因此数组作函数参数时是直接对主调函数的实参数组的全部或部分元素进行处理,被调函数修改形参数组元素的值就是修改主调函数的实参数组对应元素的值。

另外考虑到被调函数功能的多样性和对实参数组定义长度的未知性,往往在定义使用数组作函数参数的自定义函数时在参数表中增加一个参数,该参数用于传递要处理数组的第一维长度。在函数调用时程序员一定要确保从指定的开始元素到末尾元素不要超过实参数组的有效范围;否则函数调用时会出现内存使用错误异常。

任务 9-2:自定义多个函数,分别实现求一维数组中存储整数的最大值、最小值和平均值进行排序等,在主函数中调用并验证其功能。

任务分析:前面已对一维数组元素的访问和数据统计进行了较为详细的讲解和分析,这里不再重复,只针对自定义函数参数是一维数组时的语法特点和功能设计相关函数参数及处理代码。关键是数组作函数参数时实参和形参使用的是同一个数组的这一特性。结合基本类型变量作参数分析其功能特点,使用程序实例进行详细分析和验证。

任务实现程序代码如下:

```
#include<stdio.h>
#include <stdio.h>
int max(int x,int y);
int A_max(int x[],int num);
int A_min(int x[],int num);
float A_ave(int x[],int num);
```

```
void sort(int x[],int num,char mod);
void main()
{
    int a[10];                      //定义变量及数组为基本整型
    int i=0;
    int t;
    printf("请输入 10 个数：\n");
    for(i=0;i<10;i++)
      scanf("%d",&a[i]);
    t=A_max(a,10);
    printf("数组中最大值=%d\n",t);
    t=A_min(a,10);
    printf("数组中最小值=%d\n",t);
    printf("数组平均值=%f\n",A_ave(a,10));
    printf("数组元素排序前\n");
    for(i=0;i<10;i++)
      printf("a[%d]=%d",i,a[i]);
    sort(a,10,0);                   //从小到大排序
    printf("\n 数组元素从小到大排序后\n");
    for(i=0;i<10;i++)
      printf("a[%d]=%d",i,a[i]);
    sort(a,10,1);                   //从大到小排序
    printf("\n 数组元素从大到小排序后\n");
    for(i=0;i<10;i++)
      printf("a[%d]=%d",i,a[i]);
    printf("\n 前 5 个数组元素中的最大值=%d\n",A_max(a,5));
    printf("后 5 个数组元素中的最大值=%d\n",A_max(a+5,5));
    printf("a[0]=%d,a[1]=%d\n",a[0],a[1]);
    printf("最大值=%d\n",max(a[0],a[1]));
    printf("a[0]=%d,a[1]=%d\n",a[0],a[1]);
}
int A_max(int x[],int num)
{
    int i,k;
    k=x[0];
    for(i=1;i<num;i++)
      if(k<x[i])
        k=x[i];
    return k;
}
int A_min(int x[],int num,char mod)
{
    int i,k;
    k=x[0];
    for(i=1;i<num;i++)
      if(k>x[i])
          k=x[i];
    return k;
}
float A_ave(int x[],int num)
{
```

```
    int i;
    float k;
    k=x[0];
    for(i=1;i<num;i++)
        k+=x[i];
    k/=num;
    return k;
}
void sort(int x[],int num,char mod)    //num 控制长度,mod 控制顺序
{
    int i,j,k,t;
    for(i=0;i<num-1;i++)
    { k=i;
        for(j=i+1;j<num;j++)
        if(mod==0)
            {
                if(x[k]>x[j])
                k=j;
            }
        else
            {
                if(x[k]<x[j])
                  k=j;
            }
        if(k!=i)
        {
            t=x[i];
            x[i]=x[k];
            x[k]=t;
        }
    }
}
int max(int x,int y)
{
    x++;y++;
    return  x>y?x:y;
}
```

程序运行结果如下：

```
请输入10个数:
87 43 54 54 23 65 87 93 23 10
数组中最大值=93
数组中最小值=10
数组平均值=53.900002
数组元素排序前
a[0]=87 a[1]=43 a[2]=54 a[3]=54 a[4]=23 a[5]=65 a[6]=87 a[7]=93 a[8]=23 a[9]=10
数组元素从小到大排序后
a[0]=10 a[1]=23 a[2]=23 a[3]=43 a[4]=54 a[5]=54 a[6]=65 a[7]=87 a[8]=87 a[9]=93
数组元素从大到小排序后
a[0]=93 a[1]=87 a[2]=87 a[3]=65 a[4]=54 a[5]=54 a[6]=43 a[7]=23 a[8]=23 a[9]=10
前5个数组元素中的最大值93
后5个数组元素中的最大值54
a[0]=93, a[1]=87
最大值=94
a[0]=93, a[1]=87
请按任意键继续. . .
```

　　本程序中,在文件开始使用函数声明语句对主函数后面 5 个自定义函数进行了声明。主函数对这 5 个函数进行了多次调用,完成了对主函数中定义的 a 数组中使用输入方式得到的 10 个数值进行的多种功能处理。后面 4 个自定义函数都是对数组进行操作的函数,第一个形式参数是数组,定义时省略了数组长度,第二个参数用于接收要处理的元素个数,其是变量作函数参数,其特性就不再重复介绍了。主函数中使用循环程序输入 10 个数据 87 43 54 54 23 65 87 93 23 10 给 a 数组的各个元素后,使用“t＝A_max(a,10);”表达式语句完成调用 A_max,求从 a 位置(a 数组的第一个数组元素位置)开始的 10 个元素中的最大值,返回该值后赋值给 t 变量,之后调用 printf 输出,结果为 93。再使用“t＝A_min(a,10);”表达式语句完成调用 A_min,求从 a 位置开始的 10 个元素中的最小值,返回该值后赋值给 t 变量,后面调用 printf 输出,结果为 10。然后使用“printf("数组平均值＝％f\n",A_ave(a,10));”完成调用 A_ave,求从 a 位置开始的 10 元素中数据的平均值,返回该值后由 printf 输出,结果为 53.900002。

　　下一段程序实现的功能是对数组元素进行排序,使用对比形式输出。首先使用循环程序输出主函数中的数组 a 在没有排序时所有元素的值,再分别调用 sort 函数对从 a 位置开始的 10 个元素进行数值排序(交换数组元素中的值,使其达到按照一定顺序排列的要求),其中第三个实参分别使用 0 和 1,用来控制选择进行的是从小到大还是从大到小的排序,每次排完序的数组再使用循环程序输出每个元素的值并进行对比。根据输出的结果可知,sort 函数对数组做的排序处理(数据交换)直接影响了主调函数中作为实参的数组中每个元素的数值。被调函数对形参数组元素的修改就是修改主调函数中作为实参的数组中相关数组元素的值,而不是修改实参。真正的实参是 a,这个是在程序运行过程中无法改变的常量,不过是自定义函数通过这个地址访问了对应的数组元素。

　　紧接着使用“printf("数组元素前 5 个元素最大值＝％d\n",A_max(a,5));”再次调用 A_max 函数,注意这里的实参分别是 a 和 5,即要访问的元素个数变成 5 个了。因此这次函数调用实现的是统计 a 地址开始的 5 个元素的最大值,通过 printf 函数输出。同样下面“printf("数组元素后 5 个元素最大值＝％d\n",A_max(a＋5,5));”再次调用 A_max 函数,注意这里的实参分别是 a＋5 和 5,即要访问的元素个数变成 5 个了,同时起始位置也变了,变成了主调函数中数组的第 6 个(下标为 5)元素地址。因此这次函数调用实现的是统计主调函数中 a 数组后 5 个元素的最大值,通过 printf 函数输出。

　　最后使用 3 个 printf 函数调用,对比调用 max 函数前后 a 数组元素值有无变化。前面使用一个 printf 输出 a[0],a[1]的值。中间使用一个“printf("最大值＝％d\n",max(a[0],a[1]));”调用 max 函数(注意不是 A_max 函数),实参分别是 A 数组的第一个元素和第二个元素的值,其值传递给 max 函数的 x 和 y 变量,x 和 y 变量进行加一运算,max 函数完成加一之后的 x 和 y 变量值的比较,返回其中的最大值,由 printf 输出这个最大值。最后使用一个 printf 再输出 a[0],a[1]的值并进行对比,可以看出 a 数组的 a[0],a[1]的值没有改变。

9.4　函数的嵌套调用

要点：函数定义语句中不可以出现另一个函数的定义，但是可以出现另一个函数的调用。即函数不可以嵌套定义，但是可以嵌套调用。

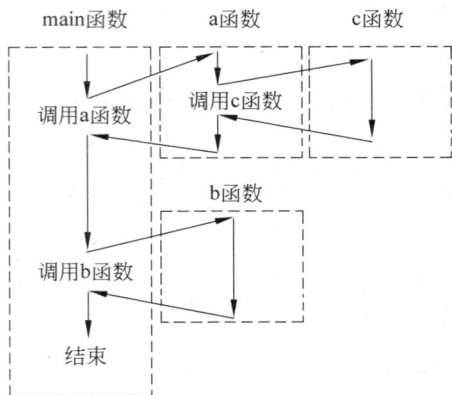

main函数　a函数　c函数

调用a函数　调用c函数

b函数

调用b函数

结束

图 9-1　函数嵌套调用

C 语言中不允许作嵌套的函数定义，因此各函数定义是平行的，互不包含。但是 C 语言允许在一个函数的定义中出现对另一个函数的调用。这样就出现了函数的嵌套调用，即在被调函数中又调用其他函数。这与其他语言的子程序嵌套的情形是类似的。

函数嵌套调用如图 9-1 所示。其执行过程是：执行 main 函数中调用 a 函数的语句后，即转去执行 a 函数体的语句，在 a 函数体的语句中调用 c 函数后，又转去执行 c 函数体的语句，c 函数执行完毕后，返回 a 函数中的断点并继续执行 a 函数中调用 c 函数的调用点之后的代码，a 函数中的所有程序执行完毕后，返回 main 函数的断点并继续执行。每次调用函数时系统都要根据被调用函数的形式参数和该函数中定义的变量及数组等数据结构的需求动态分配内存并与相应的名称相关联。当被调用的函数体执行结束（执行到函数定义的函数体界定符号"}"或 return 语句）后该函数执行时占用的动态内存全部释放，形式参数等名称与该部分内存关联取消。

这个函数从执行开始到结束的这段时间叫作函数的生命期（或叫生存期），因此这个生存期也是该函数的形式参数变量和其内部定义的动态变量及数组的生存期，这一点很重要。

由于函数嵌套调用会使多个函数的生命期重叠，即多个函数同时处于执行状态，那么每个函数都会使用内存资源，这样对计算机内存资源的消耗比较大。因此针对内存资源比较有限处理的程序进行设计时，要尽量控制函数嵌套调用的层数，来弥补处理内存不足的缺点。

任务 9-3：使用函数嵌套形式完成一维数组的选择法排序函数设计，选择法排序函数中调用查找最大值或最小值的函数实现，并设计主函数进行测试。

任务分析：首先定义一个函数来查找指定长度数组中的最小值或最大值并与数组的第一个元素的值相交换，从而实现从某个长度数组中找到最小值或最大值并交换到首位置的功能。再定义一个函数通过多次调用"找最大值的函数"，依次将数组中的最大值（或最小值）交换到第一个元素中。然后在去掉第一个元素的子数组中找最大值（或最小值）并交换到子数组的第一个元素中，也就是整个数组的第二个元素中，如此循环"数组长度－1"次，最终实现整个数组元素的排序。

任务实现程序代码如下：

```
#include <stdio.h>
void A_maxmin(int x[], int num, char mod);
void sort(int x[], int num, char mod);
void main()
{
    int a[10];                       //定义变量及数组为基本整型
    int i=0;
    printf("请输入 10 个数: \n");
    for(i=0;i<10;i++)
        scanf("%d", &a[i]);
    printf("数组元素排序前\n");
    for(i=0;i<10;i++)
        printf("a[%d]=%d", i, a[i]);
    sort(a,10,0);                //从小到大排序
    printf("\n 数组元素从小到大排序后\n");
    for(i=0;i<10;i++)
        printf("a[%d]=%d", i, a[i]);
    sort(a,10,1);                //从大到小排序
    printf("\n 数组元素从大到小排序后\n");
    for(i=0;i<10;i++)
        printf("a[%d]=%d", i, a[i]);
    printf("\n");
}
//查找最小值或最大值并放在第一个元素里的函数,mod用于控制是最小值还是最大值
void A_maxmin(int x[], int num, char mod)
{
    int i, k;
    k=0;
    for(i=1;i<num;i++)
      if(mod==0)
      {   if(x[k]>x[i])
          k=i;
      }
      else   if(x[k]<x[i])
                k=i;
      if(k!=0)
      {   i=x[0];
          x[0]=x[k];
          x[k]=i;
      }
}
void sort(int x[], int num, char mod)
                                //排序函数,x为排序对象,num控制长度,mod控制顺序
{
    int i;
    for(i=0;i<num-1;i++)
    { A_maxmin(x+i,num-i,mod);
    }
}
```

程序运行结果如下:

程序中 A_maxmin 函数的第一个参数是数组,第二和第三个参数都是基本类型变量。分别是数据处理的起始地址(开始元素的位置)、处理数组的元素个数(处理的数组长度)和查找方式标志。mod 为 0 时是找最小的元素并与首元素交换,mod 为 1 时是找最大的元素并与首元素交换。

sort 函数定义中的第一个参数是数组,第二和第三个参数都是基本类型变量。分别是数据处理的起始地址(开始元素的位置)、处理数组的元素个数(处理的数组长度)和排序方式标志。mod 为 0 时是从小到大排序,mod 为 1 时是从大到小排序。注意虽然 A_maxmin 和 sort 函数定义的形式参数名称是一样的,但是属于两个不同函数,即是同名的不同作用域的不同变量。调用时实现的是对应位置的实参值传送给形参变量,所以 Sort 函数调用 A_maxmin 函数的语句 "A_maxmin($x+i$,num$-i$,mod);" 中使用的第一个和第二个实参是随着循环变量的变化而变化的,即被调用的 A_maxmin 函数的形式参数 x 数组的起始位置和 num 的值都是不断变化的。分析循环变量的变化规律,每次 A_maxmin 函数调用处理数组元素的起始位置都向后推移一个,处理数组元素的个数都少一个,因为每次循环都把一个元素排好序了,下面查找最大值的范围就应该缩小,因此调用 A_maxmin 函数的实参使用 $x+i$ 和 num$-i$ 两个表达式的值,实现对主调函数中数组的一个子集进行处理的任务。

9.5 函数的递归调用

要点:递归函数定义语句中存在调用自己的情况,并且是有条件的有限次数调用。

一个函数在它的函数体内调用它自身称为函数递归调用。这种函数称为递归函数。C 语言允许函数进行递归调用。那么什么样的程序适合使用递归程序实现呢?答案是需要使用或可以使用递归算法解决问题的程序。

那么什么是递归算法呢?递归算法是一个循环或迭代算法的逆向思维模式,循环迭代是把任务分解成多个可重复进行的步骤,每一步完成一部分任务,经过反复多次执行就实现了整个任务。例如,求一个数组所有元素的和,只要把数组中的每个元素都累加到一个变量中就可以,所以把一个任务分解成了反复执行元素值的累计循环操作,有多少个元素就循环多少次。而递归算法不同,它是一个逆向思维的过程。把任务归结成一个递推算法逆向归并的逆向逻辑过程。如前面举的求多个数组元素和的问题,如果反过来考虑问题,就是这样的:要求 n 个数组元素的和,只要求出数组前 $n-1$ 个数组元素的和,再加上最后一个数组元素的值就可以了,那前 $n-1$ 个数组元素的和怎么求出来呢?这个问题和求 n 个数组元素的和是否可以归并成同一个问题呢?答案是可以。因为都是求多个数组元素的和。那么逆向递推什么时候结束呢?因为随着逆向过程的推进,前面元素的个数越来越少,直到只剩下 1 个元素,即第一个元素。所以逆向递推必须有结束条件;否则程序无法停止,且无法执行其他任务代码。

在递归调用中,同一段程序代码多次执行,但这里的多次不是独立的多次,而是重叠的多次。即一个函数被调用后在执行其函数体代码时又一次调用了本函数,也就是同一个函数的嵌套调用,可能嵌套的层次有很多。执行递归函数将反复调用自身,每次调用都要为其形式参数以及函数体中定义的变量和数组分配独立的内存,直到本次函数调用返回时才释放。

因为嵌套调用的是同一个函数体代码,所以每次调用建立的形式参数和函数体中定义的变量都是与调用它的函数的形式参数和函数体中定义的变量同名的,但是只是同名而已,不是同一个变量,其作用域和生命期都不同。

递归函数最重要的内容就是对每次函数调用中的形式参数和函数体中定义的变量值的变化规律的设计来实现递归算法。分析递归函数也是一样,要分析每次函数调用中的形式参数和函数体中定义的变量值的变化规律,从而分析出别人设计的递归函数的算法和运行结果。

1. 分析别人编写的递归函数的方法

分析别人编写的递归程序要从以下三个方面入手。

(1) 找到整个递归的终止条件:递归应该在什么时候结束?

(2) 从里到外找到返回值的规律:应该给上一级返回什么信息?

(3) 分析每层递归完成的任务:在这一级递归中,实现什么运算和处理? 对本次函数调用产生的形式参数以及各种变量和数组元素有什么影响?

【例 9-1】　分析以下程序的功能。

```c
#include <stdio.h>
int fun(int n)
{
    int f1=0;
    printf("f1=%d,n=%d\n",f1,n);
    if(n==1)
    {
        printf("f1=%d,n=%d\n",f1,n);
        return 1;
    }
    else
    {
        f1=fun(n-1);
        printf("f1=%d,n=%d\n",f1,n);
        return 2*f1+n+1;
    }
}
void main()
{
    int x;
    x=fun(4);
    printf("x=%d\n", x);
}
```

程序运行结果如下：

在本程序中 fun 函数体定义语句中出现了调用 fun 自己的语句,这样的 C 语言函数一定是一个递归结构的函数,即递归函数。主函数中使用"x＝fun(4);"调用 fun 函数,返回值并赋值给 x 变量。注意这是第一次 fun 函数调用,实参是数字 4。

我们再看 fun 函数的定义,形式参数是变量 n,所以第一次调用函数的 n 变量的初值是 4。函数体中再定义本次函数调用的局部变量 f1 并初始化成数字 0 后,使用 printf 函数调用分别输出这次函数调用时 f1 的值和当前的形参值,所以第一行输出 f1＝0,n＝4。注意这个输出处理是发生在对本函数再一次调用之前的。之后的 if 语句中(n＝＝1)是递归结束的条件,也就是当实参传递给这次 fun 函数的形参 n 满足(n＝＝1)条件时只执行"printf("f1＝%d,n＝%d\n",f1,n);"和使用 return 返回数值 1,结束本次函数调用。如果条件不满足,就不执行这两条语句,本次函数调用不结束,而是转去顺序执行 else 后的{ }中的 4 条语句。执行"f1＝fun(n−1);"开始下一次 fun 函数调用,不过这时的实参是 n−1,由于主调函数中 n 的值是 4,所以实参就是 4−1 的值,即 3。

因此第二次函数调用执行的语句和第一次函数调用是一样的,因为是同一个函数定义语句。区别是第二次函数调用中的形参变量和其内部定义的局部变量和数组元素是与其主调函数中的形式参数和变量是同名而占用不同存储单元。因此分析可得,第二次函数调用中的形参 n 是 3,内部变量 f1 值为 0。所以下面执行的 printf 函数输出 f1＝0,n＝3。之后的 if 语句中(n＝＝1)还是为假,所以再执行"f1＝fun(n−1);"语句开始第三次 fun 函数调用,实参使用 n−1,即数字 2。

同理第三次函数调用中形参 n 的初值是 2,内部变量 f1 值为 0。所以下面执行的 printf 函数输出第三行 f1＝0,n＝2。之后的 if 语句中(n＝＝1)还为假,所以再执行"f1＝fun(n−1);"语句开始第四次 fun 函数调用,实参使用 n−1,即数字 1。

因此第四次函数调用中形参 n 的初值是 1,内部变量 f1 值为 0。所以下面执行的 printf 函数输出第四行 f1＝0,n＝1。之后的 if 语句中(n＝＝1)为真,所以执行"printf("f1＝%d,n＝%d\n",f1,n);"和"return 1;",即输出第五行 f1＝0,n＝1 后,结束第四次 fun 函数调用并返回数值 1。

返回上一层调用它的函数中的对应语句"f1＝fun(n−1);"并继续执行,所以其主调函数,即第三次 fun 函数调用中 f1 变量被赋值成 1。再向下执行"printf("f1＝%d,n＝%d\n",f1,n);"和"return 2*f1＋n＋1;",即输出第三次 fun 函数调用中 f1 和 n 的当前值,所以第六行输出为 f1＝1,n＝2。之后结束第三次 fun 函数调用,并返回 2*f1＋n＋1,为 5。

返回上一层调用它的函数中的对应语句"f1＝fun(n−1);"并继续执行,将返回值为 5 赋予 f1。所以其主调函数,即第二次 fun 函数调用中的 f1 变量被赋值成 5。再向下执行"printf("f1＝%d,n＝%d\n",f1,n);"和"return 2*f1＋n＋1;",即输出第二次 fun 函数调用中 f1 和 n 的当前值,所以第七行输出为 f1＝5,n＝3。之后结束第二次 fun 函数调用,并返回 2＊f1＋n＋1,为 14。

返回上一层调用它的函数中的对应语句"f1＝fun(n−1);"并继续执行,将返回值 14 赋予 f1。所以其主调函数,即第一次 fun 函数调用中的 f1 变量被赋值成 14。再向下执行 printf 函数 和"return 2＊f1＋n＋1;"语句,即输出第一次 fun 函数调用中的 f1 和 n 的当前值,所以第八行输出为 f1＝14,n＝4。之后结束第一次 fun 函数调用,并返回 2＊f1＋n＋1,为 33。

返回上一层调用它的函数,即主函数的"x＝fun(4);"语句,并且将返回值 33 赋值给 x 变量,最后主函数中的"printf("x＝％d\n",x);"语句输出第九行 x＝33。

2. 自己设计递归函数的方法

自己根据需要完成的任务设计递归程序也要从以下三个方面入手。

(1) 分析逆向递推算法的参数变化规律,即函数递归调用的语句形式是什么。

(2) 分析实现任务的任务代码是什么。根据逆向递推算法,分析与递归调用相结合的表达式及其他语句的构成是什么。

(3) 不能无限制递归调用下去,必须有一个能够结束无限调用的条件判断语句,即函数调用自身或结束自身调用的条件是什么。

任务 9-4：用递归法计算 $n!$。

任务分析：求 $n!$ 的常规递推算法是使用循环乘法 $1×2×3×\cdots×n$ 来实现。如果用逆向递推归纳的思路来分析该问题：要想求 $n!$,只要求出 $(n−1)!$,再乘以 n 就是 $n!$,所以问题解决的关键就是求 $(n−1)!$,其与 $n!$ 是同一个功能任务,都是求阶乘,其区别是要求实际参数不同而已。再向后推导,直到求 2!和 1!,因为 1 的阶乘就是 1 是,需要计算,并且 0 的阶乘也是 1。因此逆向递推的结束条件就是求 $n!$ 时 n＝＝1||n＝＝0。从而知道其满足递归算法的要素：①逆向递推实现任务的算法为 $n!＝n＊(n−1)!$,如果定义求阶乘函数为 f,其实际参数是由指定值 n 递减 1；②实现任务的任务代码是 return n＊f(n−1)；③当实参 n＝＝1 或 n＝＝0 时函数返回 1,不再调用 f 函数进行深入递归。

任务实现程序代码如下：

```c
#include <stdio.h>
long f(int n)
{
    if(n<0)
    {   printf("n<0,input error\n");
        return 0;
    }
    else if(n==0||n==1) return 1;
    else return f(n-1) * n;
}
void main()
{
    int n;
    long y;
    printf("Input a inteager number:\n");
    scanf("%d",&n);
```

```
            y=f(n);
            if(y>0)
                printf("%d!=%ld\n",n,y);
        }
```

程序运行结果如下：

```
Input a inteager number:
5
5!=120
请按任意键继续. . .
```

程序中给出的函数 f 是一个递归函数。主函数调用 f 后即进入函数 f 执行，如果 n<0，输出错误提示并结束函数运行，n 等于 0 或 1 时都将结束函数的执行，并返回数值 1，否则就递归调用 f 函数自身。由于每次递归调用的实参为 n−1，即把 n−1 的值赋予形参 n，最后当 n−1 的值为 1，即 1 作实参并调用 f 函数时，形参 n 接收的值为 1，将使递归终止，然后可逐层返回。

具体来分析，本程序的主函数运行时输入为 5，即求 5!。在主函数中的调用语句即为 y=f(5)，进入 f 函数后，由于 n 是 5，大于 0 且不等于 0 或 1，故应执行 return f(n−1) * n，即进行递归调用 f，实参是 n−1，即 f(4)。进行四次递归调用后，f 函数形参取得的值变为 1，故不再继续递归调用而开始逐层返回主调函数。f(1)函数中的 return(y)返回值为 1，f(2)的返回值为 1 * 2=2，f(3)的返回值为 2 * 3=6，f(4)的返回值为 6 * 4=24，最后 f(5)返回值为 24 * 5=120。

虽然很多问题可以使用循环迭代的正向递推算法实现，但是有些问题只能用递归算法才能实现。建议在嵌入式系统程序设计中尽量使用循环程序，尽可能不用递归函数，当然有些嵌入式编译系统不支持递归函数，原因在函数嵌套调用中已经讲解过。使用递归算法解决的典型问题是 Hanoi 塔问题。由于本教材篇幅限制和面向的教学群体定位不同，这里不对使用递归函数解决该问题进行具体分析，只给出实现程序和运行结果，自行查阅资料并分析其递归过程，该实例有助于大家理解递归程序设计的用途和思维方式。

任务 9-5：Hanoi 塔问题。

任务描述：一块板上有三根柱子，即 a、b 和 c。a 柱上套有 64 个大小不等的圆盘，大的在下，小的在上，如图 9-2 所示。要把这 64 个圆盘从 a 柱移动到 c 柱上，每次只能移动一个圆盘，移动可以借助 b 柱进行。但在任何时候，任何柱上的圆盘都必须保持大盘在下，小盘在上的顺序。求移动的步骤。

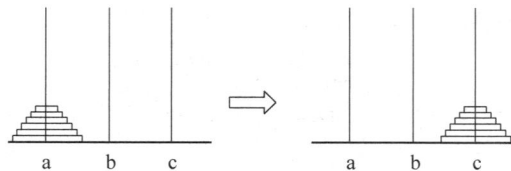

图 9-2　Hanoi 塔问题任务描述

任务分析：本题算法(设 a 上有 n 个盘子)分析如下。

(1) 如果 n==1，则将圆盘从 a 直接移动到 c。

(2) 如果 n==2，则：

① 将 a 上的 n－1(等于 1)个圆盘移到 b 上；

② 再将 a 上的一个圆盘移到 c 上；

③ 最后将 b 上的 n－1 个圆盘移到 c 上。

(3) 如果 n==3,大家可能还可以分析出来,但是再往上分析就困难了,何况是 64 个盘子。

但是把问题反过来分析就简单了。如果把 a 柱上面的 63 个盘子看作 1 个,就变成了只有 2 个盘子的情况了,只要先把上面的 63 个盘子移动到 b 柱上,再把最下面的盘子移动到 c 柱上,最后将 b 柱上的 63 个盘子移动到 c 柱上就完成任务了。所以问题的关键就变成了如何移动 63 个盘子。移动 63 个盘子和移动 64 个盘子是相同的问题,区别是参数不同,所以可以归并成同一个问题,就是借助 b 柱把 a 柱上的 n 个盘子移动到 c 柱上的问题,但是除了盘子个数的变化外,柱子位置也发生了变化。逆向递推,直到柱子上只剩 1 个盘子从而只需移动一次,不需要再使用上述方法为止。显然这是一个递归过程。

任务实现程序代码如下：

```c
#include <stdio.h>
void move(int n,char x,char y,char z)
{
    if(n==1)
        printf("%c-->%c\n",x,z);
    else
    {
        move(n-1,x,z,y);
        printf("%c-->%c\n",x,z);
        move(n-1,y,x,z);
    }
}
void main()
{
    int h;
    printf("Input number:\n");
    scanf("%d",&h);
    printf("the step to moving %2d diskes:\n",h);
    move(h,'a','b','c');
}
```

程序运行结果如下：

从程序中可以看出,move 函数是一个递归函数,它有四个形参 n、x、y 和 z。n 表示圆盘数,x、y 和 z 分别表示三根柱子。move 函数的功能是把 x 上的 n 个圆盘移动到 z 上。当 n==1 时,直接把 x 上的圆盘移至 z 上,输出 x→z。如 n!=1,则分为三步：递归调用 move

函数,把 n−1 个圆盘从 x 移到 y;输出 x→z;递归调用 move 函数,把 n−1 个圆盘从 y 移到 z。在递归调用过程中 n＝n−1,故 n 的值逐次递减 1,最后 n==1 时,终止递归,逐层返回。

9.6　局部变量和全局变量

要点:作用域是空间问题,生存期是时间问题。

9.6.1　作用域与生存期

1. 作用域

作用域是指一个空间范围,也就是一个对象(变量、数组、函数等)可以使用(引用或调用)的空间范围。

例如,函数定义的形式参数变量和函数体界定符号{}内定义或声明的变量、数组等只能在该函数的函数体界定符号{}内使用,即作用域是函数体内部。

复合语句也是一样,复合语句在其开始部分定义或声明的各种变量和数组等的合法使用范围是从声明点到该复合语句的界定符号的"}"之间。

2. 生存期

生存期是指占用内存的对象从开始产生到消亡的时间期限,如从变量或数组被分配单元并与变量名关联起来的时刻到该变量或数组所占用的内存被释放(从而使该变量名不再可用)的时间期限。

例如,在讨论函数的形参变量时曾经提到,形参变量只在函数被调用时才分配内存单元,才存在,调用结束时其所占用的存储单元立即释放,该形式参数的生命结束。目前我们见到的函数内部定义的局部变量也是如此。所以函数的形式参数变量和内部定义的变量(静态变量除外,后面讲解)的生命期是从函数调用开始执行代码时到函数调用结束返回主调函数前的这段时间。

复合语句也是类似的情况,当复合语句执行到定义语句时变量或数组产生,即处于可用状态,当程序执行到复合语句末尾,即退出复合语句时该复合语句内所定义的局部变量(静态变量除外)所占用的内存被释放,变量和数组不再可用,即生命结束。

C 语言中的作用域按其空间范围特性可分为局部作用域和全局作用域。生存期根据持续时间特征可以分为静态生存期和动态生存期。下面针对变量和数组来分类说明相关特性。

9.6.2　局部变量

局部变量也称为内部变量。局部变量是定义在一对{}的内部且作用域被限制在其中的变量。常见局部变量是在函数定义说明的形式参数和函数体界定符号{}中定义的变量,其作用域仅限于函数内,离开该函数后再使用这种变量是非法的。无论是函数体还是其他复合语句的{}内都分上、下两个部分,即定义声明性语句部分和处理性语句部分,这一点与函数的函数体语法一致。所以全部局部变量的定义必须在其使用范围所在的{ }的开始部分,即定义声明部分进行。其生存期是短暂的,即是动态生存期,除非使用静态存储属性限定为局部静态变量。例如:

```
int f1(int a)              //函数 f1
{
    float b,c;
    ...
}
int f2(int x,int y)        //函数 f2
{
    char z;
    ...
}
void main()
{
    double m,n;
    ...
}
```

在函数 f1 内定义了三个变量,a 为形参,b、c 为 float 类型变量且没有初值。在 f1 函数体界定符号{ }内 a、b、c 有效,或者说 a、b、c 变量的作用域限于 f1 函数内。同理,x、y、z 的作用域限于 f2 内。m、n 的作用域限于 main 函数内。关于局部变量的作用域还要说明以下几点。

(1) 主函数中定义的变量只能在主函数中使用,不能在其他函数中使用。同时,主函数中也不能使用其他函数中定义的变量。因为主函数也是一个函数,它与其他函数是平行关系。简单理解就是函数定义的代码书写的空间位置不同,作用域是指书写使用变量数组的代码的合法空间位置范围。

(2) 形参变量是属于被调函数的局部变量,实参中所用的变量是属于主调函数的局部变量或者相对于主调函数以外的全局变量(后面讲解)。实参只是把表达式的值传递给形式参数,所以反过来形式参数的变化不影响实参中的变量,哪怕是同名变量也毫无关系。

(3) 允许在不同的函数中使用相同的变量名,它们代表不同的对象,分配不同的单元,互不干扰,也不会发生混淆。

(4) 在复合语句中也可定义变量,其作用域只在复合语句范围内。

(5) 由于函数中可以使用复合语句,复合语句又可以嵌套,所以就会出现函数和复合语句之间或复合语句和复合语句之间的有效空间范围重叠,即局部作用域重叠。如果重叠的局部作用域中合法变量名字不同,则互不影响。当出现同名且作用域重叠的变量时,C 语言对此类问题处理的规则是:在变量使用的位置,作用域最小的(或者是最里层的)局部变量有效。请大家记住这句话。例如:

```
void main()
{
    int s=0,a=1;
    ...
    {
        int a=2,b=3;
```

```
        s=a+b;
        ...
    }
    ...
}
```

该简单例程中主函数定义了 s 和 a 两个局部变量并都进行了初始化,主函数定义的函数体中出现了复合语句,该复合语句中又定义了 a 和 b 两个变量并进行了初始化。但是注意复合语句是在函数内部的,所以从空间上其作用域与函数一部分的作用域重叠。函数和复合语句都定义了变量 a,这时在重叠作用范围内存在两个同名的不同变量。在重叠的作用域范围内如果使用 a 变量,根据前面讲的 C 语言规则可知复合语句中的 a 变量有效。不同名的变量互不影响,重叠作用域范围内都有效。所以 s=a+b 是进行复合语句中变量 a 的值 2 与变量 b 的值 3 的相加,加法结果写入函数中定义的局部变量 s 中,s 的值由 0 变成了 5。

【例 9-2】 局部变量的作用域重叠特性。

```
#include <stdio.h>
int Add(int i,int j);
void main()
{
    int i=2,j=3,k;
    k=i+j;
    { int k=8;
      printf("%d %d %d\n",i,j,k);
    }
    printf("%d %d %d\n",i,j,Add(i,j));
}
int Add(int j,int k)
{   int i;
    i=k+j;
    return i;
}
```

程序运行结果如下:

```
2 3 8
2 3 5
请按任意键继续...
```

本程序在 main 函数中定义了 i、j 和 k 三个变量,其中 k 未初始化。而在复合语句内又定义了一个变量 k,并赋初值为 8。应该注意这两个 k 不是同一个变量。在复合语句外 main 定义的 k 起作用,而在复合语句内,在复合语句内定义的 k 起作用。因此程序中复合语句内的 printf("%d %d %d\n",i,j,k)输出的 i、j 和 k 的值是 2、3 和 8。i 和 j 是复合语句外主函数中定义的两个变量,k 是复合语句中的变量,其是 8 而不是前面复合语句外 k=i+j 的运算结果 5。

之后复合语句外 printf("%d %d %d\n",i,j,Add(i,j))调用 Add 函数,实参是主函数中定义的两个变量 i 和 j 的值,即 2 和 3。被调函数 Add 的形式参数是 j 和 k,注意 j 和 k 变量是 Add 函数的局部变量,与主函数中定义的 j 和 k 变量无关联。Add 函数内部定义的局部变量 i 同样与主函数中定义的 i 变量无关联。只是 Add 函数被调用时进行了参数传递，因此执行 Add 函数时的形参 j 和 k 的初值为 2 和 3。Add 函数的 i＝k＋j 将本函数中的 i 变量写入了 2＋3 的结果，即数字 5，所以函数返回值是数字 5。主函数中的这个 printf 输出的是 i、j 和调用 Add 函数的返回值，所以输出结果"2 3 5"。

9.6.3　全局变量

全局变量也称为外部变量，它是在函数外部定义的变量。它不属于哪一个函数，而是属于一个源程序文件。也可以定义全局数组，其每个元素都是一个全局变量。全局变量或全局数组的空间作用域是定义或声明位置到当前文件末尾的整个文件所在的所有程序代码区域。在函数中使用该函数后面定义的全局变量，要在函数的定义说明部分对要使用的全局变量进行说明，该说明是扩展该全局变量的作用域到本函数中。全局变量的说明符为 extern，在该函数内使用它时是不需要加以说明的。因此全局变量一般定义在本文件中的所有函数定义代码之前，一般在文件开头的编译预处理指令之后。

全局变量作用域往往包括多个函数的定义，因此全局作用域往往会与局部作用域重叠，那么重叠的作用域有什么属性呢？大家记住：当全局作用域与局部作用域重叠并且出现局部作用域的变量和全局作用域的变量重名时，局部作用域中的变量有效，即里层（或内层）作用域的变量有效，其规律和局部作用域重叠的情况一样。

全局变量或数组的生存期（或叫生命期）是整个程序运行期间，在程序开始运行时就开始存在并可用，一直到整个程序执行结束，即其是静态生存期。

如果全局变量或数组定义语句没有初始化表，编译系统为该变量或数组的每个元素自动初始化成零（所有存储单元的每个二进制位都为零）。

例如：

```
int a,b;                    //外部变量
void f1()                   //函数 f1
{   extern float x,y;       //扩展全局变量的说明语句
    int c;
    ...
    c=a+b;                  //使用全局变量
    ...
    c=x+y;
}
float x,y;                  //外部变量
int fz()                    //函数 fz
{   int sum;
    ...
    sum=a+b+x+y;
}
void main()                 //主函数
{
    ...
}
```

从上例可以看出 a、b、x、y 都是在函数外部定义的外部变量，都是全局变量。但 x、y 定

义在函数 f1 之后,在 f1 内要使用 x 或 y 必须在其声明部分使用 extern 进行声明,如"extern float x,y;"语句。a 和 b 定义在源程序文件的最前面,因此在 f1 和 f2 及 main 内不加说明也可使用。

任务 9-6:输入正方体的长、宽、高为 l、w 和 h。定义一个函数求其对应的体积及三个面的面积。

任务分析:该任务是使用一个函数计算 4 个结果,但是 C 语言的函数只能使用 return 返回 1 个数值,这里要有 4 个结果数值。无法使用 return 返回。可以使用全局变量来实现。因为全局变量的作用域可以覆盖多个函数,也就是在多个函数中共用,可以实现一个函数修改其值,另一个函数读取修改的结果。这样我们在自定义函数中将计算出来的面积值写入共用的全局变量中,函数处理完只是用 return 返回其计算出来的体积值就可以了。在主函数或其他函数中,读取全局变量和该函数的返回值就得到了 4 个结果。

任务实现程序代码如下:

```
#include <stdio.h>
int s1,s2,s3;
int vs(int a,int b,int c)
{
    int v;
    v=a*b*c;
    s1=a*b;
    s2=b*c;
    s3=a*c;
    return v;
}
void main()
{
    int v,l,w,h;
    printf("Input length,width and height\n");
    scanf("%d%d%d",&l,&w,&h);
    v=vs(l,w,h);
    printf("v=%d,s1=%d,s2=%d,s3=%d\n",v,s1,s2,s3);
}
```

程序运行结果如下:

```
Input length,width and height
3 4 5
v=60,s1=12,s2=20,s3=15
请按任意键继续. . .
```

本程序的源文件开始部分是用"int s1,s2,s3;"定义了 3 个全局变量。其作用域覆盖其后的 vs 函数和 main 函数。主函数执行到"scanf("％d％d％d",&l,&w,&h);"时输入 3 个数,这里是"3 4 5",并分别写入主函数中的局部变量 l、w 和 h 中。下面"v=vs(l,w,h);"调用 vs 函数实参 l、w 和 h 的值,即 3、4 和 5,并传递给 vs 函数的形式参数。因此执行 vs 函数时其形参 a、b 和 c 的初值分别是 3、4 和 5。

vs 函数的函数体中依次使用了 4 条表达式语句计算了体积和 3 个面积,同时分别赋值给了 vs 函数的局部变量 v 和 3 个全局变量 s1、s2 和 s3,之后使用 return v 返回计算出来的体积值(v 的值)作为函数返回值。

程序返回主调函数中其调用 vs 函数的语句"v＝vs(l,w,h);"处继续执行,即读取返回值赋值给主函数中的 v 变量(不是 vs 函数中的 v 变量),之后使用"printf("v＝％d,s1＝％d,s2＝％d,s3＝％d\n",v,s1,s2,s3);"函数调用输出 4 个结果。结果为 v＝60,s1＝12,s2＝20,s3＝15。这里在 main 函数中也访问了三个全局变量输出 vs 函数除了得到的结果。

本程序举例说明了使用全局变量的方法和特性,其能够实现不同函数之间共用变量,进行函数间的数据交换,既是全局变量的优点,也是缺点。因为这样打破了函数式结构化程序的数据私有性限制,使函数之间有了互相依赖的特性。但是修改一个函数的功能代码或其共用的全局变量,也会带来与之相关的其他函数的同步修改问题,否则程序无法正常使用,失去了函数间的独立性。所以在设计程序时如非必要则尽可能不使用或少使用具有全局特性的数据,包括变量和数组等。

【例 9-3】　外部(全局)变量与局部变量同名。

```c
#include <stdio.h>
int max(int,int);
int a=3,b=5;                //a、b 为外部变量
void main()
{
    int a=8;
    printf("%d\n",max(a,b));
}
int max(int a,int b)        //a、b 为外部变量
{
    int c;
    c=a>b?a:b;
    return(c);
}
```

程序运行结果如下:

```
8
请按任意键继续. . .
```

在程序所在文件的所有函数之前的开始部分定义了全局变量 a 和 b,分别初始化成 3 和 5。在主函数中定义了一个局部变量 a,初始化为 8,其作用域与全局变量作用域在主函数的函数体范围内有重叠,所以在主函数中使用的 a 变量是局部变量 a 而不是外层的全局变量 a。因此主函数中的语句"printf("％d\n",max(a,b));"输出调用 max 的返回值时,实参是主函数中的局部变量 a 的值 8 和全局变量 b 的值 5。之所以是全局变量 b 的值,是因为该语句尽管在主函数的有效范围内但主函数没有变量 b,且该范围同时也是全局变量 b 的有效范围,所以这个位置使用的 b 变量是全局变量 b。这里的变量 a 和 b 与 max 函数中的局部变量毫无关系,因为 max 函数的有效范围也是局部作用域,且与 main 的有效范围在空间上不重叠,即作用域不重叠。所以是同名且不同作用域的无关变量。

max 函数调用的实参值 8 和 5 传递给 max 函数的形式参数 a 和 b,所以 max 函数开始执行时 a 和 b 的初值分别是 8 和 5,max 函数中使用"c＝a＞b?a:b;"将形式参数 a 和 b 的值中较大的 8 赋给 max 函数中的局部变量 c,之后使用 return(c)使函数结束时返回 c 的值。max 函数调用结束后返回 main 函数的"printf("％d\n",max(a,b));",将 max(a,b)的返回

值通过 printf 函数输出,所以输出值为 8。

通过分析本例验证了,如果在同一个源文件中的外部变量与局部变量同名,则在局部变量的作用范围内局部变量有效,外部变量被"屏蔽",即它不起作用。同学们务必牢记这个作用域重叠时的同名变量或数组的使用规律。

注意:同一个作用域的自定义名称不可以重复,不同作用域的名称可以重复。函数名也是全局作用域的自定义名称,定义函数时不能与同一个作用域的全局变量名重复,定义全局变量时不能与该作用域中的函数(包括可调用的系统函数)重名。

9.7 存 储 类 别

要点:同一个存储类别说明符运用在不同的对象上和不同语法上时功能不同。

1. 存储类别说明符

在变量和数组定义或声明时除了要有数据类型说明外,还要有存储类别说明,但是前面讲解变量定义和数组定义的相关内容时没有提到,是因为大部分情况下使用的是默认存储类别。默认存储类别是不需要书写存储类别关键字进行说明的,编译系统按照默认情况定义该变量或数组的存储类别。在讲解后续的相关知识时一定要掌握各种存储类别说明符的用途和适用场合,同一个说明符用在不同场合的意义不同。一定要牢记其在具体场合的具体作用,不能混淆。

定义和声明变量、数组和函数都需要指定其存储类别,语法规则是在定义或声明语句的数据类型关键字前增加一个用于说明存储类别的关键字。存储类别说明符的应用场合及功能见表 9-1。

表 9-1 存储类别说明符的应用场合及功能

说明符	适用场合	作 用	定义时使用的功能	声明时使用的功能
auto	局部变量	动态存储生命期	动态生存期(默认属性)	不使用
static	局部变量	静态存储生命期	静态生存期	不使用
	全局变量	限定作用域	作用域限定在本文件内	不使用
	函数	限定作用域	限定只有本文件中函数可以调用	不使用
extern	全局变量	扩展作用域	所有文件中的函数都可以调用,但使用的文件中必须使用声明语句进行声明(默认属性)	作用域扩展到当前文件的声明点之后
	函数	扩展作用域	所有文件中的函数都可以调用,调用该函数的文件中必须对其进行声明(默认属性)	作用域扩展到当前文件的声明点之后
register	局部变量	用寄存器作变量	分配寄存器	不使用

2. 动态存储方式与静态动态存储方式

前面已经介绍,从变量的作用域(即从空间)角度来分,可以分为全局作用域和局部作用域。

从变量存在的时间（即生存期）角度来分，可以分为静态生存期和动态生存期。

静态生存期是指从定义语句执行开始到整个程序运行结束的时间期限内变量都存在，即都可以使用。动态生存期是指从定义语句执行开始到该局部作用域的所有代码执行完这段时间内变量都存在，程序执行离开此范围时内存释放，即生命结束。重新执行该段代码时重新分配内存，重新建立新的变量和数组，所以是动态的。

全局变量和静态局部变量是静态存储方式，即静态生存期，局部动态变量是动态存储方式即是动态生存期。全局变量在程序开始执行时给全局变量分配存储区，程序行完毕时才释放。在程序执行过程中它们占据固定的存储单元，而不是动态地进行重新分配和释放。所以它的生存期是从定义语句开始到程序执行结束。

局部变量是在定义语句执行时创建，其作用域内代码执行完后所有内部定义的变量（除非指定为静态变量）的内存都无条件被释放。每次在局部作用域范围内执行代码都对其内部变量进行这样的动态存储和释放，并且各次执行之间毫无关系。因此默认局部变量是动态变量，除非使用说明符强行定义为静态局部变量，但其作用域无法改变。

3. 用 auto 声明局部变量：局部动态变量

使用 auto 关键字说明的局部变量都是局部动态变量，简称动态变量。尽管动态变量需要用关键字 auto 作存储类别声明，但通常省略 auto 不写，甚至有些编译系统不允许加 auto。编译软件翻译时如发现没有存储类别说明符的局部变量定义，就默认按动态存储处理。如前面我们经常定义的函数中的局部变量和形式参数，都是动态分配存储空间的动态局部变量。复合语句中定义的变量也都属于此类，在调用该函数或执行复合语句时系统会给它们动态分配存储空间。在函数调用结束或复合语句执行完毕时就自动释放这些存储空间。下次调用该函数或执行该复合语句时重新进行以上存储操作，并且每次执行之间毫无关系。这类局部变量称为自动变量或动态变量。例如：

```
int f(int a)             //定义 f 函数，a 为参数
{  auto int b,c=3;       //定义 b、c 为自动变量
   ...
}
```

a 是形参，b 和 c 是局部变量，c 初值为 3。a、b 和 c 都是动态变量，都具有很短的动态生存期。执行完 f 函数后，自动释放 a、b 和 c 所占的存储单元。下次再执行该函数时重新为 a、b 和 c 分配存储单元。本次函数调用建立的 a、b 和 c 变量与上次和下次函数调用建立的 a、b 和 c 变量毫无关系，是不同时间存在的不同变量。需要好好理解这一点。

4. 用 static 声明局部变量：局部静态变量

有时希望函数中局部变量的值在函数调用结束后不消失而保留现有值，下次该函数被调用时使用该值继续进行新一次处理。这就要求函数调用结束时不释放该变量的内存，即不使用动态形式回收该变量的存储单元。这就要使用必要的信息告诉编译系统软件在翻译该变量定义语句时把该变量的存储形式确定为静态形式，使该变量所在作用域代码执行完毕或函数返回主调函数时内存不释放。从而延长了该变量的生存期，变成了静态生存期，即一直到整个程序执行结束才释放该变量的内存。要声明局部变量为"静态局部变量"，用关键字 static 进行声明。其只是延长了生存期，作用域是不变的，即还是只能在其所定义的局

部范围内使用该变量。定义语句如果有初始化,可以理解为只在第一次执行该定义语句时起作用,以后再执行该区域代码时该定义语句相当于不存在(即不执行)。实际上动态局部变量的初始化与全局变量的初始化是一样的,都是编译软件在编译(即翻译)程序时进行的,而不是在程序运行时进行的,这点切记。

【例 9-4】 静态局部变量的值变化与使用规则。

```
#include <stdio.h>
int f(int a)
{
    auto int b=0;
    static int c=3;
    b=b+1;
    c=c+1;
    return(a+b+c);
}
void main()
{
    int i;
    for(i=0;i<3;i++)
    printf("%d",f(2));
    printf("\n");
}
```

程序运行结果如下:

```
789
请按任意键继续...
```

本程序中 f 函数的形式参数 a 和内部变量 b 是动态局部变量,a 的初值是实参传递过来的,b 的初值是每次执行"auto int b=0;"语句时进行的初始化操作完成的,初始化成 0。内部变量 c 是使用 static 声明的局部静态变量,其作用域与 a 和 b 一样,都是在函数体范围内,但是生存期比 a 和 b 长。f 函数第一次被调用时 c 就存在了,一直到整个程序运行结束都是有效的,但是作用域不变。也就是只能在 f 函数体中使用,在每次 f 函数被调用时,可以使用 c 变量。但是每次函数调用开始时局部静态变量 c 的初值都是上一次函数调用对 c 变量的处理结果,而不是该变量定义语句中初始化表的值。因为静态局部变量的定义和初始化操作是发生在程序编译阶段的,后续在进行该函数调用时该定义和初始化语句是不被执行的。

主函数使用循环程序分 3 次调用 f 函数,每次实参都是 2,也就是被调函数 f 的形式参数 a 每次的初值都是 2,由于 f 函数中的 b 是动态局部变量,所以函数每次调用的都是全新的变量,初值都是 0。但 c 是局部静态变量,其初值不是每次都重新初始化的,第一次调用时初值是定义和初始化语句中的初值 3,下一次调用时初值是前一次函数调用对其处理的结果。

第一次 f 函数调用时,a、b 和 c 的初值分别是 2、0 和 3,执行 b=b+1 和 c=c+1 后局部动态变量 b 的值变成了 1,局部静态变量 c 的值变成了 4,再执行 return(a+b+c)函数调用并返回 2+1+4 的值,即 7,局部动态变量 a 和 b 的内存被释放,但局部静态变量 c 的内存是保留的。

　　第二次 f 函数调用时重新为 a、b 分配内存并重新初始化为 2 和 0,但局部静态变量 c 使用的还是现存的变量 c,其值是上一次处理完的结果 4。所以在执行 b＝b＋1 和 c＝c＋1 后局部动态变量 b 的值变成了 1,局部静态变量 c 的值变成了 5,再执行"return(a＋b＋c);"结束函数调用并返回 2＋1＋5 的值,即 8,局部动态变量 a 和 b 的内存再被释放,但局部静态变量 c 的内存还保留。

　　第三次 f 函数调用时重新为 a、b 分配内存并重新初始化为 2 和 0,但局部静态变量 c 使用的还是现存的变量 c,其值是上一次处理完的结果 5。所以在执行 b＝b＋1 和 c＝c＋1 后局部动态变量 b 的值变成了 1,局部静态变量 c 的值变成了 6,再执行"return(a＋b＋c);"结束函数调用并返回 2＋1＋6 的值,即 9,局部动态变量 a 和 b 的内存再被释放,但局部静态变量 c 的内存还保留。

　　到此主函数三次循环结束,每次"printf("％d",f(2));"都输出调用 f 函数的返回值,所以运行结果输出的是"7 8 9"。

　　对静态局部变量的总结说明如下。

　　(1) 静态局部变量属于静态存储类别,在静态存储区内分配存储单元。在程序整个运行期间都不释放。而自动变量(即动态局部变量)属于动态存储类别,占用动态存储空间,函数调用结束后即释放。

　　(2) 静态局部变量在编译时赋初值,即只赋一次初值;而对自动变量赋初值是在函数调用时进行,每调用一次函数(每执行一次定义语句)重新分配一次内在,再重新给一次初值。

　　(3) 如果在定义局部变量时不赋初值,则对静态局部变量来说,编译时自动赋初值零(存储单元的每个二进制位为 0)。而对自动变量来说,如果不赋初值,则它的值是一个不确定的值。

5. 用 register 声明局部变量: 寄存器局部变量

　　为了提高效率,C 语言允许将局部变量的值放在 CPU 中的寄存器中,这种变量叫"寄存器变量",用关键字 register 声明。寄存器变量的好处是运行速度快,但是寄存器数量非常有限,不建议初级程序员使用寄存器变量。

【例 9-5】　使用寄存器变量。

```
#include <stdio.h>
int fac (int n)
{
    register int i,f=1;
    for(i=1;i<=n;i++)
      f=f * i;
    return(f);
}
void main()
{
    int i;
    for(i=0;i<=5;i++)
        printf("%d!=%d\n",i,fac(i));
}
```

程序运行结果如下:

本程序是使用循环迭代操作方式进行求阶乘的程序,区别在于所定义的求阶乘函数 fac 的内部变量 i 和 f 被声明成 register 类型,即使用 CPU 中非常有限的寄存器作为 i 和 f 变量,这样程序运行速度会更快,但是 CPU 的可用寄存器非常有限,无法满足多个变量同时使用寄存器的要求。所以实际编写程序时很少使用该形式,要用也只能用于动态局部变量。

6. 用 extern 声明外部全局变量: 扩展作用域

外部变量(即全局变量)是在函数的外部定义的,它的作用域为从变量定义处开始,到本程序文件的末尾。如果外部变量不在文件的开头定义,其有效的作用范围只限于定义处到文件中程序代码末尾。如果在定义点之前的函数想引用该外部变量,则应该在引用点之前的合法声明位置使用关键字 extern 对该变量作"外部变量声明"以扩展其作用域。表示该变量是一个已经定义的外部变量,作用域扩展到本作用域范围。有了此声明,就可以从"声明"处起,合法地使用该外部变量。

extern 声明一般用在全局变量或函数扩展作用的声明中,定义时 extern 是默认属性,即表示该全局变量或函数是可以被扩展作用域的,此时 extern 可以不写。声明是主动使用该关键字扩展已定义好并允许扩展作用域的全局变量或函数进行作用域扩展。因此必须写 extern 关键字。扩展作用域除了可以向前扩展外,还可以向其他文件扩展,这是最常用的。

因为 C 语言程序往往实现的功能比较多,所有代码写在一个文件中结构比较混乱,易读性差,因此很多情况下是根据程序功能划分成不同的功能程序文件,多个文件共同构成一个完整程序,也叫一个工程。在程序开发环境中,程序的组织形式是以工程为单位的多文件结构。一个工程包括多个书写各种函数、全局变量和编译预处理指令的源文件以及书写各种全局变量、常量和函数的声明语句的头文件。头文件使用的目的主要是通过各种声明语句扩展作用域。大家使用开发环境打开我们前面使用过的头文件,如 stdio.h,就可以了解头文件的构成形式,后面也会进行讲解。

【例 9-6】 用 extern 声明外部变量,扩展其在文件中的作用域: 第 9.6.3 小节的例程改成多文件结构。

文件 a.c 代码如下:

```
int s1,s2,s3;
int vs(int a,int b,int c)
{
    int v;
    v=a * b * c;
    s1=a * b;
    s2=b * c;
    s3=a * c;
    return v;
}
```

文件 b.c 代码如下:

```
extern int s1,s2,s3;
extern int vs(int a,int b,int c);
void main()
{
    int v,l,w,h;
    printf("Input length,width and height\n");
    scanf("%d%d%d",&l,&w,&h);
    v=vs(l,w,h);
    printf("v=%d,s1=%d,s2=%d,s3=%d\n",v,s1,s2,s3);
}
```

　　程序在集成开发环境中是以工程形式管理的,其中假设包含了两个源文件,分别是 a.c 和 b.c 文件。a.c 文件中的全局变量 s1、s2、s3 和函数 vs 的使用范围(即作用域)默认是本文件,但可扩展到其他文件,要扩展必须在目标文件中使用 extern 声明。由于 b.c 中的 main 函数需要使用 a.c 文件中的全局变量 s1、s2、s3 和函数 vs,所以必须对其进行声明之后才能使用,否则 b.c 文件不是全局变量 s1、s2、s3 和函数 vs 的合法作用域。在 b.c 文件的 main 函数定义之前使用含有关键字 extern 的声明语句"extern int s1,s2,s3;"对要使用的 s1、s2 和 s3 进行扩展作用域声明,注意此处是声明,不是重新定义。所以声明语句中不能有初始化表,这是大家常见的错误。主函数中又要调用 a.c 文件中的函数 vs,所以使用"extern int vs(int a,int b,int c);"语句声明其作用域扩展到本文件中。本例的声明语句都是使用的完整形式,但其实是可以简化的,但是必须有关键字 extern,篇幅限制大家自己通过实际编程进行测试和验证。

7. 用 static 定义外部全局变量:限定作用域

　　关键字 static 除了在用于对局部变量声明成静态存储形式外,还可以用于声明全局变量或函数,但不是声明成静态存储属性而是限制作用域。是将全局变量或函数可以使用的范围限定在本文件中的定义点到文件结束的范围内。这样声明后,如果在其他文件中使用 extern 关键字再对其声明,希望扩展其作用域,即扩展使用范围就是非法的了,编译软件会报错。如上例的代码如果写成以下形式,编译就会出错。

　　文件 a.c 代码如下:

```
static int s1,s2,s3;
static int vs(int a,int b,int c)
{
    int v;
    v=a*b*c;
    s1=a*b;
    s2=b*c;
    s3=a*c;
    return v;
}
```

　　文件 b.c 代码如下:

```
extern int s1,s2,s3;
extern int vs(int a,int b,int c);
void main()
{
```

```
    int v,l,w,h;
    printf("Input length,width and height\n");
    scanf("%d%d%d",&l,&w,&h);
    v=vs(l,w,h);
    printf("v=%d,s1=%d,s2=%d,s3=%d\n",v,s1,s2,s3);
}
```

a.c 文件中"static int s1,s2,s3;"和"static int vs(int a,int b,int c)"已经声明禁止扩展作用域了,所以文件 b.c 中的"extern int s1,s2,s3;"和"extern int vs(int a,int b,int c);"就是非法语句。

9.8 习　　题

本章的习题内容请扫描二维码观看。

第 9 章课后习题

第 10 章　编译预处理语句

要点：编译预处理指令是在编译程序代码之前起作用的，其用于辅助生成 C 语言代码。

在前面各章中，已多次使用过以"♯"号开头的编译预处理语句，如包含 ♯ include 和宏定义 ♯ define 等。在源程序中这些语句都放在函数之外，而且一般都放在源文件的开始位置，它们称为预处理部分。

所谓预处理，是指在进行编译的第一遍扫描（词法扫描和语法分析）之前所做的工作。预处理是 C 语言程序编译过程的一个重要环节，它由预处理程序负责完成。当对一个源文件进行编译时，系统将自动引用预处理程序对源程序中的预处理部分作处理，处理完毕后自动进入对源程序的编译。

C 语言编译器提供了多种预处理功能，如宏定义、文件包含、条件编译等。合理使用预处理功能编写的程序便于阅读、修改、移植和调试，也有利于模块化程序设计。本章介绍常用的几种预处理功能。

10.1　宏　定　义

要点：宏定义是用来定义程序代码中符号串的替换关系，宏定义生成的"宏"的使用位置就是替换位置。程序代码是全部完成替换后才开始编译的。

在 C 语言源程序中允许用一个标识符来表示一个符号串，称为"宏"。被定义为"宏"的标识符称为"宏名"。在编译预处理时，用宏定义中的符号串替换程序中出现的所有"宏名"，这称为"宏替换"或"宏展开"。

宏定义是由源程序中的宏定义语句完成的。宏替换是由预处理程序自动完成的。

在 C 语言的编译器中，"宏"分为有参数和无参数两种。下面分别讲解这两种"宏"的定义和调用方法。

10.1.1　无参宏定义

无参宏的宏名后不带参数。一个宏名代替一个字符序列（注意与 C 语言的字符串常量的区别，以示区别在此称为符号串或字符序列），编译时原样替换。

其定义的一般形式如下：

```
#define  标识符  字符序列
```

其中的 ♯ 表示这是一条预处理语句。define 为宏定义指令。"标识符"为所定义的宏名。"字符序列"可以是常数、表达式或由各种字符构成的一个"文字串"。例如：

```
#define  PI  3.1415926
#define  ADS  2+5
#define  BBB  a+b
```

以上三个宏定义中分别定义了宏名 PI、ADS 和 BBB，依次代表 3.1415926、2+5 和 a+b，这里注意 2+5 不是数字 7，使用时只是原样替换。如果后面程序出现如 a＝3 * ADS 这样的语句时，在软件编译之前预处理程序会将宏名 ADS 原样替换成 2+5，所以程序在编译时的实际代码是 a＝3 * 2+5，其得到的 a 变量的值是 11 而不是 3 * 7 的值 21。类似的情况很多，所以在定义和使用宏名前要全面考虑使用宏名的代码可能的处理结果，保证定义的宏的使用不会出现与设计者的本意不同的情况。

对于宏定义还要说明以下几点。

（1）宏定义是用宏名来表示一个字符序列，在宏展开时又以该字符序列替换宏名，这只是一种简单的替换，不增加和减少任何符号，也不提前进行运算。字符序列中可以包含任何字符，可以是常数，也可以是表达式，也可以是各种文字符号，预处理程序不对它作任何检查。是否会产生错误，只跟宏替换后的源程序是否符合语法规则和程序设计的功能有关，如出现编译错误的提示，也是提示宏替换后的位置，而不是宏定义的位置。

（2）宏定义不是说明语句或可执行语句，不必在行末加分号，如加上分号，则该分号也是要被替换的字符序列中的字符之一。

（3）宏定义时宏名的前后都要至少有一个空格。

（4）宏定义必须写在函数之外，其作用域为从宏定义语句位置到源程序末行位置。如要终止其作用域，可使用 #undef 语句。例如：

```
#define  PI  3.14159
void main()
{
    ...
}
#undef  PI
f1()
{
    ...
}
```

这样 PI 只在 main 函数中有效，在 f1 中无效。

（5）如果 C 语言的在字符串常量中出现宏名，编译软件中的预处理程序不对其进行替换，因为直觉上的组成宏名的字符只是字符串常量的一部分字符而已。

【例 10-1】 字符串常量中部分字符组合与已定义的宏名相同的情况。

```
#define OK 100
void main()
{
    printf("OK");
    printf("\n");
}
```

程序运行结果如下：

```
OK
请按任意键继续．．．
```

上例中定义的宏名 OK 代替的是 100 字样，但在 printf 语句中 OK 是字符串常量而不是一个独立的标识符，因此不作宏替换。程序的运行结果是输出字符串 OK 而不是 100，因为预处理指令不对字符串常量中出现的宏名进行替换。

（6）宏定义允许嵌套，在宏定义的字符串中可以使用已经定义的其他宏名。在宏展开时由预处理程序层层替换。例如：

```
#define PI 3.1415926
#define S PI*y*y              //PI 是已定义的宏名
```

对语句：

```
printf("%f",S);
```

进行宏替换后变为

```
printf("%f",3.1415926*y*y);
```

如果此时 y 是当前作用域中已经定义的变量，并且经过初始化或赋值操作后，已拥有了某个数值，则该语句就是合法的语句。

（7）宏名习惯上用大写字母表示，以便于与变量区别。但也允许用小写字母。

（8）可用宏定义代替数据类型关键字及组合，使书写方便。例如：

```
#define I16 unsigned short int
```

在此种情况下程序中就可用 I16 作变量说明，以简化输入或提高可读性：

```
I16 a[5],b;
```

虽然这样可以使程序设计时输入的内容简化，或者相关内容更容易记忆或认知。但是 C 语言中有专门的为数据类型取别名的指令，所以一般不用宏定义的形式给数据类型名重新定义一个名字。给数据类型取别名的指令不是编译预处理指令，而是编译辅助指令，将在第 12 章的相关章节进行讲解，这里不做说明。

同样对于经常使用的语句或其中一部分，也可以使用宏定义的方法来简化编程输入，但是程序员要充分考虑将会出现的各种不同情况，不要带来编译后的语法错误或算法错误。

【例 10-2】　宏定义应用实例。

```
#include<stdio.h>
#define P printf
#define D "%d\t%f\n"
void main()
{
    int a=5, c=8, e=11;
    float b=3.8, d=9.7, f=21.08;
    P(D,a,b);
    P(D,c,d);
    P(D,e,f);
}
```

程序运行结果如下：

```
5        3.800000
8        9.700000
11       21.080000
请按任意键继续. . .
```

本程序使用#define P printf 和#define D "％d\t％f\n"分别给字符序列 printf 和"％d\
t％f\n"定义了一个可以替代输入的简化名称。在程序中只要输入这两个名称就等同于输
入 printf 和"％d\t％f\n"。所以后面程序中使用同种格式控制字符串的 printf 函数时可以
使用简化方式输入，如 P(D,a,b)。实际程序在编译前经过宏替换后变成了"printf("％d\
t％f\n",a,b);"，再进行编译，其只是简化了输入而已，程序本质不变。

更多的时候不带参数的宏定义是用于定义一些在程序中共同使用的常量，其特点是简
化输入和便于修改。如定义 PI 为 3.14，即使用#define PI 3.14 实现，所有程序中需要使用
圆周率的时候只要使用 PI 这个宏名就可以了，无须每次都输入 3.14。程序设计过程中如果
觉得圆周率使用两位小数精度不够，只要修改宏定义就可以，无须修改其他代码，从而带来
修改程序的方便性和一致性，如把前面不带参数的宏定义指令改成#define PI 3.14159。

10.1.2 带参宏定义

C 语言允许宏带有参数。在宏定义中的参数称为形式参数，在宏调用中的参数称为实
际参数。看着有点像函数，但是其不是函数，其与不带参数的宏定义一样，完成的只是字符
序列替换。带参数的宏与不带参数的宏的替换过程类似，只不过多了一个替换步骤。带参
数的宏替换是先用宏调用时的实参字符序列替换宏定义的形参名称，替换后生成一串字符
序列，再替换掉整个带参数的宏调用代码。也就是不仅要使用宏定义语句后半部分的字符
序列进行替换，而且要事先使用实参字符序列替换形参。

带参宏定义的一般形式如下：

```
#define 宏名(形参表)    字符序列
```

其中在字符序列中含有形参表中的形参标识符，各标识符独立使用。

以下定义形式是无法实现参数替换的：

```
#define abc(a)    a1+a2
```

因为 a1 和 a2 中的 a 不是独立的标识符，其只是别的标识符中的一部分。计算机将 a1
和 a2 处理成两个独立的标识符，其与宏定义的参数 a 无关。宏调用时不进行参数替换的第
一个替换过程。

带参宏调用的一般形式如下：

```
宏名(实参表)
```

宏调用的一般形式是一个语句或一个语句的一个组成部分，如表达式语句中一个参与
运算的对象或函数调用的一个实参等。

例如：

```
#define M(y) y*y+3*y        //宏定义
    ...
k=M(5);                     //宏调用
    ...
```

在宏调用时,用实参 5 去替换形参 y,得到用于替换的字符序列 5＊5＋3＊5,再做字符序列替换 M(5),即宏展开。预处理软件完成宏展开后的语句如下:

```
k=5*5+3*5;
```

注意:宏展开是先进行实参到形参的替换,再进行后面字符序列的替换。宏调用是不增加和不减少任何符号的替换。如前面定义的 M(y),在宏调用时如果是 k=M(5+a),那么宏展开后的表达式就是 k=5+a＊5+a+3＊5+a,而不是 k=(5+a)＊(5+a)+3＊(5+a),宏展开时编译预处理软件不会给代码加括号。如果你的设计本意是要得到加括号后的处理结果,那么一定要在宏定义的时候加上括号,如把宏定义语句改成＃define M(y)(y)＊(y)＋3＊(y)。

【例 10-3】 带参数宏定义的使用。

```
#include<stdio.h>
#define MAX(a,b) (a>b)?a:b
void main()
{
    int x,y,max;
    printf("input two numbers:\n ");
    scanf("%d%d",&x, &y);
    max=MAX(x,y);
    printf("max=%d\n",max);
}
```

程序运行结果如下:

上例程序的第一行进行带参宏定义,用宏名 MAX 表示字符序列(a＞b)?a:b,形参 a 和 b 均出现在条件表达式中。程序中 max＝MAX(x,y)为宏调用,实参 x 和 y 替换形参 a 和 b。宏展开后该语句如下:

```
max=(x>y)?x:y;
```

用于计算 x 和 y 中的最大值。

对于带参的宏定义,有以下问题需要强调说明。

(1) 带参宏定义中,宏名和形参表之间不能有空格出现。

如果把

```
#define MAX(a,b) (a>b)?a:b
```

写为

```
#define  MAX  (a,b)  (a>b)?a:b
```

将被认为是无参宏定义,宏名 MAX 代表字符串(a,b) (a＞b)?a:b。宏展开时,宏调

191

用语句

```
max=MAX(x,y);
```

将变为

```
max=(a,b)(a>b)?a:b(x,y);
```

编译时出现了语法错误。

（2）在带参数的宏定义中，形式参数不分配内存单元，因此不必作类型定义。

宏调用中的实参是调用该宏的作用域范围内的字符序列，其必须是合法信息。即可以是定义好的各种名称、常量以及由各种名称、常量及运算符构成的表达式。宏调用时是使用这个表达式书写形式的字符序列替换宏定义的形参，而不是使用表达式的值做参数传递。这是与函数中参数的区别，大家切记。在带参宏中只进行字符序列代换，不存在值传递和使用内存空间问题，即其不动态使用内存，这是带参数宏定义的优点。

【例 10-4】 带参数宏定义的参数替换问题。

```
#include<stdio.h>
#define SQ(y) (y)*(y)
void main()
{
    int a,sq;
    printf("input a number:\n");
    scanf("%d",&a);
    sq=SQ(a+1);
    printf("sq=%d\n",sq);
}
```

程序运行结果如下：

上例中第二行为宏定义，形参为 y。程序第 8 行的宏调用中实参为 a+1，是一个表达式，在宏展开时，用 a+1 代换 y，再用(a+1)*(a+1)代换 SQ，得到以下语句：

```
sq=(a+1)*(a+1);
```

这与函数的调用是不同的，函数调用时要把实参表达式的值求出来再赋予形参。宏替换中不计算实参表达式而是直接做字符序列替换，所以在 a 的值为 4 的情况下运行结果为 25。

（3）在宏定义中，用于替换的字符序列中的形参通常要用括号括起来，以避免出现计算结果违背程序员设计思路的问题。在上例中，宏定义中(y)*(y)表达式的 y 都用括号括起来，因此结果是正确的。如果去掉括号，改为 #define SQ(y) y*y，则同样输入 4 时程序运行结果如下：

问题出在哪里呢？这是由于参数替换时替换成 sq=a+1*a+1，此时 a 的值为 4，故 sq

的值为 9。这显然与题意相违,因此参数两边的括号是不能少的。有时只在参数两边加括号还是不够,请看下面的程序。

【例 10-5】 带参数宏定义的参数替换问题。

```c
#include<stdio.h>
#define SQ(y) (y) * (y)
void main()
{
    float a,sq;
    printf("input a number:\n");
    scanf("%d",&a);
    sq=160/SQ(a+1);
    printf("sq=%d\n",sq);
}
```

程序运行结果如下:

```
input a number:
4
sq=160
请按任意键继续. . .
```

本程序与前例相比,只是把宏调用语句改为

```c
sq=160/SQ(a+1);
```

运行本程序时,如输入值仍为 4,希望结果为 6.4。但实际运行的结果是 160。为什么会得到这样的结果呢? 分析宏调用语句,在宏替换之后变为

```c
sq=160/(a+1) * (a+1);
```

a 为 4 时,由于"/"和"＊"运算符优先级和结合性相同,则先作 160/(4＋1)从而得到 32,再作 32＊(4＋1),最后得到 160。为了得到正确答案,应在宏定义中的整个字符串外加括号,相应的宏定义应该修改为 ＃define SQ(y) ((y)＊(y)),才能是除以 25,但结果也不是 6.4 而是 6,因为是整数除法。以上讨论说明,对于宏定义,有时不仅应在参数两侧加括号,也应在整个字符串外加括号。

(4) 带参的宏和带参函数很相似,但有本质上的不同,除上面已谈到的各点外,把同一表达式用函数处理与用宏处理的结果有可能是不同的。

【例 10-6】 宏定义与函数的区别。

```c
#include<stdio.h>
void main()
{
    int i=1;
    while(i<=5)
    printf("%d\n",SQ(i++));
}
int SQ(int y)
{
    return((y) * (y));
}
```

程序运行结果如下:

修改成宏定义实现的代码如下：

```c
#include<stdio.h>
#define SQ(y) ((y) * (y))
void main()
{
    int i=1;
    while(i<=5)
      printf("%d\n",SQ(i++));
}
```

程序运行结果如下：

在前面程序中定义的函数名为 SQ，形参为 y，函数体表达式为((y) * (y))。在后面的程序中定义的宏名为 SQ，形参也为 y，字符串中描述的表达式为((y) * (y))。函数调用为 SQ(i++)，宏调用为 SQ(i++)，实参也是相同的。从输出结果来看，却大不相同。

函数调用是把实参 i 值传给形参 y 后自增 1。然后输出函数值。因而要循环 5 次。输出 1～5 的平方值。宏调用时，只作替换。SQ(i++)被代换为((i++) * (i++))。在第一次循环时，由于 i 等于 1，其计算过程为：i 使用的自增运算为后增运算，即先使用后加 1，因此表达式中 i 先参加运算，表达式运算完成后进行两次加 1（一个表达式中出现同一个变量多次使用自增自减等运算符时不同的编译系统不一样，VS 是在乘法运算完后做两次自增）变成 3，自增前的相乘结果为 1。在第二次循环时，i 值已成为 3，因此表达式中先计算 i * i，结果为 9，之后再进行两次自增，i 变成 5。进入第三次循环，由于 i 值已为 5，所以这将是最后一次循环。计算表达式的值为 5 * 5，等于 25。i 值再自增 1 两次变为 7，不再满足循环条件，停止循环。

从以上分析可以看出，函数调用和宏调用二者在形式上相似，在本质上是完全不同的。各有优缺点。函数参数传递结构简单，意义明确。但是使用动态内存会占用存储空间。部分嵌入式处理器的内存数量非常有限，如果程序定义的函数较多，经常出现函数嵌套调用情况，则程序运行过程中会占用大量存储单元用于函数的形式参数等的动态存储，使处理器内存资源不够用，无法完成任务。这时可以将经常被各种不同函数调用的简单函数定义成带参数的宏，来降低函数调用的内存开销。但是使用带参数宏需要程序员有缜密的思维，否则容易出错，其是对程序员水平的一个考验。使用带参数的宏可以降低内存的使用率，但是带来了代码量的增加，因为每个宏调用最后都会经过替换后变成代码的一部分。宏调用的次数越多代码增加得越多，程序员要自己权衡利弊。

（5）宏定义也可用来替换多个语句，在宏调用时，把这些语句又替换到源程序内。

例如，使用带参数宏取代用于两个变量数值交换的 3 条程序代码如下：

```
#define swp(a,b,t) t=a;a=b;b=t
```

这样在需要实现两个变量值交换的地方就可以使用该带参数的宏,如例 10-7 所示。

【例 10-7】　输入两个数,完成从小到大排序后输出。

```
#include<stdio.h>
#define swp(a,b,t) t=a;a=b;b=t
void main()
{
    int a,b,t;
     scanf("%d,%d",&a,&b);
    if(a>b)
        swp(a,b,t);
    printf("a=%d,b=%d\n",a,b);
}
```

任务 10-1:使用带参数宏取代函数。

任务描述:虽然函数有利于实现模块化程序设计,结构清晰且关系明确,但是其有一个缺点,就是每次函数被调用时都需要占用大量动态内存,这样对于那些内存容量有限甚至是很少的处理器硬件系统来说就是需要尽可能避免的程序优化问题了。

任务分析:在嵌入式程序设计时就要尽可能减少嵌套调用,特别是结构和功能简单的函数的嵌套调用。其方法就是要么避免出现多级嵌套调用的算法,要么把内层需要调用的简单函数修改成非函数形式,即使用直接多行代码形式。如果经常使用这种代码,可以使用带参数的宏定义来实现,既可以简化输入,又可以调高代码的适用性。

如可以使用宏定义求一个立方体体积和三个对面平行的平面的面积的函数,具体程序代码如下:

```
#include<stdio.h>
#define SSSV(s1,s2,s3,v,a,b,c) s1=a*b;s2=a*c;s3=b*c;v=a*b*c;
void main()
{
    int l=3,w=4,h=5,sa,sb,sc,vv;
    SSSV(sa,sb,sc,vv,l,w,h);
    printf("sa=%d\nsb=%d\nsc=%d\nvv=%d\n",sa,sb,sc,vv);
}
```

程序运行结果如下:

程序第一行为宏定义,用宏名 SSSV 代替 4 个赋值语句,形参分别为 s1、s2、s3、v、a、b 和 c,都是用实参字符序列替换的对象,而不是变量,所以不需要为其分配内存。在宏调用时,使用 a、sb、sc、vv、l、w 和 h 替换"s1=a*b;s2=a*c;s3=b*c;v=a*b*c;"中的 s1、s2、s3、v、a、b 和 c,得到被编译软件编译的 4 条语句"sa=l*w;sb=l*h;sc=wb*h;vv=l*w*h;",从而得到主函数中实际的程序代码:

```
void main()
```

```
{
    int l=3,w=4,h=5,sa,sb,sc,vv;
    sa=l*w;sb=l*h;sc=wb*h;vv=l*w*h;
    printf("sa=%d\nsb=%d\nsc=%d\nvv=%d\n",sa,sb,sc,vv);
}
```

程序运行结果符合任务要求,但是该程序的使用有一定的局限性,即宏调用时所给出的实参形式是有限制的,如"SSSV(sa,sb,sc,vv,l,w,h);"前四个实参要是变量而不能是数值型表达式,后三个实参如果是表达式,则必须带括号(具体原因前面分析过了,不再重复)。所以定义带参数的宏定义时,一定要分析其使用的位置和宏展开后的语法结构及功能,避免出现语法错误。

另外如果带参数的宏定义中包括多个完整语句,其中尽可能不包括变量或数组定义语句,否则该宏定义的适用性将会降低。因为宏定义中定义的变量或数组的数据类型给数据运算或处理带来了一定的限制,宏展开之后生成的语句不一定符合展开位置的数据类型需求。例如:

```
#define  swp(a,b,t)   t=a;a=b;b=t
```

改为

```
#define  swp(a,b)   int t;t=a;a=b;b=t
```

这时该宏定义中带有变量定义语句,带来的影响有两个。第一,该宏调用的使用位置只能是某个复合语句的声明部分末尾,因为该宏展开后生成的第一条语句是变量定义语句,其必须出现在复合语句的声明部分。第二,该宏展开只能对 int 类型的实参变量的值进行交换,而不能对如 float 等存储结构和有效值范围不同的数据类型的变量进行交换,否则会出现数据错误。

10.2 文件包含

要点:文件包含可以理解成在程序编译前将被包含的文件中的代码复制、粘贴到该文件包含指令位置。

文件包含是 C 预处理程序的另一个重要功能。其作用是将指定文件名的已有文件中的代码包含在使用本包含指令的文件的当前位置。相当于对指定文件名中的内容进行复制后粘贴到该包含指令所在的位置。

文件包含语句行的一般形式如下:

```
#include"文件名"
```

或

```
#include<文件名>
```

实际上,前面我们已多次用此语句包含过库函数的头文件。例如:

```
#include"stdio.h"
#include"math.h"
```

在程序设计中,文件包含是很有用的。一个大的程序可以分为多个模块,由多个程序员分别编程。每个人定义的公用符号常量或宏定义和可以被其他程序员调用的函数等的扩展作用域声明可单独写在一个文件中。需要使用相关内容时只要在文件开头位置用包含语句包含该文件即可。这样,可避免在每个文件开头都书写那些公用量和声明,从而节省时间,并减少出错。

对于文件包含语句,还要说明以下几点。

(1) 包含语句中的文件名可以用双引号括起来,也可以用尖括号括起来。例如,以下写法都是允许的:

```
#include"stdio.h"
#include<math.h>
```

但是这两种形式是有区别的:使用尖括号表示被包含的文件在软件开发环境的系统目录(用户在安装软件或设置环境参量时设置为库函数专门存储相关头文件的文件夹)下,因此包含指令执行时在该系统目录中去查找文件,而不是在工程文件夹中去查找;使用双引号则表示首先在当前的工程文件夹中查找,如果未找到才转到系统目录中查找。用户编程时可根据要包含的文件所在的文件夹来选择使用哪种语句形式。

(2) 一个 include 语句只能指定一个被包含文件,如果有多个文件要包含,则需用多个include 语句,并分行书写。

(3) 文件包含允许嵌套,即在一个被包含的文件中还可以使用包含指令包含需要使用的文件。因此会出现在某个文件中多次包含同一个文件的情况,这样部分代码会重复而出现重复定义的错误,那么如何避免该问题呢? 实际上头文件程序设计时往往要使用下面讲的条件编译指令来解决此问题。

10.3　条件编译

要点 1:条件编译是进行选择性的程序编译,是发生在编译之前的。没有被选择的代码段不被编译,也就不在可执行程序中出现,不占用可执行程序的存储空间。

要点 2:需要使用文件包含指令包含的文件往往需要使用条件编译指令编写代码,以此避免被重复包含问题。

预处理程序提供了条件编译的功能,可以按不同的条件去编译不同的程序部分,因而产生不同的目标代码文件,可以提高程序的适应性。这对于程序的移植和程序员之间的代码交流、再利用是很有用的。前面学习的分支程序尽管也可以根据条件选择一部分程序代码并执行,但是其本质与条件编译程序是完全不同的。

条件编译程序与分支程序的最大区别在于条件编译是根据条件选择一部分代码进行编译,因此可以避免某些不需要的程序被编译到当前工程中,从而增加程序存储空间的负担。而分支程序的所有分支代码都要编译生成可执行指令序列,只是在程序执行过程中根据具体条件选择执行。这一点对于程序存储器容量比较紧张的处理器编程是比较重要的。

条件编译的另一个用途就是避免同一个文件在某个文件中被包含多次时出现代码重复

等语法错误。条件编译有以下三种形式。

1. 第一种形式

格式如下:

```
#ifdef  标识符
    程序段 1
#else
    程序段 2
#endif
```

它的功能是,如果指定的标识符已被♯define 语句定义过(也就是该标识符在本文件中已存在),则对程序段 1 进行编译;否则对程序段 2 进行编译。如果没有或不需要"程序段 2",本格式中的♯else 可以没有,即可以写为

```
#ifdef  标识符
    程序段
#endif
```

【例 10-8】 条件编译的使用。

```
#include<stdio.h>
#define NUM 1
void main()
{
    #ifdef NUM
        int a,b;
        printf("input 2 int number:\n");
        scanf("%d%d", &a, &b);
        printf("ADD=%d\n",a+b);
    #else
        float a,b;
        printf("input 2 float number:\n");
        scanf("%f%f", &a, &b);
        printf("ADD=%f\n",a+b);
    #endif
}
```

程序运行结果如下:

```
input 2 int number:
2 3
ADD=5
请按任意键继续. . .
```

程序的 4~14 行是一个条件编译程序,条件是判断 NUM 这个宏名是否存在,如果存在,编译♯else 之前的代码并存储作为程序的组成部分,丢弃♯else 与♯endif 之间的程序代码,相当于没有;否则丢弃♯ifdef NUM 到♯else 之间的程序代码,而编译♯else 与♯endif 之间的程序并存储作为程序的组成部分。

在程序的第一行宏定义中,定义 NUM 代表字符序列 1,也可以为其他任何字符序列,甚至可以是不给出任何字符的空序列,可以写为

```
#define NUM
```

2. 第二种形式

格式如下:

```
#ifndef 标识符
    程序段 1
#else
    程序段 2
#endif
```

与第一种形式的区别是将 ifdef 改为 ifndef。它的功能是，如果指定的标识符未被 #
define 语句定义过，则对程序段 1 进行编译；否则对程序段 2 进行编译。这与第一种形式的
功能正相反。

本格式中的 #else 可以没有，即可以写为

```
#ifndef   标识符
    程序段
#endif
```

在头文件中经常使用这种形式，用其避头文件中的代码反复出现而产生重复定义的语
法错误。具体如下例中的头文件的定义。

【例 10-9】 头文件中使用条件编译。

针对任务 9-6 代码中全局变量 s1、s2、s3 和 vs 函数的声明，我们可以写一个头文件来专
门实现该任务。假如头文件取名为 vs.h，下面是该头文件中的代码。

```
/ * vs.h * /
#ifndef VS
#define VS
extern int s1,s2,s3;
extern int vs(int a,int b,int c);
#endif
```

这样在某个文件中只要使用 #include "vs.h" 就可以在本文件中使用在另一个文件中
定义的全局变量 s1、s2、s3 和 vs 函数。此时即使在某处直接或间接对 vs.h 进行多次包含也
不会出错，为什么呢？原因是条件编译指令起到了选择性编译的作用，只要最先使用 #
include "vs.h" 语句把 vs.h 文件中的内容包含进来，后面再使用 #include "vs.h" 包含进来的
代码就不被编译。假如被包含了两次，包含进来的代码如下：

```
#ifndef VS
#define VS
extern int s1,s2,s3;
extern int vs(int a,int b,int c);
#endif
#ifndef VS
#define VS
extern int s1,s2,s3;
extern int vs(int a,int b,int c);
#endif
```

即出现了两段相同的代码，预编译软件从前向后依次判断，第一段条件预编译指令根据
当前是否定义了 VS 来判断是否选择编译下面内嵌的程序段。现在还没有定义 VS，所以选
择编译其内嵌的程序，首先完成的就是 #define VS，这时 VS 这个宏名就存在了，其后的程
序代码被编译，从而成为整个工程程序的一部分。预编译到 #endif 时完成了第一个条件预

编译指令的处理。之后再向下开始编译后续代码,编译到另一个条件预编译指令时,这时♯ifndef VS 再判断 VS 不存在还成立吗?答案是不成立,因为现在 VS 宏名已经由前面的预编译指令定义好了,所以编译条件不成立。编译软件根据该条件判断结果不对♯ifndef VS 到下面♯endif 指令之间的代码进行编译,所以与前面预编译生成的程序不重复。再多次的包含也是一样,其中代码只被编译一次,因此该种形式的条件编译程序经常出现在头文件中。

3. 第三种形式

格式如下:

```
#if 常量表达式
    程序段 1
#else
    程序段 2
#endif
```

它的功能是,如常量表达式的值为"真"(非 0),则对程序段 1 进行编译,否则对程序段 2 进行编译。因此可以使程序在不同条件下,完成不同的功能。它的功能与 if 语句类似但是不完全一样,条件预编译指令的条件在进行编译时一定已确定是"真"或"假"的,不能由程序运行过程决定。因为这个表达式一定是常量表达式,其值是在编译时就能确定的。根据该值的零与非零来二选一地编译某一段程序。程序运行时程序代码中只包括被编译的一段程序,另一段是不存在的。此种情况初学者使用较少,因此不做详细举例说明。

10.4　习　　题

本章的习题内容请扫描二维码观看。

第 10 章课后习题

第11章　指　针

要点：指针就是地址，地址就是指针。通过指针可以访问内存中存储的数据，这种访问形式叫间接访问。

指针是 C 语言中广泛使用的一种数据类型，运用指针编写程序也是 C 语言的主要风格之一。利用指针变量可以使用间接方式访问各种结构数据，特别是对数组的各个元素的访问更加灵活。使用指针对各种复杂问题能够设计出更加优异的算法和灵活的数据访问形式，从而编出精练而高效的程序，更好地实现任务需求。指针极大地丰富了 C 语言的功能，学习指针是学习 C 语言中最重要的一环。能否正确理解和使用指针是对 C 语言学习的一个里程碑式的标志。同时，指针也是 C 语言中最为难以掌握的一部分知识，不仅要正确掌握基本概念，还必须要多实践练习，才能对其基本规律有一个深入的理解。只有理解其规律才能够灵活运用，从而达到一个较高的程序设计水平。

11.1　指针的基本概念

要点：谁的地址指向谁。

在计算机中，所有的数据都是存放在存储器中的。一般把存储器中的 1 字节称为一个内存单元，不同的数据类型所占用的内存单元个数不等，如 int 类型的整型量对于 16 位编译系统占 2 个单元，字符类型的量占 1 个单元等，在前面已有详细的介绍。计算机中每个内存单元都有一个地址编号，处理器在访问内存单元时实际上都是通过地址实现的。计算机根据一个内存单元的地址编号可以准确地找到该内存单元并进行数据读写，这是由计算机硬件结构决定的，内存单元的地址编号简称地址。根据内存单元的编号或地址就可以找到所需访问的内存单元的这一特性，从感性上可以理解为地址是指向存储单元的，所以把地址称为指针。

内存单元的指针就是其地址编号，和其内存单元的内容是两个不同的概念，要理解和记住两者之间的关系。对于一个内存单元来说，单元的地址即为指针，其中存放的数据才是该单元的内容。在 C 语言中，同样允许用一个变量来存放指针，即地址，这种变量称为指针变量。因此，一个指针变量的值就是某个内存单元的地址，也称为某内存单元的指针。

记住本章最为重要的一句话：谁的地址指向谁。这句话很简单也很容易记住，但这是本章的精髓，只有理解了这一点，才能够灵活运用指针变量从而实现各种优秀算法的程序设计。

严格来说，一个指针是一个地址，是一个常量。而一个指针变量却可以被赋予不同指针值,即地址值,其是变量。但常把指针变量简称指针,大家要根据语言环境自行判断,本书讲解过程中尽量避免混淆这两种说法。定义指针变量的目的是通过指针变量去访问其存储的地址值对应的连续若干个内存单元中的数据,这个地址就是要访问的数据存储区域的起始地址。因为C语言是强类型语言,每个数据必须有确切的类型,指针有确切类型,指针指向的数据也必须是某种数据类型。指针的类型与指向的数据类型是息息相关的,所以C语言使用指针时有一定的关于数据类型的语法约束,后面将会讲解到。

既然指针变量的值是一个地址,那么这个地址不仅可以是变量的地址,也可以是其他数据结构的地址,具体是什么地址由指针变量的定义决定。例如,一个指针变量中可以存放一个数组或一个函数的首地址。因为数组或函数都是连续存储的,因此程序可以通过指针变量中的地址访问数组的第一个元素或调用函数。这样一来,凡是出现该类型的数组、函数的地方都可以用一个指针变量来访问。只要将该指针变量中赋予访问的数组或要调用的函数首地址即可。但注意某个指针变量只能存放某一类对象的地址,如某种类型变量的地址、某种类型数组元素的地址或某种类型函数的地址。

11.2 变量的指针和指向变量的指针变量

要点:变量的指针就是变量的地址。存放变量地址的变量是指针变量。

C语言中,允许用一个变量来存放指针,这种变量称为指针变量。因此,一个指针变量的值就是某个变量的首地址,或称为某变量的指针。

11.2.1 指针变量的定义与初始化

指针变量也是变量,所以指针变量的定义与变量的定义语法格式是相同的,区别在于这个变量存储的数据类型是指针,所以语法格式上只是类型说明部分不同。

其一般形式如下:

类型说明符 * 变量名[=地址表达式]

因此对指针变量的定义加上初始化共包括四个方面的内容。

(1) 指针类型说明:即定义变量为一个指针变量,在变量名前使用"＊"号来表示。

(2) 变量名:其是自定义名称,要求符合标识符规则,也不要和同一作用域的其他自定义名称重名。

(3) 类型说明符:用于说明指针变量可以指向变量的数据类型。

(4) []:表示可选的初始化部分,如果要初始化,必须书写初始化标记符号"＝",之后再给出某个类型相符的对象的首地址,一般是程序中已定义并在当前作用域中可以访问的变量或数组元素或函数的首地址,具体是哪一类地址由定义决定。程序书写形式是使用变量名或数组名或函数名构成表达式,一般不能直接将数字常量作地址。

简言之,＊表示这是一个指针变量,变量名即为定义的指针变量名,类型说明符表示本指针变量可以指向对象的数据类型。如果把"类型说明符 ＊"看作一个整体,就是指针变量的数据类型,这样语法就和变量定义统一起来了。实际上指针变量定义语句中 * 前后不是必要加空格,可以没有空格,但习惯上在 * 前加一个空格。初始化的初值和类型根据定义和需要决定。例如:

```
int * p1;
```

表示 p1 是一个指针变量,它的值是某个整型变量的地址。或者说 p1 指向一个整型变量。至于 p1 究竟指向哪一个整型变量,应由程序运行后向 p1 中写入的具体地址决定。再如:

```
int * p2;                 //p2 是指向整型变量的指针变量
float * p3;               //p3 是指向浮点变量的指针变量
char * p4;                //p4 是指向字符变量的指针变量
```

注意:语法规则中一个指针变量只能指向同类型的变量,不能指向与定义不符的数据类型变量,如 p3 只能指向浮点变量,不能时而指向一个浮点变量,时而指向一个字符变量。因此指针变量也只能使用与其定义相符的数据类型的变量地址进行赋值和初始化。这是语法规则。

11.2.2　指针变量的引用

指针变量同普通变量一样,使用之前不仅要定义说明,而且必须赋予具体的值。未经赋值的指针变量不能使用,否则将造成系统混乱,甚至死机。只能给指针变量赋予一个类型相符的合法变量的地址,绝不能赋予任何其他数据,否则将引起错误。在 C 语言中,变量的地址是由编译系统分配的,对用户完全透明,用户不必关心具体的地址值是多少,只要知道是谁的地址就可以了,再结合"谁的地址指向谁"的基本规律来灵活使用指针变量。

以下是两个与指针有关的运算符。

(1) &:取地址运算符。

(2) *:指针运算符(或称"间接访问"运算符)。

1. 访问指针变量

指针变量也是变量,其值既可以读也可以写,使用语法形式同其他变量。但区别在于对指针变量读写的值只能是地址,并且该地址对应的变量或数组元素的数据类型要与指针定义时规定的指向类型一致,否则是语法错误。

那么怎么得到对指针进行赋值的地址呢? 一般有两种方法。

(1) 使用取地址运算符读取某变量的地址。

其一般形式如下:

```
& 变量名
```

例如,&a 的值为变量 a 的地址,&b[2]的值为数组元素 b[2]的地址。a 变量或 b 数组必须已定义。例如:

```
int a;
int * p=&a;
```

这是使用变量 a 的地址对指针变量 p 进行初始化,使 p 变量建立时就指向变量 a。

又如：

```
int a;
int * p;
p=&a;
```

其实指针变量定义时没有初始化，之后使用赋值语句取 a 变量的地址并对指针变量 p 进行赋值，即变量 p 建立后再使指针变量 p 指向 a 变量。不允许把一个某进制的常数赋予指针变量，故下面的赋值是错误的：

```
int * p;
p=1000;
```

因为 1000 是 int 类型数据，不是指针类型数据，类型不相符。

（2）某个地址属性的表达式。具有地址属性的对象有数组名、函数名等，由这些标识符构成的加、减法运算表达式也可以对相应类型的指针变量赋值。例如：

```
int a[10]={0,1,2};
int * p;
p=a;
p=a+2;
```

这里的"p＝a;"和"p＝a＋2;"都是合法的。"p＝a;"是将数组 a 的第一个元素的地址赋值给了 p，"p＝a＋2;"是将数组 a 的第三个元素的地址赋值给了 p。这里涉及指针运算，具体运算规则见 11.2.3 小节。

2. 通过指针变量间接访问其指向的变量

指针变量如果已存有地址，则可以通过该指针变量中的地址间接访问该地址对应的变量或数组元素或调用该地址开始的函数程序。语法规则是使用指向运算符 * 与指针相结合实现。其一般形式如下：

＊指针变量名

例如：

```
int i=200, x;
int * p =&x;
* p=i;
```

前两句是变量定义和初始化，之后的"＊p＝i;"是把变量 i 的值写入指针变量 p 当前指向的 x 变量中。＊p 是间接访问 p 所指向的变量的语法形式。但如果写成"＊p＝&a;"则是错误的。因为＊p 表示 p 指向的变量，而 &a 是变量的地址，即指针，所以类型不相符。

运算符 * 用以表示程序是访问该地址开始的若干个连续的存储单元（由指针定义时规定的指向数据类型决定）中的数据。本例中 p 存放的是变量 x 的地址，因此＊p 访问的是 x 变量的 4 字节内存区域（因为是 int 类型，32 位编译系统是 4 字节），所以上面的赋值表达式等效于：

```
x=i;
```

另外，指针变量和一般变量一样，存放在它们之中的值是可以改变的，也就是说可以改变它们的指向关系，也可相互赋值，假设有：

```
int i,j, * p1, * p2;
i='a';
j='b';
p1=&i;
p2=&j;
```

如果使用赋值表达式：

```
p2=p1
```

就使 p2 与 p1 指向同一对象 i,此时 * p2 就等价于 i,而不是 j。在没有"p2＝p1;"语句的情况下,如果执行以下表达式：

```
* p2= * p1;
```

完成的是把 p1 指向的变量的内容赋给 p2 所指的变量,也就间接地实现了将 i 变量的值赋值给 j 变量的操作。所以 C 语言可以使用指针间接地操作变量。

通过指针访问它所指向的一个变量是以间接访问的形式进行的,比直接访问一个变量要费时间,而且不直观,因为通过指针变量要访问哪一个变量,取决于指针变量的值(即指向关系)。但由于指针是变量,所以可以通过改变它们的指向,以间接形式访问不同的变量,这给程序员带来编程的极大灵活性,也使程序访问数据的方法更加多变,易于实现复杂算法,这是 C 语言的一大优势,也是很多编程软件无法比拟的。

【例 11-1】　输入 a 和 b 两个整数,按先大后小的顺序输出 a 和 b,并通过指针形式访问。

```
#include<stdio.h>
void main()
{
    int * p1, * p2, * p,a,b;
    scanf("%d,%d",&a,&b);
    p1=&a;p2=&b;
    printf("a=%d,b=%d\n",a,b);
    printf(" * p1=%d, * p2=%d\n", * p1, * p2);
    if( * p1< * p2)
        {p=p1;p1=p2;p2=p; }
    printf(" * p1=%d, * p2=%d\n", * p1, * p2);
    printf("max=%d,min=%d\n", * p1, * p2);
}
```

程序运行结果如下：

```
3,5
a=3,b=5
*p1=3,*p2=5
*p1=5,*p2=3
max=5,min=3
请按任意键继续. . . .
```

程序中使用 scanf 函数将输入的两个数据分别写入变量 a 和 b 中,注意 scanf 的格式字符串中由逗号间隔,所以输入时两个数据项之间要加一个逗号。之后使用 & 运算符取 a 和 b 的地址并分别赋值给指针变量 p1 和 p2,也就是使 p1 和 p2 分别指向了 a 和 b。后边两次调用 printf 函数,分别输出了 a、b 的值和 * p1、* p2 的值,因为 p1 和 p2 分别指向的就是 a 和 b,所以两行输出的值是一样的。这里是为了和后面程序处理的结果作对比,所以使用了

printf 函数输出了相关信息。之后使用 if(＊p1＜＊p2)判断 p1 和 p2 分别指向值的大小关系,即 a 和 b 的大小关系。如果＊p1＜＊p2,即 a＜b,则执行 if 语句的内嵌语句,实现变量存储内容的交换,交换的是什么变量的内容呢? 语句"p＝p1;p1＝p2;p2＝p;"中的变量都是指针变量,交换指令变量的值也就是交换了指针变量里面存储的地址。根据"谁的地址指向谁"的本质规律我们知道,是交换了 p1 和 p2 的指向关系,使 p1 和 p2 分别指向 b 和 a,不再是分别指向 a 和 b 了。也就是实现了 p1 指向数值大的变量,p2 指向数值小的变量。所以最后两行输出的是＊p1＝5,＊p2＝3 和 max＝5,min＝3。注意在此种情况下 a 变量和 b 变量中的值没有改变。

11.2.3 指针运算

指针变量的值是可以使用运算符进行运算的,但是其运算规律比较特殊,这是指针变量的另一个特点,也是其精髓所在。指针运算主要是进行加、减法运算和关系运算,这里说的加、减法不是简单的加、减法,而是与运算对象的数据类型相关的运算。直观上的理解可以是数组元素访问位置的变化,加就是指向后面的元素,减就是指向前面的元素。原因是指针的值是由编译器管理的,对用户而言只是间接使用。所以地址运算时编译器根据实际程序员的需要做了相关改变,使其使用更加简便。

只有对数组元素的地址进行加、减法运算才是有意义的,因为数组的各个元素是在内存中连续存储的,每个元素之间的地址距离是相同的,这与数组元素的数据类型有直接关系。如 char 型数组每个数组元素占 1 字节单元,所以相邻元素的地址距离就是 1。如果有了第一个元素的地址(不管值是多少),对该地址进行加 1 得到的就是第二个元素的地址,我们知道"谁的地址指向谁"的道理,所以加 1 后得到的地址(即指针)就指向了下一个元素(即第二个元素),可以以此类推。同样地,如果对指向某个元素(不是第一个元素时)的指针减 1,得到的指针就指向前一个元素。我们不用关心实际的地址值变化了多少。

这是字符型数组,很好理解。如果是其他类型的数组,每个元素占用的内存单元不是 1 字节而是多字节,这时如果地址值加 1 或减 1 对应的是当前元素所占用的存储单元的第 2 字节的地址(当前地址值＋1)或是上一个元素的最后 1 字节的地址(当前地址值－1),都不是指向下一个元素或上一个元素的首地址,所以不能使用其访问后面或前面的元素。如果想访问后面或前面的元素,要根据数组元素的数据类型计算地址的距离,再用这个地址的距离做加或减法运算才能实现,这个工作由编译软件帮助完成,程序员就不必再考虑此问题了。程序员只要知道使用 C 语言写的程序中,只要出现了指针(地址)的加、减法运算,就是改变指针指向数组元素位置。

注意:指针加几就是得到向下数第几个元素的地址,减几就是得到向前数第几个元素的地址。这个是大家需要记住的指针运算的基本规律。

【例 11-2】 指针运算。

```
#include<stdio.h>
void main()
{
    int a[10]={0,1,2,3,4,5,6,7,8,9};
    char c[]="How are you?";
```

```
    int * p1=a,i;
    char * p2;
    for(p2=c; * p2!='\0';p2++)
    {    printf("%c ", * p2);
    }
    printf("\n");
    for(i=0;i<10;i++)
    {    printf("%d", * (p1+i));
    }
    printf("\n");
    p1=a+9;
    for(i=0;i<10;i++)
    {    printf("%d", * (p1--));
    }
    printf("\n");
    p1=a;
    for(i=0;i<10;i++,p1++)
    {    * p1=i * 2;
         printf("%d", * p1);
    }
    printf("\n");
}
```

程序运行结果如下：

```
How  are  you?
0 1 2 3 4 5 6 7 8 9
9 8 7 6 5 4 3 2 1 0
0 2 4 6 8 10 12 14 16 18
请按任意键继续. . .
```

　　本程序的 main 函数中定义了一个 int 类型数组 a,将各个元素依次初始化成 0、1、2、3、4、5、6、7、8 和 9。又定义了一个字符型数组 c,初始化成"How are you?"。之后使用"int *p1=a,i;"分别定义了一个 int 类型指针变量和 int 类型变量 i。将 p1 初始化成 a 数组的首地址,即 p1 指向了 a[0]。又使用"char * p2;"定义了一个字符型指针,但没有初始化。

　　第一个 for 语句中的 3 个表达式是"p2=c; * p2!='\0';p2++"。第一个表达式将 c 数组的首地址赋值给了 p2,即 p2 指向了 c 数组的第一个元素。第二个表达式是循环条件" * p2!='\0';",该条件是通过 p2 中存放的地址使用间接访问运算符 * 访问到 * p2,即 p2 所指向的变量,判断 p2 所指向变量的值是不是'\0',即字符串结束标志,如果不是,就执行循环体"printf("％c", * p2);"并输出 p2 所指向变量对应的字符和空格。完成后执行 p2++ 使 p2 指向下一个元素,如此循环直到字符串结束标志为止。其实现了使用指针间接访问字符数组元素,注意,p2++ 是 p2=p2+1,即指针运算,起调整指针变量的指向关系的作用。

　　第二个 for 语句中的 3 个表达式是"i=0;i<10;i++"。其控制循环 10 次,i 从 0 变化到 9。通过地址运算规律可知,循环体"printf("％d", * (p1+i));"中 p1+i 的值就是 a 数组下标为 i 的数组元素的地址,所以 * (p1+i)就是 a[i]。因此该循环分 10 次输出 a 数组的 10 个数组元素的值。其是从第一个元素输出到最后一个元素,所以输出是 0 1 2 3 4 5 6 7 8 9。之后 p1=a+9 将 p1 中的地址改成了 a 数组最后一个数组元素的地址,所以 p1 当前指向了 a[9]。

第三个 for 语句中的 3 个表达式是"i=0;i<10;i++"。其控制循环 10 次,i 从 0 变化到 9。循环体"printf("%d",*(p1--));"中 p1-- 是实现 p1 的值减一。所以每次循环通过 p1 中的地址间接访问当前指向的数组元素并输出后,再使 p1 指向前一个元素,为下一次访问做地址修改的准备。因此该循环分 10 次输出 a 数组的 10 个数组元素的值,但顺序是从最后一个元素向前输出到最前面一个元素,所以输出是 9 8 7 6 5 4 3 2 1 0。之后又用 p1=a 使 p1 指向了 a 数组的第一个元素。

第四个 for 语句中的 3 个表达式和第三个 for 语句类似,只是在表达式 3 中使用了逗号运算符,如 for(i=0;i<10;i++,p1++)。也就是表达式 3"i++,p1++"执行时分别对 i 和 p1 的值做了增量调整,使 p1 指向了下一个元素。其控制循环 10 次,i 从 0 变化到 9。循环体首先使用 *p1=i*2 重新改写了 p1 所指向行的数组元素的值,变成了当前循环条件变量 i 值的 2 倍对应的数值。之后使用 printf("%d",*p1)输出该指针当前指向元素的值。因此该循环分 10 次输出 a 数组的 10 个数组元素的值,是从第一个元素输出到最后一个元素,所以输出是 0 2 4 6 8 10 12 14 16 18。

本程序中所要使用的指针变量有时是用于读取其指向的变量的值,有时是用于向所指向的变量写入新值。在程序中使用了多种形式的指针运算,即地址运算,注意理解不同形式的区别。如 *(p1+i)这种形式中 p1 的指向关系是不变的,只是使用 p1 中的地址值作为基准,经过地址运算后得到新的地址值,再通过该地址值间接访问这个地址指向的变量。p1++ 等价于 p1=p1+1,因为有赋值运算,所以 p1 的值是在变化的,也就是在循环程序运行过程中 p1 的值在不断变化(即不断改变其指向关系),程序正是使用该变化来访问不同的数组元素的。

如果程序只是使用一个字符串而不需要修改该字符串,可以定义指针变量来指向字符串常量,而不需要定义一个字符数组再使用字符串对其初始化,这样会大大节省内存。

例如,本例中"char c[]="How are you?";"可以修改成"char *p2="How are you?";",这样内存中就不会存在一个数组来重新存储这个字符串常量对应的赋值字符,而是直接使用指针访问程序代码中的这个字符串常量。原因是字符串常量是在程序存储器中存储的,只要占用存储器,无论是程序存储器还是数据存储器都有地址,所以可以定义指针变量来指向它。换个角度来看,字符型指针可以使用字符串常量进行初始化或赋值,因为字符串常量的值是存储字符串常量的第一个存储单元的地址,即第一个字符的地址。但需要注意:由于其存储在程序存储器中,所以是常量,不可修改每个字符所在单元的值,即不能通过指针修改字符串常量中任何一个元素的值。而"char c[]="How are you?";"语句实现的是在内存中建立一个数组并进行初始化。在程序中既存在一个程序存储器区的"How are you?"字符串常量,也存在一个数据存储器区的数组,这个数组的每个元素存储的 ASCII 码和字符串常量的各个字符是相同的。此时数组 c 中每个数组元素的值都是可以修改的。

11.2.4　指针变量作函数参数

要点:指针作函数参数也是值的单向传递,不过传递的是地址。地址具有间接访问属性,因此被调函数可以通过该地址访问主调函数作用域之内的变量或数组元素等。

通过对第 9 章的学习,我们知道函数的参数可以是整型、实型、字符型变量或数组。其实函数参数还可以是指针类型,即在定义函数时,将形式参数定义成指针变量,调用该函数时对应实参使用对应类型的地址表达式。

它的作用是主调函数将一个地址传送到被调函数中作为形式参数的指针变量中,被调函数中的程序就可以使用该指针变量间接访问主调函数中这个地址指向的变量。用以解决主调函数中定义的局部作用域数据容器(即变量)无法扩展到被调函数中,从而被调函数无法直接修改主调函数中变量的问题。这种用法也是根据需要使用,因为其有副作用,如果多个被调函数都能修改同一个主调函数中的某个变量,可能出现冲突或数据运算违背程序员的初衷。

1. 指针变量作函数参数访问主调函数中的变量

【例 11-3】 任务要求同例 11-1,即输入的两个整数按大到小的顺序输出。现在用函数处理,而且用指针类型的数据作函数参数。

```
#include<stdio.h>
void sort(int * p1,int * p2);
void main()
{
    int a,b;
    scanf("%d,%d", &a, &b);
    printf("a=%d,b=%d\n", a, b);
    sort(&a, &b);
    printf("a=%d,b=%d\n", a, b);
}
void sort(int * p1,int * p2)
{
    int t;
    if( * p1< * p2)
      {  t= * p1; * p1= * p2; * p2=t;  }
}
```

程序运行结果如下:

```
3,5
a=3,b=5
a=5,b=3
请按任意键继续. . .
```

主函数中使用 scanf 接收输入的两个数据 3 和 5 并赋给主函数中的变量 a 和 b。之后使用 printf 输出显示 a 和 b 的值,用于与调用函数 sort 后的 a 和 b 的变化作对比。sort 函数的形式参数是指针变量 int * p1 和 int * p2,主调函数给的实参 &a 和 &b 是 a 和 b 的地址。该地址值传递给形式参数,所以被调函数开始执行时 p1 和 p2 的初值是 a 和 b 的地址,即 p1 和 p2 分别指向了 a 和 b。在 sort 函数中根据 if(* p1< * p2)的判断,如果 p1 指向的变量值小于 p2 指向的变量值,即主调函数中 a 的值小于 b 的值,执行内嵌语句"t= * p1; * p1= * p2; * p2=t;",大家很容易看出这是交换程序,但是这里是通过交换指针变量的值来调整指向关系吗? 答案是否定的,这里是交换 p1 和 p2 分别指向的变量值,即交换主调函数中 a 和 b 的值。因此主函数执行完"sort(&a,&b);"语句后再使用 printf("a=%d,b=%d\n", a, b)输出 a 和 b 的值就和原来不一样了,发现结果是两个值被交换了。

注意如何交换 * p1 和 * p2 的值。请找出下列程序段中的错误:

```
void sort(int * p1,int * p2)
{
    int * temp;
    * temp= * p1;              //此语句有问题
    * p1= * p2;
    * p2= * temp;              //此语句有问题
}
```

错误原因是,temp 也是指针变量,它必须要指向一个类型相符的变量,才能使用间接访问形式访问其指向的数据,这里要理解本例中使用的各种代码形式的区别。

请考虑如果使用下面的函数能否实现 a 和 b 互换,第 9 章分析过,在此不再重复。

```
void sort (int x,int y)
{
    int temp;
    temp=x;
    x=y;
    y=temp;
}
```

同样不能企图通过改变指针形参的值而使指针实参的值改变,因为函数参数传递是单向值的传递。上例中的 sort 函数如果定义成以下形式,也实现不了想要的功能。因为其交换的是作为形式参数的指针变量中的地址值,也就是只改变了形式参数 p1 和 p2 的指向关系,而没有改变其指向的变量。

```
void sort (int * p1,int * p2)
{
    int * p;
    p=p1;
    p1=p2;
    p2=p;
}
```

2. 指针变量作函数参数访问主调函数中的数组元素

【例 11-4】 定义函数,指针作函数参数统计其访问的数组元素的数据总和。

```
#include<stdio.h>
int sum(int * p,int num);
void main()
{
    int a[10]={0,1,2,3,4,5,6,7,8,9};
    printf("sum(0-9)=%d\n",sum(a,10));
    printf("sum(0-4)=%d\n",sum(a,5));
    printf("sum(5-9)=%d\n",sum(a+5,5));
    printf("sum(3-8)=%d\n",sum(&a[3],6));
}
int sum(int * p,int num)
{
    int t=0,i;
    for(i=0;i<num;i++)
        t+= * (p+i);
```

```
    return t;
}
```

程序运行结果如下:

```
sum(0-9)=45
sum(0-4)=10
sum(5-9)=35
sum(3-8)=33
请按任意键继续. . . _
```

本程序的主函数中定义了一个数组 a,元素的初始化值分别为 0,1,2,3,4,5,6,7,8,9。之后使用 4 次 printf 函数调用,分别输出调用 sum 函数的返回值。

下面来看 sum 函数,其函数的形式参数是整型指针变量 int ＊p 和整型变量 int num,该指针变量 p 接收实参的地址值并作为运行时的初值,整型变量 num 接收实参的整数值并作为运行时的初值。函数体中使用循环程序做 num 次累加,每次累加的数据来自 ＊(p＋i),其中 p 是指针变量,i 是整型变量,即循环程序每次循环递增的循环变量。p＋i 是把 p 中的地址做加 i 运算,我们从指针运算的规律可知,地址＋i 是得到该当前地址指向的变量,即数组元素向下数第 i 个数组元素的地址。再使用间接访问运算符 ＊ 构成 ＊(p＋i),访问的就是 p 所指向的数组元素的下面第 i 个元素。如果把 p 所指向的数组元素看作在 sum 函数中访问数组的第一个元素(下标为 0 的元素),那么 ＊(p＋i)访问的就是下标为 i 的元素。所以可以看出 sum 函数的功能是将形式参数 p 所指向的数组元素的向下连续 num 个元素进行累加求和,最后作为函数返回值返回。函数被调用时对应实参应该分别是要处理的开始元素的地址和要处理的数组元素个数。

主函数中第一次调用 printf 函数输出调用 sum(a,10)函数的返回值时,实参分别是主函数中定义的 a 数组的第一个元素的地址和个数 10,所以 sum 完成了 a 数组的 10 个元素的累加求和,返回值为 45。

主函数中第二次调用 printf 函数输出调用 sum(a,5)函数的返回值时,实参分别是主函数中定义的 a 数组的第 1 个元素的地址和个数 5,所以 sum 完成了 a 数组的前 5 个元素的累加求和,返回值为 10。

主函数中第三次调用 printf 函数输出调用 sum(a＋5,5)函数的返回值时,实参分别是主函数中定义的 a 数组的第 6 个元素的地址和个数 5,所以 sum 完成了 a 数组的后 5 个元素的累加求和,返回值为 35。

主函数中第四次调用 printf 函数输出调用 sum(a＋3,6)函数的返回值时,实参分别是主函数中定义的 a 数组的第 4 个元素的地址和个数 6,所以 sum 完成了 a 数组的中间第 4～9 个元素的累加求和,返回值为 33。

3. 数组名的指针属性和访问数组元素的等价形式

前面学习数组时详细说明了数组的特性和数组的使用方法,其中要求大家记住一个重要知识,就是数组名的特性,即数组名的值是数组的首地址,因此其具有地址特性。当然不同维数的数组名的地址特性还有区别。

目前我们需要掌握的是代表数组元素地址的相关内容。我们再回顾一下如何取得一维数组元素的地址以及什么是一维数组元素的地址。首先每个数组元素使用取地址运算符 & 后即可得到该数组元素的地址。然后一维数组名就是该一维数组的首地址,即第一个数组元素的地址。最后结合指针运算规律可知,每个数组元素的地址可以使用数组名经过加法运算得到。

二维数组中,数组名是二维数组的首地址,但其不是二维数组第一个元素的地址。这一点要牢记,不然程序设计时会出现语法错误。那么怎么获得二维数组元素的地址呢?记住无论多少维的数组,其数组元素都是变量,使用地址运算符 & 对其取地址后即可得到该数组元素的地址。另外,二维数组每一行都是由多个第一维下标相同的数组元素构成的一维数组,既然是一维数组,去掉末维(列)下标后的剩余部分就是该一维数组的数组名,这个数组名就是该行数组元素构成一维数组的首地址,即该行数组第一个元素的地址。同样其支持指针(地址)运算。

已知 C 语言中如果指针变量 p 已指向数组中的一个元素,则 p+1 就指向同一数组中的下一个元素。引入指针变量后,就可以用多种方法来访问数组元素了。假设存在"int a[10];int * p＝a;",则指针与数组元素的关系如图 11-1 所示。

(1) p+i 和 a+i 都是 a[i] 的地址,或者说它们指向 a 数组的第 i 个元素。

(2) *(p+i)或 *(a+i)就是 p+i 或 a+i 所指向的数组元素,即 a[i]。例如,*(p+5)或 *(a+5)就是 a[5]。

(3) 指向数组的指针变量也可以使用带下标的书写形式,如 p[i]与 *(p+i)等价。

根据以上叙述,定义了一个数组后可以使用两种形式访问数组元素,即下标形式和指针形式,如定义了 a 数组,则可以使用 a[i]或 *(a+i)形式访问下标为 i 的数组元素。

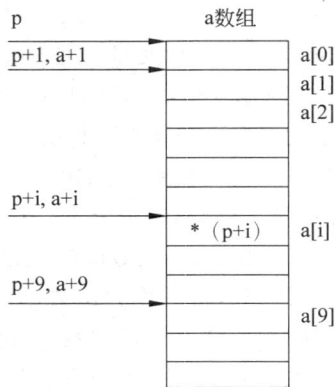

图 11-1 指针与数组元素的关系

如果一个指针变量指向了一个数组中的某个元素,则也可以使用下标形式访问该数组中各元素。例如,定义了指针变量 p,如果完成 p＝a 操作,则 p 指向了 a 数组的第一个元素,可以通过指针变量 p 使用两种形式(即指针形式和下标形式)访问数组中任何元素,如 *(p+i)和 p[i],其访问的都是 p 指向的数组 a 中从 p 中地址开始向下数第 i 个元素 a[i]。

另外如果指针 p 指向的元素不是数组 a 的第一个元素又会是什么等价情况?如 p＝&a[2]或 p＝a+2 后,存在什么等价关系。根据前面的"谁的地址指向谁"和地址运算关系我们不难分析出答案,也就是 *(p+i)和 p[i]还是等价的,但其不再等价于 a[i],因为 p 不是指向 a 数组的第一个元素,其现在指向的是 a[2],即第三个数组元素,所以从 a[2]开始再向下数 i 个元素就不是 a[i]了,而是 a[2+i]。但对于指针变量 p 来说,p 指向的位置是确定的,所以 *(p+i)和 p[i]还是等价的。通过下面几个小程序对用法进行对比展示。

【例 11-5】 输出数组中的全部元素。(下标法)

```
void main()
{
    int a[10],i;
    for(i=0;i<10;i++)
        a[i]=i;
    for(i=0;i<5;i++)
        printf("a[%d]=%d\n",i,a[i]);
}
```

【例 11-6】　输出数组中的全部元素。（指针运算形式,通过数组名计算元素的地址后再访问元素。）

```
void main()
{
    int a[10],i;
    for(i=0;i<10;i++)
        * (a+i)=i;
    for(i=0;i<10;i++)
        printf("a[%d]=%d\n",i, * (a+i));
}
```

【例 11-7】　输出数组中的全部元素。（用指针变量中的地址值做加法运算得到新的地址值指向元素。）

```
void main()
{
  int a[10],i, * p;
  p=a;
  for(i=0;i<10;i++)
    * (p+i)=i;
  for(i=0;i<10;i++)
    printf("a[%d]=%d\n",i, * (p+i));
}
```

【例 11-8】　输出数组中的全部元素。（用指针变量中的地址值递增得到新的地址值指向元素,改变指针变量的指向关系。）

```
void main()
{
    int a[10],i, * p=a;
    for(i=0;i<10;i++)
    {
        * p=i;
        printf("a[%d]=%d\n",i, * p++);
    }
}
```

注意：* p++的写法,由于间接访问运算符 * 和自增运算符++都有自右向左的结合性,所以 * p++可以转换成 * (p++)来分析。如果某些程序中出现++ * p,可以使用++(* p)来分析。编写程序时如果对运算符和结合性掌握不够准确,尽量使用括号明确各个部分的结合关系和运算次序,避免出现设计与运行结果不符的情况甚至语法错误。

【例 11-9】　输出数组中的全部元素。（用指针变量的下标形式访问数组元素。）

```
void main()
{
    int a[10],i, * p=a;
    for(i=0;i<10;i++)
    {
```

```
        p[i]=i;
        printf("a[%d]=%d\n",i,p[i]);
    }
}
```

同样前面例程中的 sum 函数函数定义也可以修改成以下形式:

```
int sum(int * p,int num)
{
    int t=0,i;
    for(i=0;i<num;i++)
        t+=p[i];
    return t;
}
```

同样数组作函数参数的函数也可以使用以下指针形式:

```
int sum(int a[],int num)
{
    int t=0,i;
    for(i=0;i<num;i++)
        t+= * (a+i);
    return t;
}
```

形式参数是数组,其数组名就是数组首地址,即指针,所以可以使用指针运算形式。需要注意一点,形式参数是数组,数组名是数组首地址(即指针),但不是指针变量,而是常量,是实参传递过来的地址值的一个表示符号而已。所以既不能对数组名做赋值运算,也不能使用++和--等修改形式参数的数组名。如上例可以使用 * (a+i),但使用 * a++是非法的,因为 a 不是指针变量,而是个地址,是常量。

4. 通过函数的形参指针变量访问主调函数的字符串常量

【例 11-10】 本例是把字符指针作为函数参数来使用。要求把一个字符串的内容复制到另一个字符串中,并且不能使用 strcpy 函数。定义函数 cprstr,其形参为两个字符指针变量。ps 指向源字符串,pd 指向目标字符串。

```
#include<string.h>
cpystr(char * pd, char * ps)
{
  while(( * pd= * ps)!='\0')
  {
      pd++;
      ps++; }
  }
}
void main()
{
    char b[10];
    cpystr(b, "CHINA");
    printf("string a=%s\nstring b=%s\n","CHINA",b);
}
```

在本例中,自定义函数 cpystr 完成了把 ps 指向的字符数组中的源字符串复制到 pd 所指向的目标字符数组。程序中使用循环程序,每次判断所复制的字符是否为'\0',如果是,则表明源字符串结束,不再循环;否则,pd 和 ps 都加 1,指向下一字符,为下一次复制字符做准备。注意表达式 (* pd= * ps)!='\0'的用法,是赋值运算的结果再进行条件运算作为循环条件。

在主函数中,以字符串常量"CHINA"和数组名 b 为实参。所以 cprstr 函数开始执行时形式参数指针变量 ps 和 pd 分别指向字符串常量"CHINA"和数组 b 的第一个元素,实现了对字符串常量数组元素的读取和对 b 数组元素的写入。指针的指向关系的调整可以与赋值运算结合,代码可以简化为以下形式:

```
cprstr(char * pd,char * ps)
{   while ((* pd++= * ps++)!='\0');   }
```

即把指针的移动和赋值合并在一个语句中。进一步分析还可发现'\0'的 ASCII 码为 0,while 语句的循环条件是表达式的值为非 0,因此也可省去"!='\0'"这一判断部分,而写为以下形式:

```
cprstr(char * pd,char * ps)
{  while( * pd++= * ps++); }
```

该循环条件表达式的意义可解释为:源字符向目标字符变量赋值,移动指针,如果所赋值为非 0,则循环;否则结束循环。这样使程序更加简洁,但如果对条件值真假关系的决定因素掌握得不够清楚,应该尽量使用完整形式,不要轻易简化。代码优化方法的运用是建立在充分掌握相关知识和具有高水平的编程能力基础上的。

任务 11-1:根据指针及指针运算和指针作函数参数的知识,对任务 9-2 进行修改,定义多个使用指针作函数参数的函数,完成对一维数组中存储的整数求最大值、最小值、平均值和进行排序等操作,在主函数中调用并验证其功能。

11.2.5　空指针

空指针是由对指针变量赋予 NULL 值而得到的。例如:

```
int * p=NULL;
```

对指针变量赋 NULL 值和不赋值是不同的。未对指针变量赋值时,它可以是任意值,是不能使用的;否则将造成意外错误。而给指针变量赋 NULL 值后,则可以使用,只是它不指向具体的变量而已。每个程序开发环境中都对 NULL 有了定义,其不一定是数字 0,所以不要认为 NULL 的值就是 0。部分开发环境中如果用判断是不是 0 来判断是不是 NULL,可能会得不到想要的结果。

11.3　指向二维数组行的指针和指针变量

要点 1:二维数组是由行构成的,每个行又是由元素构成的。元素隶属于行,多个行构成一个二维数组。

要点 2:二维数组行有行地址属性,不同于元素地址属性。二维数组名的地址属性是行地址属性,其为第一行的地址。行名的地址属性是元素地址属性,是该行中第一个元素的地址。

本节以二维数组为例介绍用于访问多维数组的指针变量。指针变量是用于存储地址的,指针变量的特性与地址的特性相符才能够存储,还是那句话"C 语言是强类型语言"。

多维数组的地址有哪些特性呢?

1. 二维数组中的地址属性

以整型二维数组为例来回顾一下前面多次讲解过的两位数组中的地址关系,假如有定义:

```
int a[3][4]={{0,1,2,3},{4,5,6,7},{8,9,10,11}};
```

且假设 32 位的编译系统(16 位编译系统的情况自行分析)编译后得到的 a 数组占用第一个存储单元的地址为 1000,二维数组内存中元素与内存单元地址关系见表 11-1。

表 11-1　二维数组内存中元素与内存单元地址关系

第一行	地址	1000	1004	1008	1012
	元素	a[0][0]	a[0][1]	a[0][2]	a[0][3]
	值	0	1	2	3
第二行	地址	1016	1020	1024	1028
	元素	a[1][0]	a[1][1]	a[1][2]	a[1][3]
	值	4	5	6	7
第三行	地址	1032	1036	1040	1044
	元素	a[2][0]	a[2][1]	a[2][2]	a[2][3]
	值	8	9	10	11

可以看出二维数组每个元素都有一个地址(占用内存的第 1 字节的地址,首地址),二维数组的每个元素是以行列的书写形式的自左向右自上向下的顺序依次连续存储的。每个元素占用一定数量的存储单元,具体个数由数据类型决定,这里是 32 位系统的 int 类型,所以每个元素占 4 字节。

每个元素的地址是一定存在的,使用取地址运算符进行取地址运算即可取得其地址。如 &a[2][1] 得到的就是数组元素 a[2][1] 的地址。我们这里假设的地址是 1036,实际不同计算机、不同编译环境、不同次的程序运行中的地址具体值不一定相同,且都不是我们举例的一千左右这么小的数量级。

因为数组元素是变量,则数组元素的地址就是变量的地址,所以二维数组元素甚至是多维数组元素的地址属性就是变量地址的属性,既然是变量的地址属性,就可以使用指向变量的指针变量来存储该地址,通过该指针变量访问该数组中的各个元素。

【例 11-11】　使用指向变量的指针变量间接访问二维数组元素。

```c
#include<stdio.h>
void main()
{
    int a[3][4]={{0,1,2,3},{4,5,6,7},{8,9,10,11}};
    int * p;
    int t=0,i;
    p=&a[0][0];
```

```
    for(i=0;i<3*4;i++,p++)
        t+=*p;
    printf("sum=%d\n",t);
}
```

程序运行结果如下：

```
sum=66
请按任意键继续. . .
```

本程序定义了一个 3 行 4 列的 int 类型数组 a,初始化为{{0,1,2,3},{4,5,6,7},{8,9,10,11}},即 12 个元素依次是 0,1,2,3,4,5,6,7,8,9,10,11。定义了一个变量 p,其为指向 int 类型变量的指针变量。之后使用 p=&a[0][0]对指针变量 p 进行赋 a[0][0]的地址值,因此指针变量 p 指向了 a[0][0]。之后 for(i=0;i<3*4;i++,p++)在循环变量 i 从 0 到 11 的控制下循环 12 次,每次执行 t+=*p 后,即将 p 指向的变量的值累加到变量 t 中,这里 p 指向的是二维数组元素,所以实现了二维数组元素值的累加,每循环累加一次后执行 p++,使 p 中的地址变成其所指向的数组元素的下一个数组元素的地址(即指向下一个元素),从而实现使用 *p 依次访问二维数组中的每个元素并进行累加操作。最后使用 printf ("sum=%d\n",t)输出累加结果,得到 sum=66 的结果。

二维数组中除了每个数组元素的地址的变量地址属性外,还存在哪些地址属性? 前面介绍过,C 语言书写形式上把一个二维数组分解为多个一维数组来表示。表示形式如下:

a[0][0]　　a[0][1]　　a[0][2]　　a[0][3]

a[1][0]　　a[1][1]　　a[1][2]　　a[1][3]

a[2][0]　　a[2][1]　　a[2][2]　　a[2][3]

观察其每一行,只有第二维下标不同,前面都是相同的,如第一行的 a[0]、第二行的 a[1]以及第三行的 a[2]。从而可以把每一行的多个元素看作一个一维数组,下标从 0 依次递增,数组名分别是 a[0],a[1],a[2]。既然 a[0],a[1],a[2]是数组名,就有数组名的属性,也就是它所代表的数组的第一个元素的地址,即一维数组首地址。那么在二维数组中就又存在了一些可以在编程时直接使用地址信息——行名,如 a[0],a[1],a[2]。行名的值是该行的第一个元素的地址,所以它也有变量地址属性,并且其是不可改变的量,即常量。因此可以使用它对指向变量的指针变量进行赋值。如上例中的 p=&a[0][0]可以写成 p=a[0],但不能写成 p=&a[0](后面再讲 &a[0]的属性是什么)。因此得到以下等价形式:a[0]等价于 &a[0][0],a[1]等价于 &a[1][0],a[2]等价于 &a[2][0]。在程序中根据需要选择性地使用。

注意:二维数组中的行名是常量,是对应行的第一个数组元素的地址值。

定义了二维数组同时就存在了多个行名可以使用,不能在定义其他数组时与其同名。如定义了二维数组 a 后,就不能再定义一维数组 a。因为定义完二维数组 a 后,像 a[0],a[1],a[2]这样的名称就存在了。再观察二维数组中行名的特点,我们会发现它也是带下标的数组元素形式,所以也可以将其看作数组元素,注意它并不是真正占用内存单元的数组元素,而是二维数组和多维数组中的特殊属性。在程序设计时可以使用行名的下标属性,但是要记住其是常量,不能当作变量使用。例如 a[0],a[1],a[2],从形式上看 a 是由 a[0],a[1],a[2]构成的特殊一维数组的数组名,这就是 a 的地址特性。

二维数组名是由代表行的元素(简称行元素)构成的特殊一维数组名,其值就是由行数组名构成的数组中的第一个元素的地址。如 a 是由 a[0],a[1],a[2]构成特殊一维数组的数组名,即 a 是 a[0]的地址,但其不是 a[0][0]的地址。尽管实际上 a、a[0]值及 a[0][0]地址值是相等的,但是语法意义不同,不能混用。

那么是否可以定义一个允许存储二维数组名(也是地址)的指针变量来访问二维数组呢? 答案是可以的,但定义的不是前面学习的指向变量的指针变量,而是用来指向一个类似行的一维数组整体的指针变量,下面进行讲解。但是要注意其与指向变量的指针变量的区别。

2. 可用于访问二维数组的指向行的指针变量

二维数组的行也就是一个指定长度的一维数组的整体,所以指向行的指针也就是指向特定结构的一维数组整体的指针,用于存储该指针(即地址)的变量就是指向行的指针变量。其定义形式如下:

类型说明符　(＊指针变量名)[宽度]

其中"类型说明符"为所指向的由多个元素组成的一维数组的数据类型。"＊"表示其后的变量是指针类型。"[宽度]"表示其将来指向的行(一维数组)的结构,即行的宽度。以此类推,语法形式中也可以是[宽度][宽度],其定义的是指向特定宽度的二维数组整体,用于三维数组的访问。这里定义的指向行的宽度也就是二维数组的列宽。

语法上要注意以下事项。

(1)"(＊指针变量名)"两边的括号不可少。如缺少括号,则改变了定义的属性(本章后面介绍),意义就完全不同了。

(2)同样[宽度]的一对[]也不能少,并且该宽度必须是常量表达式的值。也就是程序编译时就能够确定其将来能够指向行的宽度,程序运行时是不可改变的,该指针变量只能指向该宽度的行,不能指向其他宽度的行。例如:

int (＊p)[4];

它表示 p 是一个指针变量,它只能指向包含 4 个 int 类型元素的行。如果存在前面举例中定义的二维数组 a,可以使用该二维数组的特有行元素的地址对 p 进行初始化或赋值,如 p＝&a[0],使 p 指向 a[0],即＊p,也就是 a[0]。同样 p＝&a[1]或 p＝&a[2]都是合法的。又因为 a 的值等于&a[0],则 p＝a 或 p＝a+1 或 p＝a+2 都是符合语法规定的。

另外 p+i 则指向 a[i]。从前面的分析可得出＊(p+i)+j 是二维数组 i 行 j 列元素的地址,而＊(＊(p+i)+j)则是 i 行 j 列元素。

如果定义了指向行的指针变量,用其访问二维数组时有哪些使用形式的等价形式?例如:

int a[3][4];
Int (＊p)[4]=a;

访问二维数组元素的形式及等价关系见表 11-2。

表 11-2　访问二维数组元素的形式及等价关系

下标形式	使用行指针	p[0][0]	p[0][1]	p[0][2]	p[0][3]
	使用二维数组名	a[0][0]	a[0][1]	a[0][2]	a[0][3]
	使用行指针	p[1][0]	p[1][1]	p[1][2]	p[1][3]
	使用二维数组名	a[1][0]	a[1][1]	a[1][2]	a[1][3]
	使用行指针	p[2][0]	p[2][1]	p[2][2]	p[2][3]
	使用二维数组名	a[2][0]	a[2][1]	a[2][2]	a[2][3]
指针形式	使用行指针	*(*(p+0)+0)	*(*(p+0)+1)	*(*(p+0)+2)	*(*(p+0)+3)
	使用二维数组名	*(*(a+0)+0)	*(*(a+0)+1)	*(*(a+0)+2)	*(*(a+0)+3)
	使用行元素	*(a[0]+0)	*(a[0]+1)	*(a[0]+2)	*(a[0]+3)
	使用行指针	*(*(p+1)+0)	*(*(p+1)+1)	*(*(p+1)+2)	*(*(p+1)+3)
	使用二维数组名	*(*(a+1)+0)	*(*(a+1)+1)	*(*(a+1)+2)	*(*(a+1)+3)
	使用行元素	*(a[1]+0)	*(a[1]+1)	*(a[1]+2)	*(a[1]+3)
	使用行指针	*(*(p+2)+0)	*(*(p+2)+1)	*(*(p+2)+2)	*(*(p+2)+3)
	使用二维数组名	*(*(a+2)+0)	*(*(a+2)+1)	*(*(a+2)+2)	*(*(a+2)+3)
	使用行元素	*(a[2]+0)	*(a[2]+1)	*(a[2]+2)	*(a[2]+3)

二维数组中存在的地址及等价关系见表 11-3。

表 11-3　二维数组中存在的地址及等价关系

二维数组元素的地址	使用行指针	*(p+0)+0	*(p+0)+1	*(p+0)+2	*(p+0)+3
	使用二维数组名	*(a+0)+0	*(a+0)+1	*(a+0)+2	*(a+0)+3
	下标	&a[0][0]	&a[0][1]	&a[0][2]	&a[0][3]
	使用行元素	a[0]+0	a[0]+1	a[0]+2	a[0]+3
	使用行指针	*(p+1)+0	*(p+1)+1	*(p+1)+2	*(p+1)+3
	使用二维数组名	*(a+1)+0	*(a+1)+1	*(a+1)+2	*(a+1)+3
	下标	&a[1][0]	&a[1][1]	&a[1][2]	&a[1][3]
	使用行元素	a[1]+0	a[1]+1	a[1]+2	a[1]+3
	使用行指针	*(p+2)+0	*(p+2)+1	*(p+2)+2	*(p+2)+3
	使用二维数组名	*(a+2)+0	*(a+2)+1	*(a+2)+2	*(a+2)+3
	下标	&a[2][0]	&a[2][1]	&a[2][2]	&a[2][3]
	使用行元素	a[2]+0	a[2]+1	a[2]+2	a[2]+3
特殊行元素的地址	使用行指针	p	p+1	p+2	
	使用二维数组名	a	a+1	a+2	
	使用行元素	&a[0]	&a[1]	&a[2]	

　　大家学习了指针之后,要结合二维数组地址的相关知识,学会灵活使用以上等价形式对二维数组进行处理。下面我们使用几个典型例程对相关方法进行展示。

　　【例 11-12】　使用指向变量的指针顺序访问二维数组元素:求数组元素的和。

```
#include<stdio.h>
```

```
int sum(int * p,int num);
void main()
{
    int a[3][4]={0,1,2,3,4,5,6,7,8,9,10,11};
     printf("sum=%d\n",sum(a[0],12));          //a[0]与 &a[0][0]等价
}
int sum(int * p,int num)
{
    int i,s=0;
    for(i=0;i<num;i++)
      s+= * (p+i);                              // * p++
    return s;
}
```

程序运行结果如下：

```
sum=66
请按任意键继续. . .
```

程序中的 sum 函数定义的形式参数 int * p 为指向 int 类型变量的指针变量,因此其只能指向 int 类型变量,二维数组元素就是变量,也是 int 类型,所以在 sum 函数可以使用 int 类型的二维数组元素的地址作实参传递给形式参数(指针变量 p)。用 p 在 sum 函数中间接访问其指向数组的各个元素。主调函数使用"printf("sum=％d\n",sum(a[0],12));"输出调用 sum(a[0],12)函数的返回值,注意 sum 的第一个实参是 a[0],其是主函数中定义的二维数组的特殊元素 a[0]的值,也就是 a[0][0]的地址,所以程序可以等价写成 sum(&a[0][0],12)。sum 函数体中的程序执行时使用循环程序进行 num 次累加,注意这里使用指针变量中的地址进行加法运算后求出要访问的地址,再用间接访问运算符 * 间接访问数组元素。程序也可以修改指针变量 p 的指向关系,使其通过依次向下指向不同的元素来访问数组中的各个元素,如使用 * p++实现。

【例 11-13】 使用指向变量的指针分行、分列访问二维数组元素：求每一行元素的和。

```
#include<stdio.h>
void sum_l(int * p,int s[],int r,int l);
void main()
{
    int a[3][4]={0,1,2,3,4,5,6,7,8,9,10,11};
    int b[3]={0};
    int i;
    sum_l(&a[0][0],b,3,4);
    for(i=0;i<3;i++)
      printf("b[%d]=%d\n",i,b[i]);
}
void sum_l(int * p,int s[],int r,int l)
{
    int i,j;
    for(i=0;i<r;i++)
    for(j=0;j<l;j++)
      s[i]+= * (p+i * l+j);
}
```

程序运行结果如下：

```
b[0]=6
b[1]=22
b[2]=38
请按任意键继续...
```

本程序同样使用指向变量的指针变量访问二维数组元素。因为其只能顺序向前或向后访问各个元素，不能使用多个下标形式，所以在需要使用二维数组下标的算法程序中或不连续访问二维数组元素时，需根据算法中要访问的二维数组下标特性计算得出一个对应元素的序号，然后对其进行访问。如 s[i]＋＝ ＊(p＋i＊l＋j)中的 p＋i＊l＋j 就是根据当前的行下标 i 和列下标 j 以 p 中的地址为起点计算出要访问的二维数组元素的地址，再用间接访问运算符 ＊间接访问该数组元素。

【例 11-14】 二维数组的下标访问形式：二维数组转置处理。

```c
#include<stdio.h>
void zhuan(int p1[3][4],int p2[4][3]);
void main()
{
    int a[3][4]={0,1,2,3,4,5,6,7,8,9,10,11};
    int b[4][3]={0};
    int i,j;
    printf("a[3][4]:\n");
    for(i=0;i<3;i++)
    {   for(j=0;j<4;j++)
            printf("%d ",a[i][j]);
        printf("\n");
    }
    zhuan(a,b);
    printf("\nb[3][4]:\n");
    for(i=0;i<4;i++)
    {   for(j=0;j<3;j++)
            printf("%d ",b[i][j]);
        printf("\n");
    }
}
void zhuan (int p1[3][4],int p2[4][3])
{
    int i,j;
    for(i=0;i<3;i++)
        for(j=0;j<4;j++)
        p2[j][i]=p1[i][j];
}
```

程序运行结果如下：

```
a[3][4]:
0 1 2 3
4 5 6 7
8 9 10 11

b[3][4]:
0 4 8
1 5 9
2 6 10
3 7 11
请按任意键继续...
```

通过第 9 章的学习我们知道,函数可以使用数组作函数参数,不管是一维数组还是二维数组都可以。前面强调过,数组作参数的特性是:形参数组不单独占用内存单元,其值是实参对应数组(或者是一部分)的一个别名,就是在不同作用域使用不同(甚至相同)名称以数组形式访问主调函数作为实参的数组的各个元素。学习了指针之后就更容易理解数组作为参数的这个特性了,实参是地址,形式参数是接收地址的对象。如果形式参数是数组的定义形式,形式参数是地址常量,其值等于实参传递过来的地址值。所以使用形式参数的下标形式访问数组元素和使用下标形式在主调函数访问数组元素得到的效果是一样的。本例中主调函数实参数组是 a 和 b,其数组名对应的地址传送给同种属性的形式参数数组 p1 和 p2,所以 zhuan 函数中的形式参数数组 p1 和 p2 就是作用域限定在 zhuan 函数中的主调函数 main 中的二维数组 a 和 b 的别名。因此对 p1 和 p2 数组元素的操作就是对相应主调函数 main 中二维数组 a 和 b 的对应数组元素的操作。

【例 11-15】 指向行的指针访问二维数组:二维数组转置处理。

```
void zhuan(int ( * p1)[4],int ( * p2)[3])
{
    int i,j;
    for(i=0;i<3;i++)
      for(j=0;j<4;j++)
          * ( * (p2+j)+i)= * ( * (p1+i)+j);
}
```

这里只是修改了自定义函数的形式参数,使用指向行的指针变量。主调函数代码都一样。所以在此只列出了求转置 zhuan 函数的代码。因为二维数组名的地址属性就是行地址的属性,所以可以使用指向行的指针变量作形式参数来接收二维数组名的值,以访问二维数组,这也是使用指针访问二维数组的一个常见形式。注意根据形式参数的指针特性,其访问数组元素的形式为 * (* (p1+i)+j),另外该形式参数的定义是不能省略其指向行的宽度值的。

也可以使用下标形式通过指向行的指针变量对二维数组元素进行访问,因为该指针变量的地址属性与二维数组名的地址属性是一致的。因此求转置的函数也可以改写成以下形式。

```
void zhuan(int ( * p1)[4],int ( * p2)[3])
{
    int i,j;
    for(i=0;i<3;i++)
      for(j=0;j<4;j++)
        p2[j][i]=p1[i][j];
}
```

前面两个例子分别演示了使用二维数组作函数参数和使用指向行元素的指针变量作函数参数。通过对前面分析的等价形式的充分掌握,我们很容易理解和灵活运用以上程序实现的方法。但是注意,这两种形式是有本质区别的:二维数组作函数参数时,作为形式参数的二维数组名是常量,不可改变;但指向行的指针变量作函数参数时,作为形式参数的指针变量是变量,其值是可以改变的,即可以改变其指向的行,完成从不同的行开始处理二维数组元素。例如以下程序实例。

【例 11-16】　指向行的指针的运算：求每一行元素的和。

```
#include<stdio.h>
void sum_l(int(*p)[4],int s[],int r);
void main()
{
    int a[3][4]={0,1,2,3,4,5,6,7,8,9,10,11};
    int b[3]={0};
    int i;
    sum_l(a,b,3);
    for(i=0;i<3;i++)
        printf("b[%d]=%d\n",i,b[i]);
}
void sum_l(int(*p)[4],int s[],int r)
{
    int i,j;
    for(i=0;i<r;i++)
    {
        for(j=0;j<4;j++)
            s[i]+=*(*p+j);
        p++;
    }
}
```

程序运行结果如下：

```
b[0]=6
b[1]=22
b[2]=38
请按任意键继续. . .
```

　　本例同样是求各行中所有元素的和,但是访问各个行元素的形式不同。不再是使用常规的 *(*(p+i)+j)形式,而是逐行进行的,使 p 分别指向不同的行,然后通过行地址计算元素地址,再访问元素,如 *(*p+j)。因为在外循环的 for 语句中每执行一次循环程序,其中的"p++;"语句都使 p 指针的指向关系改变,一开始 p 如果指向 a[0],但加一之后其就指向 a[1]了(即第二行),该行元素的值 a[1]是第二行中二维数组首元素的首地址,以此类推。*(*p+j)访问的就是当前 p 指向的行中列下标为 j 的元素。

　　任务 11-2：根据本节所学习的指针知识,修改任务 8-9 程序,分别使用指向元素的指针变量和指向行的指针变量,完成对用于打印杨辉三角形的二维数组的各个数组元素的访问。编写两个程序分别实现。

11.4　指向函数的指针变量

　　要点 1：函数名是函数的地址,是函数对应代码被编译生成可执行程序后所占用存储单元的首地址,即可以开始执行该函数程序的入口地址。

　　要点 2：函数的地址即为函数指针,可以通过函数指针执行(调用)对应函数。

　　在 C 语言中,一个函数总是在程序存储区中占用一段连续的内存区,而函数名就是该函数所占内存区的首地址。我们可以将函数的这个首地址(或称入口地址)赋值给一个指针变量,使该指针变量指向该函数。然后通过指针变量就可以找到并调用这个函数。我们把这种指向函数的指针变量称为函数指针变量。

11.4.1　函数指针相关语法及功能

函数指针变量定义的一般形式如下:

类型说明符　(＊指针变量名)();

其中"类型说明符"表示被指向函数的返回值类型。"(＊指针变量名)"表示＊后面的变量是定义的指针变量。最后的空括号表示指针变量所指的是一个函数。这里的两个括号都不能少。注意没有规定参数表,也就是说只要函数的返回值类型相符,不管参数表是什么类型,都可以使用该定义语句定义的指针变量进行指向,即使用该指针变量存储这种函数的首地址(函数名的值)。实际上有些编译系统要求定义更严格类型的函数指针,即在定义函数指针变量时,同时指定其指向的函数返回值类型和参数表中各个参数类型。例如:

```
int (＊pf)();
int (＊pd)(int a,int b);
```

表示 pf 是一个指向函数入口的指针变量,可以指向返回值(函数值)是整型的函数。或者说可以将返回值是整型的函数的首地址赋值给 pf,使 pf 指向该函数。pd 指向返回值是 int 类型的函数且函数参数有两个,均为 int 类型。

函数指针变量定义时可以进行初始化,其形式如下:

类型说明符　(＊指针变量名)()=函数名;

如果函数指针变量定义时没有进行初始化,在使用其调用函数的代码前一定要使用某个函数首地址,即函数名对其进行复制。

【例 11-17】　本例用来说明用指针形式实现对函数调用的方法:调用求最大值的函数。

```
#include<stdio.h>
int max(int a,int b)
{
    if(a>b)
        return a;
    else
        return b;
}
void main()
{
    int(＊p)();
    int x,y,z;
    p=max;
    printf("input two numbers:\n");
    scanf("%d%d",&x,&y);
    z=(＊p)(x,y);
    printf("maxmum=%d\n",z);
}
```

程序运行结果如下：

```
input two numbers:
3 5
maxmum=5
请按任意键继续. . . _
```

从上述程序可以看出，自定义了 max 函数用于求实参传送过来的两个值的最大值并返回主调函数。主调函数中定义了指向返回值类型为 int 的函数指针 p，并初始化为 max，即 p 指向 max 函数。在主函数中使用"z=（﹡p）(x,y)；"代替"z=max(x,y)；"来调用 max 函数求输入并赋值给 x 和 y 变量的两个数值的最大值后，再给变量 z 赋值。程序最后使用 printf 函数输出 z 的结果。这里注意指向函数的指针变量的定义形式和使用指向函数的指针变量调用函数的语法格式。定义时两个括号不能少，调用时括号也不能少。对于参数表中的括号不能少，大家可以理解，但是对于﹡指针变量外的一对括号不能少，有的同学可能不理解。原因是运算符优先级别和结合性，如果去掉那个括号，在语法上的意义就不同了。如上例"z=（﹡p）(x,y)；"如果去掉前一个括号就变成了"z=﹡p(x,y)；"，这时﹡不是与 p 结合的，而是与 p(x,y)结合的，因为 p(x,y)是一个函数调用的合法语法格式，所以 z=﹡p(x,y)是把 p(x,y)的返回值作为地址，访问该地址对应存储单元的数据并赋给 z。这样就和我们希望其执行的功能不同了，会出现编译错误或内存使用异常错误。

因为函数名的值就是首地址，其数值属性就是指针属性，其与函数指针的地址属性相同，所以通过已经保存了某个函数首地址的指针变量名也可以调用函数。这就有了通过指向函数的指针变量调用函数的等价形式，即在调用函数时可以使用"函数指针变量（实参）"的等价形式，所以上例的 max 函数调用语句可以修改为

```
z= p(x,y);
```

因此，（﹡p）(x,y)和 p(x,y)都是使用指向函数的指针变量调用函数的正确语法格式。

函数定义好了之后函数名就是已知的，所以通常情况下不需要使用指向函数的指针变量来访问函数。但是在一些特殊场合中或特殊需求下需要使用指向函数的指针变量来访问函数。如某些嵌入式编译系统中的中断服务程序和回调函数的程序结构就是使用函数指针设计的。

11.4.2 函数指针常规用途

函数指针无非是用来间接地调用函数。函数指针变量是可变的量，存了谁的地址就指向谁，所以程序设计时可以根据需要改变其指向关系，使其在不同需要下调用同种返回值类型的不同函数。

1. 实现调用函数的多样性和可变性

【例 11-18】 使用函数指针调用不同函数：对一维数组进行统计。

```
#include<stdio.h>
#include <stdio.h>
int max(int x,int y);
int A_max(int x[],int num);
int A_min(int x[],int num);
```

```
float A_ave(int x[],int num);
void sort(int x[],int num,char mod);
void main()
{
    int a[10];                              //定义变量及数组为基本整型
    int i=0;
     int t;
    printf("请输入 10 个数：\n");
    for(i=0;i<10;i++)
      scanf("%d",&a[i]);
    t=A_max(a,10);
    printf("数组中最大值=%d\n",t);
      t=A_min(a,10);
    printf("数组中最小值=%d\n",t);
    printf("数组平均值=%f\n",A_ave(a,10));
    printf("数组元素排序前\n");
    for(i=0;i<10;i++)
      printf("a[%d]=%d ",i,a[i]);
    sort(a,10,0);                           //从小到大排序
    printf("\n 数组元素从小到大排序后\n");
    for(i=0;i<10;i++)
      printf("a[%d]=%d ",i,a[i]);
    sort(a,10,1);                           //从大到小排序
    printf("\n 数组元素从大到小排序后\n");
    for(i=0;i<10;i++)
      printf("a[%d]=%d ",i,a[i]);
    printf("\n 数组元素前 5 个元素的最大值=%d\n",A_max(a,5));
    printf("数组元素后 5 个元素的最大值=%d\n",A_max(a+5,5));
    printf("a[0]=%d,a[1]=%d\n",a[0],a[1]);
    printf("最大值=%d\n",max(a[0],a[1]));
    printf("a[0]=%d,a[1]=%d\n",a[0],a[1]);
}
int A_max(int x[],int num)
{
    int i,k;
    k=x[0];
    for(i=1;i<num;i++)
        if(k<x[i])
        k=x[i];
    return k;
}
int A_min(int x[],int num,char mod)
{
    int i,k;
    k=x[0];
    for(i=1;i<num;i++)
      if(k>x[i])
        k=x[i];
    return k;
}
float A_ave(int x[],int num)
```

```
{   int i;
    float k;
    k=x[0];
    for(i=1;i<num;i++)
        k+=x[i];
        k/=num;
    return k;
}
void sort(int x[],int num,char mod)          //num控制长度,mod控制顺序
{
    int i,j,k,t;
    for(i=0;i<num-1;i++)
        {   k=i;
            for(j=i+1;j<num;j++)
            if(mod==0)
            {    if(x[k]>x[j])
                    k=j;
            }
            else
              { if(x[k]<x[j])
                  k=j;
              }
            if(k!=i)
            {   t=x[i];
                x[i]=x[k];
                x[k]=t;
            }
        }
}
int max(int x,int y)
{   x++;y++;
    return   x>y?x:y;
}
```

程序运行结果如下：

　　该程序是对第 9 章的数组作函数参数的实例的修改,将对返回值类型相同的 3 个函数 max、A_max 和 A_min 的调用修改改成了指针间接调用形式。其他代码没有变化。运行结果与原来程序一致。

为了更好地说明其应用形式，对主函数进行以下修改。程序运行时根据输入的信息来决定所调用的函数是谁，从而实现在不同需求下程序实现不同功能。

```c
#include<stdio.h>
#include <stdio.h>
int max(int x[],int num);
int min(int x[],int num);
void main()
{
    int a[10];                        //定义变量及数组为基本整型
    int i=0;
    int t;
    int (*p)();
    printf("请输入 10 个数：\n");
    for(i=0;i<10;i++)
        scanf("%d",&a[i]);
    while(1)
    {
        printf("请输入一个数字：\n");
        printf("1 求数组中的最小值\n");
        printf("2 求数组中的最大值\n");
        printf("3 退出！\n");
        scanf("%d",&t);
        if(t==1)
            p=min;
        else if(t==2)
            p=max;
        else if(t==3)
            break;
        else continue;
        printf("该值=%d\n",(*p)(a,10));
    }
}
int max(int x[],int num)
{
    int i,k;
    k=x[0];
    for(i=1;i<num;i++)
        if(k<x[i])
            k=x[i];
    return k;
}
int min(int x[],int num,char mod)
{
    int i,k;
    k=x[0];
    for(i=1;i<num;i++)
        if(k>x[i])
            k=x[i];
    return k;
}
```

程序运行结果如下：

本程序的主函数中使用了一个条件永远为真的循环语句,其循环体中使用 4 个 printf 函数调用输出 4 行提示文字,提示用户输入信息。再使用 scanf 语句接收输入的信息。之后使用条件语句根据输入的不同信息选择性地执行相关分支代码来完成不同的操作。当输入的值是数字 1 时执行 p＝min,这样 p 就指向了求最小值的函数,退出 if 语句后执行 printf("该值＝%d\n",(* p)(a,10))输出函数调用后返回的 a 数组中元素的最小值。同样当输入的值是数字 2 时执行 p＝max,这样 p 就指向了求最大值的函数,实现使用 p 指针调用求最大值的函数的功能。另外当输入的值是数字 3 时,使用 break 退出循环,执行循环以外的程序代码,而主函数在该循环程序之后没有程序代码可执行了,所以程序运行就结束了。当输入的值是数字 1、2、3 以外的数据时,执行 continue 语句,不退出循环,但停止执行本次循环中后续的语句,转而进入循环条件判断,开始下一次循环。如果条件成立,就继续循环,也就是实现了对输入数据的有效性判断;如果无效则丢弃,再重新开始输入和处理。这里又复习一遍 break 和 continue 语句的作用。本例中循环程序中的前 4 个 printf 函数输出的输入提示,可以看作程序运行的菜单选项,大家仿照其形式在需要时设计自己的菜单选型,完成程序运行过程的人机交互。

本程序的"printf("该值＝%d\n",(* p)(a,10));"中对 p 指向的函数的调用形式是(* p)(a,10),其是为了延续第 9 章的写法,也可以使用等价写法 p(a,10),或者使用指向函数的指针变量作函数名的函数调用方法。因此这个函数调用语句可以改写成"printf("该值＝%d\n",p(a,10));",这也是使用指向函数的指针调用函数的通常写法。

2. 实现部分函数功能程序的定制性

嵌入式系统程序设计中的大部分集成开发环境都提供了比较完善的基础程序,其方便系统设计人员快速掌握程序设计和调试方法,从而可以快速地提高其应用系统设计能力。因此部分处理器的集成开发环境提供了大量的系统函数和程序设计的基础代码,使程序设计人员脱离直接操作绝对地址和寄存器,减少了程序设计的复杂性,但是同时也增加了初学者的理解难度。

随着软件技术的进一步发展,部分嵌入式处理器的集成开发环境提供的基础代码和函数更加强大。但是系统提供的部分功能程序,包括中断服务程序实现的功能需要根据具体任务实现,不能固定。因为需要设计的不仅是数据结构,还有数据处理算法流程。为满足这种需要,大多数系统使用回调函数实现。所谓回调函数,从 C 语言语法角度来说,其就是通过指向函数的指针变量调用的函数。

在语法的表现形式上,回调函数是某个函数中的一个形式参数,是一个指向函数的指针,该函数被上一层函数调用时对应实参是某个函数(回调函数)的地址。这个地址传递给形参,也就是使这个形参指针变量指向了一个用户定义函数或函数框架已经定义好的半成品函数(函数名已存在并具有一定基础代码)。在这个函数中再使用该形参变量作为函数名调用那个回调函数,以定制和完善该函数的功能。也有部分系统的中断服务程序不使用函数参数传递回调函数的地址,而是使用全局函数指针变量或数组实现对回调函数的调用。但是需要使用系统提供的初始化函数或中断注册函数来实现将回调函数地址赋给函数指针变量或数组元素。

【例 11-19】 参数传递回调函数。

```c
#include<stdio.h>
#include <stdio.h>
void Array(int x[],int num,int ( * p)(int x[],int num));
int CallBackTongji(int b[],int n);
void main()
{
    int a[10];                      //定义变量及数组为基本整型
    int i=0;
    int t;
    printf("请输入 10 个数: \n");
    for(i=0;i<10;i++)
        scanf("%d",&a[i]);
//使用 CallBackTongji 完善 Array 的功能以实现 Array 函数功能的定制性
    Array(a,10,CallBackTongji);
}
void Array(int x[],int num,int ( * p)(int x[],int num))
{
    int i;
    for(i=0;i<10;i++)
      printf("%d ",x[i]);
    printf("\n");
    printf("ArrayCallBack: %d\n",p(x,num));
}
int CallBackTongji(int b[],int n)
{   //程序根据任务需要再次在框架中编写任务代码,具体代码与任务需求相同
    int i,k;
    k=b[0];
    for(i=1;i<n;i++)
      if(k>b[i])                    //统计最小值
        k=b[i];
    return k;
}
```

程序运行结果如下:

　　程序中 Array 模拟部分开发环境中基础程序的不完全功能函数。不同处理任务要使用不同处理过程或算法甚至是不同数据结构。其中使用函数指针调用回调函数 CallBackTongji 以定制 Array 的具体功能。Array 使用函数指针变量 p 接收实际调用的函数地址。在 Array 函数体中"printf("ArrayCallBack：%d\n",p(x,num));"使用 p(x,num)调用对应的回调函数。程序员只要打开基础代码，编写 CallBackTongji 函数的具体程序就实现了对 Array 的定制补充。本例定制功能简单，最后定制的功能是由 CallBackTongji 函数代码实现统计最小值。本例只是简单说明回调函数的一种定义和使用方法。

　　【例 11-20】　全局函数指针传递回调函数。

```
#include<stdio.h>
#define IT0 0
#define IT1 1
#define IT2 2
#define IT3 3
#define IT4 4
void(*pCallBack[5])();
void CallBackInt(void(*p)(),int num);
void CallBackTt0(void);
void CallBackTt1(void);
void main()
{
    CallBackInt(CallBackTt0,IT0);
    (*pCallBack[IT0])();
    CallBackInt(CallBackTt1,IT0);
    (*pCallBack[IT0])();
    CallBackInt(CallBackTt0,IT1);
     (*pCallBack[IT1])();
    CallBackInt(CallBackTt1,IT1);
     (*pCallBack[IT1])();
}
void CallBackInt(void(*p)(),int num)
{
    pCallBack[num]=p;
}
void CallBackTt0(void)
{
    printf("CallBackTt0\n");
}
void CallBackTt1(void)
{
    printf("CallBackTt1\n");
}
```

　　程序运行结果如下：

本程序使用 CallBackInt 函数模拟部分开发环境中的基础功能函数通过注册函数设置回调函数调用关系方法。函数参数 void（＊p）()和 int num 分别接收主调函数当前要注册的函数地址和目标指针的序号。函数体中使用赋值操作"pCallBack[num]＝p;"实现将实参传递过来的回调函数的地址写入指针数组(指针数组相关语法参考后面教学内容)的对应元素中。每个回调函数都由用户定义，只要函数返回值类型和参数表类型相同即可,函数名自行定义。注册函数时实参使用该函数名,再指定目标序号。

主函数中只是一个简单的测试程序。第一个"CallBackInt（CallBackTt0,IT0);"把CallBackTt0 函数首地址写入了 pCallBack[0]中,注意目标序号使用的是符号常量,这也是嵌入式系统设计经常使用的数值实参形式。之后"（＊pCallBack[IT0])();"调用 pCallBack[0]指向的函数,由于其指向的是 CallBackTt0,所以这里执行的是 CallBackTt0 的函数体中的"printf("CallBackTt0\n");",因此第一行输出内容为 CallBackTt0。

第二个"CallBackInt(CallBackTt1,IT0);"把 CallBackTt1 函数首地址写入了 pCallBack[0]中,之后"（＊pCallBack[IT0])();"调用 pCallBack[0]指向的函数,由于其指向的是CallBackTt1,所以这里执行的是 CallBackTt1 函数体中的"printf("CallBackTt1\n");",因此第二行输出内容为 CallBackTt1。

第三个"CallBackInt(CallBackTt0,IT1);"把 CallBackTt0 函数首地址写入了 pCallBack[1]中,之后"（＊pCallBack[IT1])();"调用 pCallBack[1]指向的函数,由于其指向的是CallBackTt0,所以这里执行的是 CallBackTt0 的函数体中的"printf("CallBackTt0\n");",因此第三行输出内容为 CallBackTt0。

第四个"CallBackInt(CallBackTt1,IT1);"把 CallBackTt1 函数首地址写入了 pCallBack[1]中,之后"（＊pCallBack[IT1])();"调用 pCallBack[1]指向的函数,由于其指向的是CallBackTt1,所以这里执行的是 CallBackTt1 的函数体中的"printf("CallBackTt1\n");",因此第四行输出内容为 CallBackTt1。

部分嵌入式处理器的中断服务程序也是类似结构,区别在于函数指针不是全局数组元素,而是对应处理器芯片内部集成的程序存储器中某些通过首地址和序号可以计算出地址的存储单元。回调函数是由系统中断系统硬件通过注册时写入的程序存储器首地址进行直接或间接地调用的。

掌握这两个例程中指针函数的定义和使用形式能够对后续嵌入式系统设计相关内容的掌握起到很好的铺垫作用。

11.5 指针类型函数

要点：指针类型的函数也就是指针函数,是返回值为地址(指针)的函数。

前面我们介绍过,一般所说的函数类型是指函数的返回值类型。在 C 语言中允许一个函数的返回值是一个指针（即地址），这种返回指针的函数称为指针类型函数，简称指针函数。

定义指针类型函数的一般形式如下：

类型说明符 ＊ 函数名(形参表)
{
    ...   //函数体
}

其中"函数名"之前加了"＊"号，表明这是一个指针类型函数，即返回值是一个指针。"类型说明符"表示了返回的指针值所指向的数据类型。例如：

int ＊ ap(int x,int y)
{
    ...   //函数体
}

表示 ap 是一个返回指针的函数，它返回的指针指向一个 int 类型的整型变量。

【例 11-21】　使用指针函数返回一个目标数据的地址，设计程序以获取一维数组中最大值元素的地址。

```c
#include<stdio.h>
int ＊ pMax(int x[],int n);
void main()
{
    int a[10];        //定义变量及数组为基本整型
    int i,＊ p;
    printf("请输入 10 个数: \n");
    for(i=0;i<10;i++)
        scanf("%d",&a[i]);
    p=pMax(a,10);
    printf("max=%d\n",＊ p);
}
int ＊ pMax(int x[],int n)
{
    int i,k;
    k=0;
    for(i=1;i<n;i++)
        if(x[k]<x[i])
            k=i;
    return x+k;
}
```

程序运行结果如下：

```
请输入10个数:
3 4 2 8 4 6 9 7 0 1
max=9
请按任意键继续. . .
```

本程序对指针函数 pMax 进行调用，pMax 函数使用选择法找到存放最大值数据的数组元素的地址值并作为函数的返回值。主函数调用 pMax(a,10)的实参是 a 和 10，完成对主函数中定义的数组 a 中的 10 个元素查找最大值所在地址的操作，并把该地址写入指针变量 p,之后使用输出函数的调用"printf("max=%d\n",＊p);"将这时 p 变量所指向的数组元素,即最大值元素的值输出。因此输出结果为 max=9。

应该特别注意的是函数指针变量和指针类型函数这两者在写法和意义上的区别。如"int(＊p)();"和"int ＊p();"是两个完全不同的内容。"int(＊p)();"是一个变量说明,说明 p 是一个指向函数入口的指针变量,其指向的类型及返回值类型必须是 int 类型,语法上(＊p)的两边的括号不能少;"int ＊p();"则不是变量说明,而是函数说明,说明 p 是一个指针型函数,其返回值是一个指向 int 类型变量的指针,此时 ＊p 两边没有括号。

从语法上来讲,对于指针型函数定义,int ＊p()只是函数首部,一定还要有由一对{ }界定的函数体部分的代码,所以两者很容易区分。

11.6　指针数组和指向指针的指针

要点 1:指针数组是由一定个数的指针类型变量(元素)构成的数组,指针数组元素是用于存储指向变量的地址的容器。

要点 2:指针变量是变量,是变量就有地址,指针变量的地址就是指向一个指针变量的指针,即指向指针的指针。

11.6.1　指针数组

1. 指针数组的定义与使用

一个数组的各个元素的类型为指针类型,则该数组是指针数组。指针数组是一组有序的指针变量的集合。指针数组的所有元素都是指向相同数据类型的指针变量。

指针数组说明的一般形式如下:

类型说明符　＊数组名[数组长度]

其中"类型说明符"为指针数组元素所指向变量的类型。例如:

```
int ＊pa[3];
```

表示 pa 是一个指针数组,它有三个数组元素,每个元素值都是一个指针变量,用以指向整型变量。

【例 11-22】　使用指针数组指向不同的变量或不同的一维数组元素。

```
#include<stdio.h>
void main()
{
    int i=0;
    int a=0,b=1,c=2;
    int ＊pa[3]={&a,&b,&c};
    int aa[10]={3,3,3,3};
    int bb[10]={4,4,4};
    int cc[10]={5,5};
    printf("＊pa[0]=%d,＊pa[1]=%d,＊pa[2]=%d\n",＊pa[0],＊pa[1],＊pa[2]);
```

```
    pa[0]=aa;
    pa[1]=bb;
    pa[2]=cc;
    for(i=0;i<10;i++)
    {   printf("aa[%d]=%d,bb[%d]=%d,cc[%d]=%d\n",i,*pa[0],i,*pa[1],i,*pa[2]);
        pa[0]++;
        pa[1]++;
        pa[2]++;
    }
}
```

程序运行结果如下：

本程序中定义了一个指针数组 int *pa[3]，初始化为每个元素分别存储变量 a、b、c 的地址，也就是 pa 指针数组的三个元素 pa[0]、pa[1]和 pa[2]分别指向了 a、b、c 三个变量。所以"printf("*pa[0]=%d,*pa[1]=%d,*pa[2]=%d\n",*pa[0],*pa[1],*pa[2]);"输出了 pa[0]、pa[1]和 pa[2]分别指向的 a、b、c 三个变量的值 0、1 和 2。

紧接着下面使用了三个赋值运算对 pa 指针数组的三个元素 pa[0]、pa[1]和 pa[2]分别重新赋值，分别写入 aa、bb 和 cc 数组的首地址。程序运行到这里时，这个指针数组的三个元素分别指向了 aa、bb 和 cc 数组的首元素。所以程序执行到下面 for 语句循环程序时，在每次循环中执行"printf("aa[i]=%d,bb[i]=%d,cc[i]=%d\n",*pa[0],*pa[1],*pa[2]);"时输出的都是 pa[0]、pa[1]和 pa[2]所指向的 aa、bb 和 cc 数组元素的值。同时使用 pa[0]++、pa[1]++和 pa[2]++使每次循环时 pa[0]、pa[1]和 pa[2]指向的 aa、bb 和 cc 数组中的下一个元素。从而实现分 10 行分别输出 aa、bb 和 cc 数组的 10 个元素值。

【例 11-23】　通常可用一个指针数组来指向一个二维数组的数组元素。本例中指针数组中的每个元素被赋予二维数组每一行的首地址，即每行第一个元素的地址。

```
#include<stdio.h>
void main()
{
    int a[3][3]={1,2,3,4,5,6,7,8,9};
    int *pa[3]={a[0],a[1],a[2]};
    int *p=a[0];int i;
    for(i=0;i<3;i++)
        printf("%d,%d,%d\n",a[i][2-i],*a[i],*(*(a+i)+i));
    for(i=0;i<3;i++)
        printf("%d,%d,%d\n",*pa[i],p[i],*(p+i));
}
```

程序运行结果如下：

本例程序中,pa 是一个指针数组,三个元素分别指向二维数组 a 各行的第一个数组元素。然后用循环语句输出指定的数组元素。第一个 for 语句的循环体中 a[i][2−i]是 a 数组 i 行 2−i 列的元素值,*a[i]是 a 数组 i 行 0 列的元素值,*(*(a+i)+i)是 i 行 i 列的元素值。因此循环变量 i 从 0 变化到 2,第一行输出 a[0][2]、a[0][0]、a[0][0]的值,第二行输出 a[1][1]、a[1][0]、a[1][1]的值,第三行输出 a[2][0]、a[2][0]、a[2][2]的值。

第二个 for 语句的循环体中 *pa[i]是 i 行 0 列的元素值;由于 p 与 a[0]相同,即二维数组 a 第一行的第一个元素的首地址,故 p[i]表示 0 行 i 列的值。*(p+i)也是 0 行 i 列的值,这个是之前讲解过的等价使用形式。因此循环变量 i 从 0 变化到 2,第一行输出 a[0][0]、a[0][0]、a[0][0]的值,第二行输出 a[1][0]、a[0][1]、a[0][1]的值,第三行输出 a[2][0]、a[0][2]、a[0][2]的值。读者可仔细领会定义了二维数组后,使用指向变量的指针指向元素或使用指针数组分别指向每行中的元素等访问二维数组元素的程序设计方法,以及每种方法与二维数组的下标访问形式的对应关系。同时还可以回顾前面学习的使用指向行的指针变量访问二维数组元素的方法,对比其异同,掌握其规律。

提示:应该注意指针数组和指向二维数组行指针变量的区别。这两者虽然都可以用来访问二维数组,但是其使用方法和意义是不同的。

2. 指针数组与指向行的指针的区别

指向二维数组行的指针变量(多数情况根据其与二维数组名具有相同地址属性,习惯上称指向二维数组的指针变量)是单个的变量,其定义语句中"(*指针变量名)"两边的括号不可少。而指针数组是多个指针变量序列(一组有序存储的指针变量),在定义语句中"*指针数组名"两边不能有括号。例如,"int (*p)[3];"表示一个指向二维数组行的指针变量。该二维数组的列数为 3 或一维数组的长度为 3。"int *p[3];"表示 p 是一个指针数组,有三个下标变量,即元素 p[0],p[1],p[2],均为指针变量。

3. 使用指针数组访问多个字符串

指针数组也常用来指向一组字符串,这时指针数组的每个元素被赋予一个字符串的首地址,给程序对多个字符串的访问带来了方便。

例如,用指针数组 name 来指向一组字符串。其初始化赋值如下:

```
char *name[]={"Illagal day",
              "Monday",
              "Tuesday",
              "Wednesday",
              "Thursday",
              "Friday",
              "Saturday",
              "Sunday"};
```

完成初始化赋值之后,name[0]即指向字符串常量"Illegal day",name[1]指向字符串常量"Monday"……这样通过指针数组 name 就可以有选择地使用各个字符串常量。

指针数组既然是数组,同样可以用作函数参数,下面使用例程分析指针数组作函数参数来间接访问主调函数中一组字符串的情况。本例程中涉及数组作函数参数和指针数组两个知识点。

【例 11-24】　指针数组作函数的参数:输入 5 个国名并按字母顺序排列后输出。

```
#include<stdio.h>
#include"string.h"
void main()
{
    void sort(char * name[],int n);
    void print(char * name[],int n);
    static char * name[]={"CHINA","AMERICA","AUSTRALIA",\
                          "FRANCE","GERMAN"};
    int n=5;
    sort(name,n);
    print(name,n);
}
void sort(char * name[],int n)
{
    char * pt;
    int i,j,k;
    for(i=0;i<n-1;i++){
        k=i;
        for(j=i+1;j<n;j++)
            if(strcmp(name[k],name[j])>0) k=j;
        if(k!=i){
            pt=name[i];
            name[i]=name[k];
            name[k]=pt;
        }
    }
}
void print(char * name[],int n)
{
    int i;
    for(i=0;i<n;i++) printf("%s\n",name[i]);
}
```

程序运行结果如下:

```
AMERICA
AUSTRALIA
CHINA
FRANCE
GERMAN
请按任意键继续. . .
```

在本例主函数中,定义了一个指针数组 name,并对 name 使用多个字符串常量进行初始化。其每个元素都指向一个字符串。然后又以 name 作为实参调用指针型函数 day_name。

下面定义了两个函数,形式参数定义了 name 指针数组。主调函数在调用自定义函数时把主调函数中的数组名 name 赋予形参数组 name(注意只是在不同作用域的同名数组,由于实参传递的是数组名,即数组首地址,形参数组的首地址与实参相同,即通过实参传递过来的地址访问实参数组)。数组长度值 5 作为第二个实参赋予形参 n,获得要处理的数组长度。

一个名为 sort 的函数完成排序,另一个函数名为 print 的函数用于对各个字符串进行输出。主函数 main 中分别调用 sort 函数和 print 函数完成排序和输出。值得说明的是,在 sort 函数中,对两个字符串进行比较时采用了 strcmp 函数,strcmp 函数参与比较的字符串是字符串存储的首地址,所以这里使用指针数组的元素 name[k] 和 name[j],它们均为字符串常量的指针,即字符串常量在程序存储器中的首地址,是符合 strcmp 函数参数语法的。字符串比较后需要交换时,只交换指针数组元素的值,即只交换对应指针数组元素的指向关系,而不交换具体的字符串,这样将大大减少程序运行时间的开销,提高运行效率。

说明:以前的例子中采用了普通的排序方法,逐个比较之后再交换字符串的位置。交换字符串的物理位置是通过字符串复制函数完成的。反复的交换将使程序执行的速度变慢,同时由于各字符串的长度不同,又增加了存储管理的负担。用指针数组能很好地解决这些问题。把这些字符数组的首地址放在一个指针数组中,当需要交换两个字符串时,只需交换指针数组相应两元素的内容(地址)即可,而不必交换字符串本身。因此使用该方法处理内容不变的字符串更加优秀,因为除了减少交换次数以外,还不必定义用于存储字符串的二维数组或多个一维数组,节省数据存储器空间,这一点对于嵌入式系统程序设计非常必要。

11.6.2　指向指针的指针

如果一个指针变量存放的是另一个指针变量的地址,则称这个指针变量为指向指针的指针变量。

在前面已经介绍过,通过指针访问变量称为间接访问。由于指针变量直接指向要访问的变量,称为"单级间址"的间接访问。而如果通过指向指针的指针变量来访问要访问的变量,则构成"二级间址"的间接访问。指针与变量的关系如图 11-2 所示。

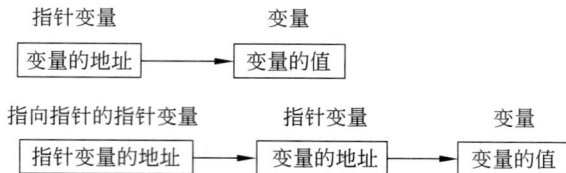

图 11-2　指针与变量的关系

前面例程中的 name 是一个指针数组,它的每一个元素存储的都是一个指针型数据,其值为地址。name 是数组的数组名,数组的每一个元素都占用存储单元,因此都有地址,因此数组名 name 的值是该指针数组的首地址。name+1 是 name[1] 的地址。所以可以看出,name 和 name+1 这样的地址值就是指向指针型数据的指针(地址)。也就是说指针数组名具有"二级间址"的间接访问地址属性,简称二级指针属性。因此我们希望定义一个能够存储这类地址的指针变量,从而实现对具有二级间接指向属性地址的存储。C 语言具有这样的功能,可以定义二级指针变量甚至是多级指针变量。

定义二级指针变量的语法格式如下:

数据类型符 ∗∗指针变量名[=二级间址属性的地址];

其中"数据类型符"用于定义该指针变量通过二级间接寻址访问的变量类型;"∗∗"表示这是一个二级指针;方括号表示可以在定义变量的同时进行初始化,初始化用的一定是一个具有二级间址属性的地址。同样也可以理解或写成"数据类型符 ∗ ∗ 指针变量名[=二级间址属性的地址];",这里把两个 ∗ ∗ 分开,前一个 ∗ 表示现在定义的指针变量指向的数据类型是"数据类型符 ∗",后一个 ∗ 表示定义的是一个指针变量。例如:

```
char **p;
```

p 前面有两个"∗"号,显然 ∗p 是指针变量的定义形式,如果没有最前面的"∗",那就是定义了一个指向字符数据的指针变量。现在它前面又有一个"∗"号,表示指针变量 p 是指向一个字符指针类型变量的指针变量。p 是指向指针变量的变量,∗p 就是 p 所指向的指针变量。

指针指向数组元素地址关系如图 11-3 所示,name 的每一个元素都是一个指针型数组元素,存储的是一个字符串常量在程序存储器中的首地址。name 既然是一个数组,它的每一个元素就都有相应的地址。数组名 name 代表该指针数组的首地址。name+1 是 name[1]的地址。name 和 name+1 就是指向指针型数据的指针(地址)。还可以设置一个指针变量 p,使它指向指针数组元素。p 就是指向指针型对象的指针变量。例如:

```
p=name+2;
```

这时 p 就指向了 name[2],同时 name[2]指向字符串常量"Great Wall"在程序存储器中的首地址。

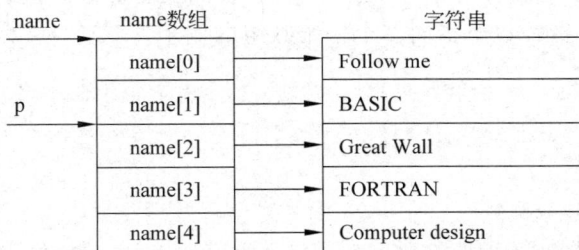

图 11-3　指针指向数组元素地址关系

在此前提下可以有:

```
printf("%s\n", * p);
printf("%c\n",**p);
```

第一个 printf 函数调用语句以％s 形式输出以字符串 ∗p 地址开始的字符串,因为 ∗p 的值是 name[2],也就是"Great Wall"第一个字符的地址,所以本 printf 函数调用语句输出的是"Great Wall"字符串。第二个 printf 函数语句以％c 形式输出∗∗p 的字符,因为 ∗p 的值是 name[2],∗∗p 等价于 ∗name[2],name[2]是字符串"Great Wall"的首地址,即第一个字符 G 的地址,所以 ∗name[2]指向的是字符 G,本 printf 函数调用语句输出的是字符 G。

【例 11-25】　使用指向指针的指针。

```
#include<stdio.h>
```

```
#include"string.h"
void main()
{    char * name[]={"Follow me","BASIC","Great Wall","FORTRAN","Computer design"};
     char * * p; int i;
     for(i=0;i<5;i++)
     {    p=name+i;
          printf("%s\n", * p);
     }
}
```

程序运行结果如下:

```
Follow me
F l
BASIC
B S
Great Wall
G e
FORTRAN
F R
Computer desighn
C m
请按任意键继续. . . _
```

程序中由 for 语句构成的循环程序,循环变量 i 从 0 变化到 4,共循环 5 次。每次使用 "p=name+I;" 将数组 name 的下标为 i 的数组元素的地址赋值给 p,即使 p 指向 name[i]。下面使用 3 个 printf 函数调用语句分别输出以 * p 地址开始的字符串, * * p 即 p 二级间址访问的字符(字符串首字符), * (* p+2)即 * p 地址加 2 后的地址指向的字符,即每个字符串的第 3 个字符。程序中使用空格符和回车符进行了输出对齐,便于观察运行结果。

二级指针除了用于处理字符串外,还可以对各种同类型的数组进行处理,如下例。

【例 11-26】 一个指针数组指向多个一维数组的例子。

```
#include<stdio.h>
#include"string.h"
void main()
{
    int a[5]={4,1,2,3,4};
    int b[8]={7,1,2,3,4,5,6,7};
    int c[10]={9,1,2,3,4,5,6,7,8,9};
    int * pb[3]={a,b,c};
    int * * p;
    int i,j;
    for(i=0;i<3;i++)
    {    p=pb+i;
         for(j=1;j<= * * p;j++)
            printf("%d ", * ( * p+j));
         printf("\n");
    }
}
```

程序运行结果如下:

```
1 2 3 4
1 2 3 4 5 6 7
1 2 3 4 5 6 7 8 9
请按任意键继续. . . _
```

　　程序中由 for 语句构成的二重循环程序,输出二级指针指向的指针数组每个元素指向
的 int 类型数组的每个元素。注意为了实现对不同长度数组的访问,使用每个被访问的数
组的第一个元素存储后面有效元素个数的方法,大家分析理解此方法。外循环变量 i 从 0
变化到 2,共循环 3 次。每次内循环首先使用"p=pb+i;"将数组 pb 的下标为 i 的数组元素
的地址赋值给 p,即使 p 指向 pb[i]。下面使用由另一个 for 语句构成的循环程序,循环变量
j 从 1 变化到 * *p,即根据二级指针访问的数组的第一个元素的值,来决定访问数组元素的
结束位置(序号)。每次内循环使用 printf 函数调用输出 *(*p+j),即 p 指向的元素的地
址加 j 后的地址再指向的整数,即每个 int 类型数组的第 2 个元素到最后一个元素。每次内
循环结束后使用"printf("\n");"输出换行,便于观察运行结果。本例只是为了说明和验证
使用二级指针访问二级间址的数据的方法,其实这个程序完全可以只是用指针数组 pb 实
现,只要将内循环的 for 语句修改成以下形式即可,二级指针一般应用在更加复杂的算
法中。

```
for(i=0;i<3;i++)
{
    for(j=1;j<= * pb[i];j++)
        printf("%d ", * (pb[i]+j));
    printf("\n");
}
```

11.6.3　main 函数的参数

　　前面程序实例中的 main 函数都是不带参数和不带返回值的。因此 main 后面的括号
都是空括号,main 之前的数据类型都是 void。实际上,main 函数可以带参数和返回值,这
个参数可以看作 main 函数的形式参数,返回值是整数,用以实现操作系统执行本程序时传
递参数和返回程序运行后的异常信息。对于通用计算机而言,用户编写或安装的程序只是
根据条件运行的一部分操作系统子程序而已,此种情况下设计的用户程序可以带有参数和
返回值。对于嵌入式系统程序设计,由于嵌入式系统很多情况下不带有操作系统,因此不涉
及互相传递信息的要求,所以通常使用不带参数和返回值的 main 函数定义。
　　C 语言根据常规操作系统(DOS)的特点规定 main 函数的参数只能有两个,习惯上将这
两个参数写为 argc 和 argv。因此,main 函数的首部可写为

```
int main (int argc,char * argv[])
```

　　C 语言还规定 argc(第一个形参)必须是整型变量,argv(第二个形参)必须是指向字符
串的指针数组。
　　由于 main 函数不能被自己所在程序的其他函数调用,因此不可能在程序内部赋予实
参值。那么,在何处把实参值赋予 main 函数的形参呢? 实际上,main 函数的参数值是从操
作系统命令行上获得的。当我们要运行一个可执行文件时,在 DOS 提示符下输入文件名,
再输入实际参数就可把这些实参传送到 main 的形参中。
　　DOS 提示符下命令行的一般形式如下:

```
c:\>可执行文件名　参数　参数...;
```

注意：main 的两个形参和命令行中的参数在位置上不是一一对应的。因为，main 的形参只有两个，而命令行中的参数个数原则上未加以限制。argc 参数是命令行中参数的个数（注：文件名本身也算一个参数），argc 的值是在输入命令行时由操作系统按实际输入参数的个数自动建立的一个指针数组，每个数组元素自动赋予命令行所输入各个字符串常量的首地址。

例如，有命令行为

```
C:\>E24  BASIC  foxpro  FORTRAN
```

由于程序名 E24 本身也算一个参数，所以一共有 4 个参数，因此 argc 取得的值为 4。argv 参数是自动建立的字符串指针数组，其各元素值为命令行中各字符串（参数均按字符串处理）的首地址。指针数组的长度即为参数个数。数组元素初值由系统自动赋予。指针数组地址关系图如图 11-4 所示。

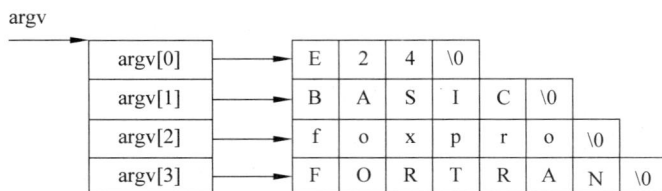

图 11-4　指针数组地址关系图

main 函数定义的函数体中要能够执行一条 return 语句，返回一个状态值。这个状态值的含义与操作系统中的定义有关，一般程序正常执行结束使用"return 0;"返回一个数值 0 即可。

11.7　void 指针类型

要点 1：void 指针类型是一个没有规定指向数据类型的指针类型。

要点 2：void 指针类型变量可以接收任何类型的地址，但不能使用 void 指针类型的地址间接访问其指向的数据，要想访问该数据必须对该指针的类型进行转换，转换成具体的数据指针类型后才可以间接访问数据，进行读写。

在程序中可以定义一个指针变量，但不指定它指向哪一种类型数据。这种指针变量就是 void * 类型指针变量。用 void * 类型指针（地址）给其他类型指针变量赋值时必须使用强制类型转换，不能直接使用该指针做运算或间接访问指向的数，但其他类型指针变量的值可以直接赋值给 void * 类型指针变量。例如：

```
void * p;
int a[5]={0};
char c[5]={0};
int * pp;
p=a;                    //正确,void指针类型变量可以接收任何类型地址,即指针
printf("%c\n", * p);    //错误, * p 的数据类型不确定,无法访问
```

```
p=c;                    //正确,void指针类型变量可以接收任何类型地址,即指针
printf("%c\n",* ((char *)p+1));    //正确,p 值类型转换成 char * 后就可以使用
pp=p;                   //错误,任何类型的指针变量都不能接收 void 指针类型的地址,即指针
pp=(char *)p;           //必须对 void 指针类型的地址进行强制类型转换后才能使用
```

11.8　习　　题

本章的习题内容请扫描二维码观看。

第 11 章课后习题

第 12 章　自定义数据类型

要点：数据类型是一种数据存储结构模型，定义数据类型就是设计一个用于存储某种结构数据的模型。定义数据类型不是定义变量，但是使用定义好的类型可以定义变量。

随着程序设计需求的不断提高，程序设计中算法越来越复杂，因此对数据的存储形式和组织结构都有了更高要求。存储的数据种类越来越多，数量越来越大，使用过多的变量和数组势必会减小程序设计效率和可读性。因此 C 语言允许程序员根据具体数据的不同结构需求，和自己的算法处理需求，自行使用 C 语言固有的数据类型定义新数据类型，从而实现使用已有数据类型再创建更加适合算法处理或更高效的数据存储形式。当然自定义数据类型也是有一定规则的，不是随心所欲的，没有无规则的自由，满足规则的自由才是能够被认可的、真正的自由。C 语言中自定义数据类型包括结构体类型、共用体类型和枚举类型等。

12.1　结构体类型

要点：组成结构体的成员是相互独立存储的，成员间互不影响，可以使用成员访问形式单独使用。

结构体类型是 C 语言中比较常用的一种自定义数据类型，其将不同类型的数据组织在一起，从而实现多种类型数据集中化存储，用于满足程序处理的数据目标及数据类型多样化的需求。

组织在一起的各种不同类型数据是相对连续地存储在不同内存单元的，各自有各自的名称，同时提供了一种通过结构体成员的访问形式快速访问各种不同数据的方法。

结构体类型也要符合先定义后使用的原则，要先定义好结构体类型，再使用该类型定义结构体变量，然后使用结构体变量存储数据及进行后续处理。当然可以同时定义结构体类型和结构体变量，这是一种简化形式。

12.1.1　结构体类型的定义基本形式

在使用 C 语言处理实际问题时，一组数据往往具有不同的数据形式，无法使用一种固有数据类型来满足。例如，在学生登记表中，姓名应为字符型；学号可为整型或字符型；年龄应为整型；性别应为字符型；成绩可为整型或实型。显然不能用一个前面学过的任何固有的基础数据类型的变量或数组来存放这一组数据。结构体是一种构造类型，它是由若干"成员"组成的，每一个成员可以是一个基本数据类型或者构造类型。任何一个结构体类型都不是 C 语言固有,都是在程序中定义的,在使用之前必须先定义它。

定义一个结构的一般形式如下:

```
struct 结构体名
{   成员定义表列
};
```

"成员定义表列"由若干个成员组成,每个成员都是该结构体的一个组成部分。对每个成员的定义使用的语法格式与前面所学的各种数据类型的变量和数组定义语法格式相同。区别在于这里定义的变量和数组不可以独立使用,而是结构体的一部分,是其成员,所以叫作结构体成员变量和结构体成员数组,简称成员,与结构体变量是从属关系。成员名的命名应符合标识符的书写规则。该定义语法中界定符号"{ }"和";"是不可缺少的语法构成部分。同时"struct 结构体名"是新的数据类型符,可以使用它在后续代码中定义该类型变量或数组及指针等。例如:

```
struct stu
{
    int num;
    char name[20];
    char sex;
    float score;
};
```

在这个结构体类型定义中,结构体类型名为 struct stu,该结构体类型由 4 个成员组成。第一个成员为 num,是整型变量;第二个成员为 name,是字符数组;第三个成员为 sex,是字符变量;第四个成员为 score,是实型变量。同时应注意在括号后的分号是不可少的。结构体定义之后,即可进行变量定义。凡定义为 struct stu 类型的变量都由上述 4 个成员组成。由此可见,结构体是一种复杂的数据类型,是数目固定、类型不同的若干有序变量或数组的集合。

结构体成员占用内存时是要满足计算机数据存储的地址对齐关系的,使用地址对齐关系可以分析出使用该结构体类型定义生成的整个结构体变量占用的总字节数。例如,上例中 num 是 int 类型,占 4 字节(32 位编译系统),其存储的开始地址是要求能够被 4 整除的,具体地址由编译软件和操作系统决定。分析时假设变量或数组的开始地址值是 0,num 占用 4 字节后,下一个存储单元的地址是 4。name 数组是字符型的,是单字节数据,其起始地址没有对齐要求,所以连续排在 num 之后的 20 字节中。之后的 sex 是字符型数据,也无地址对齐要求,所以该成员在 name 数组之后连续存储,之后的存储单元的地址是 25。下面的成员 score 是 float 类型的,占 4 字节,但是前面所有成员其使用了 25 字节,当前地址值不是 4 的整数倍,即当前开始地址不能够被 4 整除(如果是 doubule 类型,要求被 8 整除,大于或等于 2 字节的变量都有地址对齐要求),所以 score 成员是向下空出 3 字节再存储,从地址 28 开始存储,以保证地址对齐关系。这样前面三个成员占用的 28 字节再加上最后一个成员的 4 字节,该结构体变量共需要使用 32 字节。另外,结构体变量存储的首地址和长度都要满足是成员变量中最长数据类型长度的整数倍。

请同学们认真分析以上数据存储规律和内存单元分配过程,以掌握结构体变量在内存中的存储规律,从而能够正确无误地分析出每个结构体变量占用内存单元的总字节数。

结构体定义时可以使用结构体嵌套形式,即结构体成员可以是另一个已定义的结构类型变量或数组。例如：

```
struct date
{
    int month;
    int day;
    int year;
};
struct stu{
    int num;
    char name[20];
    char sex;
    struct date birthday;
    float score;
};
```

首先定义一个结构体类型 struct date，由 month（月）成员变量、day（日）成员变量、year（年）成员变量共三个成员组成。在定义结构体类型 struct stu 时，除了包括 int 类型的 num 成员变量、char 类型的 name 成员数组、char 类型的 sex 成员变量和 float 类型的 score 成员变量以外，还包括使用 struct date 结构体类型定义的 birthday 成员变量，该成员变量自身具有三个成员，分别是 month、day 和 year。

因为结构体成员不能独立使用，所以结构体成员名可与程序中其他变量同名，互不干扰。

12.1.2 结构体类型变量及数组的定义和初始化

1. 结构体类型变量及数组的定义

我们知道定义好了结构体类型后就可以使用该类型说明符定义结构变量，除此之外还存在两种简化定义形式。

具体定义语法有三种，下面依次对这三种方法进行讲解。首先，如果前面已完成结构体类型定义，就可以使用该类型符再定义结构体变量或数组，语法结构同其他类型变量和数组。其次，如果需要定义的变量和数组不多时，可以使用两种简化定义形式，使结构体类型定义和该类型变量或数组定义融为一体。

第一种方法：先定义结构体类型，再定义结构变量或数组。例如：

```
struct stu
{
    int num;
    char name[20];
    char sex;
    float score;
};
```

先定义结构体类型，这时结构体类型符 struct stu 就已存在了，后续代码中可以使用它来定义变量和数组。例如：

```
struct stu boy1,boy2[5];
```

　　该语句使用已定义的结构体类型符 struct stu 定义了一个变量 boy1 和一个一维数组 boy2。

　　第二种方法：在定义结构类型的同时定义结构变量或数组。例如：

```
struct stu
{
    int num;
    char name[20];
    char sex;
    float score;
}boy1,boy2[5];
```

这种定义语法的一般形式为

```
struct 结构体名
{
  成员表列
}变量或数组表列;
```

　　这种形式既定义了一个结构体类型"struct 结构名"，同时又定义了部分需要的变量和数组。后面还可以使用"struct 结构名"定义其他需要的该类型变量或数组。

　　第三种方法：只定义结构变量或数组，不定义类型符。例如：

```
struct
{
    int num;
    char name[20];
    char sex;
    float score;
}boy1,boy2[5];
```

这种定义语法的一般形式为

```
struct
{
  成员表列
}变量名表列;
```

　　第三种方法与第二种方法的语法区别在于第三种方法中省去了结构体名，而直接定义了结构变量。因此第三种结构体变量定义方法没有实现定义一个可用的数据类型符，这样在这个定义语句之后无法再定义与该类型一致的变量和数组。这种方法适用于那些对结构体变量和数组需求较少且使用位置确定的情况。

2. 结构变量的初始化

　　和其他类型变量一样，可以在定义结构变量时对其进行初始化赋值。使用一对{ }界定，里面使用多个逗号间隔各个成员，还可以使用多个层次的{ }界定各个成员。例如：

```
struct student                    //定义结构
{
    int num;
    char name[20];
```

```
    char sex;
    float score[3];
} boy1={102,"Zhang ping",'M',78.5,80,90};
```

本例在定义结构体变量 boy1 的同时对其进行初始化赋值。

12.1.3 结构体变量使用

1. 结构体成员读写

在程序中使用结构体变量时,往往不把它作为一个整体来使用。具体而言,在 C 语言中除了允许具有相同类型的结构变量相互赋值以外,一般对结构变量的使用,包括赋值、输入/输出、运算等都是通过结构变量的成员来实现的。

访问结构体变量成员的一般形式如下:

结构体变量名.成员名

如上例中的:

```
boy1.num                //访问 boy1 变量的成员 num
boy1.sex                //访问 boy1 变量的成员 sex
```

如果成员本身又是一个结构,则必须逐级找到最低级的成员才能使用。例如:

```
boy1.birthday.month
```

表示访问 boy1 变量的成员 birthday 的成员 month,可以在程序中以此形式单独使用结构体变量中的成员,每个结构体成员与普通变量的作用完全相同。成员是数组时既可以使用数组名(数组首地址),也可以使用数组元素。

如 boy1.score 访问的是成员数组名,是地址值。又如 boy1.score[0]访问的是成员数组的第一个元素,存储第一门课成绩。

【例 12-1】 结构体变量成员的访问。

```
#include<stdio.h>
struct date
{
    int month;
    int day;
    int year;
};
struct stu
{
    int num;
    char * name;
    char sex;
    struct date birthday;
    float score[3];
};
void main()
{
    struct stu boy1={102,"Zhang ping",'M',{5,14,2009},{78.5,80,90}};
    printf("num:%d\n",boy1.num);
```

```
    printf("name:%s\n",boy1.name);
    printf("sex:%c\n",boy1.sex);
    printf("birthday:%d-%d-%d\n",boy1.birthday.month,boy1.birthday.day,boy1.
birthday.year);
    printf("score[1-3]:%f %f %f\n",boy1.score[0],boy1.score[1],boy1.score[2]);
}
```

程序运行结果如下：

```
num:102
name:Zhang ping
sex:M
birthday:5-14-2009
score[1-3]:78.500000 80.000000 90.000000
请按任意键继续. . .
```

本程序定义了两个结构体类型 struct date 和 struct stu，在 struct stu 中使用 struct date 定义了一个成员 birthday，其他成员都是 C 语言的基本类型变量和数组。主程序使用 struct stu 定义了一个 boy1，同时初始化成{102，"Zhang ping"，'M'，{5，14，2009}，{78.5，80，90}}，这里为了方便分析，使用了多级括号的层次化初始化表的书写形式。主函数分别使用 5 个 printf 函数调用语句，输出 boy1.num（学号）、boy1.name（姓名）、boy1.sex（性别）、boy1.birthday.month、boy1.birthday.day、boy1.birthday.year（出生日期）和三门课程的成绩 boy1.score[0]、boy1.score[1]和 boy1.score[2]。因为每个结构体的成员都是变量或数组，所以也可以使用赋值语句对该成员进行数据读写。例如：

```
boy1.num=12;
boy1.sex='F';
boy1.score[1]=56;
```

2. 结构体变量整体的赋值

结构体变量或结构体数组的数据访问多数是使用成员形式进行的，但是有的时候只是在两个相同类型的结构体变量之间进行数据复制，就不需要一个一个成员地读取再赋值。C 语言支持对结构体类型变量整体进行读写，但也只局限在相同结构体类型变量之间。结构体数组的每个元素也是变量，所以也可以相互赋值。但需要注意的是，如果结构体变量有指针类型成员，对这样的结构体变量直接进行相互赋值，会导致两个结构体变量的所有成员的数值相同，也就是会使两个结构体指针变量成员指向同一个目标。根据具体需求，程序员自行分析此种情况是否符合程序设计思路，如果不符合，需要通过重新编写程序对指针成员进行修正，或弃用该方法对结构体变量进行赋值。

【例 12-2】　结构体变量赋值。

```
#include<stdio.h>
struct date
{
    int month;
    int day;
    int year;
};
struct stu
{
    int num;
    char * name;
```

```
        char sex;
        struct date birthday;
        float score[3];
    };
    void main()
    {
        struct stu boy1,boy2; //={102,"Zhang ping",'M',{5,14,2009},{78.5,80,90}};
        boy1.num=102;
        boy1.name="Zhang ping";
        boy1.sex='F';
        boy1.birthday.month=3;
        boy1.birthday.day=21;
        boy1.birthday.year=2010;
        boy1.score[0]=98;
        boy1.score[1]=80;
        boy1.score[2]=67;
        printf("boy1 num:%d\n",boy1.num);
        printf("boy1 name:%s\n",boy1.name);
        printf("boy1 sex:%c\n",boy1.sex);
        printf("boy1 birthday:%d-%d-%d\n",boy1.birthday.month, \
        boy1.birthday.day,boy1.birthday.year);
        printf("boy1 score[1-3]:%f %f %f\n",boy1.score[0], \
        boy1.score[1],boy1.score[2]);
        boy2=boy1;
        printf("boy2 num:%d\n",boy2.num);
        printf("boy2 name:%s\n",boy2.name);
        printf("boy2 sex:%c\n",boy2.sex);
        printf("boy2 birthday:%d-%d-%d\n",boy2.birthday.month, \
        boy2.birthday.day,boy2.birthday.year);
        printf("boy2 score[1-3]:%f %f %f\n",boy2.score[0], \
        boy2.score[1],boy2.score[2]);
    }
```

程序运行结果如下：

```
boy1 num:102
boy1 name:Zhang ping
boy1 sex:F
boy1 birthday:3-21-2010
boy1 score[1-3]:98.000000 80.000000 67.000000
boy2 num:102
boy2 name:Zhang ping
boy2 sex:F
boy2 birthday:3-21-2010
boy2 score[1-3]:98.000000 80.000000 67.000000
请按任意键继续. . .
```

本程序与例 12-1 一样定义了两个结构体类型。在主函数中定义了两个 struct stu 类型变量 boy1 和 boy2。之后使用赋值语句对 boy1 的各个成员进行赋值。再使用 5 个 printf 函数调用语句输出了 boy1 中存储的所有成员信息。紧接着使用"boy2＝boy1;"读取 boy1 变量的整体数据并赋值给 boy2,之后再使用 printf 函数调用语句输出 boy2 中存储的所有成员信息。从运行结果可以看出,boy2 变量中的成员信息与 boy1 变量中的成员信息完全一致。同时注意分析 boy1 和 boy2 的 name 指针成员指向的是同一个字符串常量。

12.2 位   域

要点：位域是一种特殊的结构体类型，其成员的存储空间长度是以位为单位定义的。

有些信息在计算机中存储时并不需要占用一个完整的字节，而只需占几个甚至是一个二进制位。特别是在嵌入式系统程序设计时，由于其用于存储数据的数据存储容量不大，所以对内存的使用要更加精细，避免浪费存储空间。例如，在存放一个开关量时，其只有两种状态，用 1 位二进位的 0 或 1 即可表示，所以不希望定义成 int 类型或其他以字节为单位的类型，防止浪费有限的内存空间。因此 C 语言提供了一种特殊的结构体定义形式，称为"位域"或"位段"，将程序中需要使用的多个窄位宽数据整合成一个结构体数据，解决分散定义相应变量会浪费存储空间的问题。

所谓"位域"，是把 1 字节中的二进位划分为几个不同的区域，并说明每个区域需要使用的位数。每个域有一个域名，允许在程序中按域名进行操作。这样就可以用 1 字节或几字节合并存储的二进制位域来表示几个不同的窄位宽数据对象。

1. 位域的定义和位域结构体变量的说明

位域（位域结构体）定义与前面学习的结构体定义的基本形式相似，其形式如下：

```
struct 位域结构体名
{ 位域列表
};
```

其中，位域列表的形式如下：

```
类型符 位域成员名：位域长度；
```

这里的"类型符"只能是有关于整型数或字符型数据的类型符，因为窄位宽数据只能存储整数。并且位宽长度要合理，根据实际需要合理编排位域成员列表顺序，避免出现位域成员使用的多个位跨在两字节之间。因为编译软件是根据位域成员顺序和每个成员的位宽来顺序安排连续的 1 或多字节中的位来存储数据的。另外根据整个位域结构体中所有位域成员使用位的总和来使用合适的"类型符"定义各个位域。如总共需要使用的位数小于或等于 8，这时定义位域成员时最好使用字符类型，否则会造成内存浪费。如使用 int 类型定义位域成员，这时所定义的结构体变量占用字节数是 int 类型占用字节数的整数倍，也就是对于 32 位系统至少是 4 字节，16 位系统至少是 2 字节。多出来的几字节空间的占用，造成了不必要的内存浪费。例如：

```
struct bs
{
    int a:8;
    int b:2;
    int c:6;
};
```

位域变量的定义与结构变量定义的方式相同。可采用先定义类型后定义变量、同时定义或者直接定义这三种方式。例如：

```
struct bs
{
    int a:8;
    int b:2;
    int c:6;
}data;
```

说明：data 为 struct bs 类型的变量，共占 2 字节（16 位系统）。其中位域 a 占 8 位，位域 b 占 2 位，位域 c 占 6 位。

一个位域成员最好存储在同一字节中，最好不要跨 2 字节。如一字节所剩空间不够需存放另一位域时，需要从下一单元起存放该位域，可以使用无名位域成员占位，但一般不建议，如果可以通过调整位域成员顺序解决，则尽量不要使用这种形式，因为浪费内存资源。例如：

```
struct k
{
    int a:6;
    int  :2;            //该 2 位不能使用
    int b:6;
    int c:2;
    int d:2;
};
```

这个位域结构体定义中位域成员"int :2;"定义没有成员名，只是为了占位，使成员 b 从下一字节开始。实际上可以使成员 c 的定义提前到 b 的定义之前，就把前一字节的后两位用起来了，从而不用再定义无名位域成员。例如：

```
struct k
{
    int a:6;
    int c:2;
    int b:6;
    int d:2;
};
```

另外有些编译系统也允许跨字节定义位域成员，程序运行结果不受影响，只是影响运行速度，这方面的问题就属于程序优化的内容了。

2. 位域的使用

位域的使用和结构成员的使用相同，其一般形式如下：

位域变量名.位域名

位域允许用整型数据格式输出。

【例 12-3】 位域结构体的使用。

```
#include<stdio.h>
struct bs
{
    unsigned a:1;
    unsigned b:3;
    unsigned c:4;
```

```
} Bit;
void main()
{
    Bit.a=1;
    Bit.b=7;
    Bit.c=15;
    printf("%d,%#o,%#x\n",Bit.a,Bit.b,Bit.c);
}
```

程序运行结果如下：

```
1,07,0xf
请按任意键继续. . .
```

上例程序中定义了位域结构 bs，三个位域为 a、b 和 c。程序中定义位域结构体数据类型 struct bs 的同时定义了该类型的全局变量 Bit。主函数的函数体中前三行分别给三个位域赋值（应注意赋值不能超过该位域能够存储的数据允许范围），第 4 行以整型量的不同格式输出三个位域的内容。

位域成员是以整数形式存储的，所以支持位运算，如果在"bit.c=15;"之后使用位运算执行"bit.c&=12;"，则 bit.c 的最后两位就变成了 0。因为 12 转换成二进制数是 1100，其与 bit.c 进行按位与运算。我们根据前面学习的按位与运算特点知道，参与"与"运算的数据中只要某位是 0，该位结果就是 0，12 对应二进制形式的最后两位为 0。所以结果最后两位变成了 0，保留 bit.c 原来高两位的值。本表达式"bit.c&=12;"语句使用的是复合赋值运算，所以按位与运算的结果又写入了 bit.c，这样 bit.c 就由原来的数字 15 变成数字 12。具体程序代码自行书写和验证。

12.3　结构体变量及结构体数组作函数参数

要点：变量作函数参数传递的是变量的值，数组作函数参数传递的是数组元素的地址。

12.3.1　结构体变量作函数参数

在被调用的函数定义中，可以使用结构体变量作函数的形式参数，函数体中对该结构体形式参数变量进行处理。主调函数再以某个同种类型的结构体变量作为实参调用该自定义函数。执行函数调用语句时，主调函数中结构体变量的整体数值（所有成员中存储的数据）写入被调函数的对应形式参数（结构体变量的所有成员）中。注意，实参结构体变量的整体数值写入形式参数变量中，也是值的单向传递。

【例 12-4】　结构体变量作函数参数：定义输出结构体成员信息的函数。

```
#include<stdio.h>
void printStrucrStu(struct stu s);
struct stu
{
    int num;
```

```
    char * name;
    char sex;
    float score;
};
void main(){
    struct stu boy1={102,"Zhang ping",'M',80};
    printStrucrStu(boy1);
}
void printStrucrStu(struct stu s)
{
    printf("%d\n",s.num);
    printf("%s\n",s.name);
    printf("%c\n",s.sex);
    printf("%f\n",s.score);
}
```

程序运行结果如下：

由于 printf 函数不能够直接对自定义数据类型的数据进行输出，要想输出结构体中的数据必须自行定义输出函数完成。本程序中定义了一个以结构体变量为形式参数的函数 printStrucrStu，用于输出形式参数接收的结构体数据。

主函数调用 printStrucrStu 函数实现对 struct stu 类型的变量 boy1 中的数据进行输出。主函数中的 printStrucrStu(boy1)函数调用将 boy1 的所有成员值传递给被调函数 printStrucrStu 的形式参数变量 s，形参结构体变量中每个成员的值都与实参结构体变量的值相同。但是形参和实参变量是两个处于不同作用域且有不同生存期的完全不同的变量，只是被调函数运行时形参变量的初值是实参传递过来的值而已，对形式参数成员的修改不影响实参成员的值。

注意：如果该结构体含有指针类型的成员，由于实参对形参是值的传递关系，指针类型的成员传递的是其存储的地址值。传递的是指向关系，也就是说被调函数运行时形参变量的指针成员指向了实参变量中指针成员所指向的同一个对象。如果在被调函数中修改了形参结构体变量指针成员指向的数据，实际上是修改实参结构体变量指针成员指向的数据（但不能是字符串常量）。

【例 12-5】 结构体变量作参数值时，指针成员的使用出现的问题。

```
#include<stdio.h>
#include<string.h>
void RenameStu(struct stu s,char * p);
struct stu
{
    int num;
    char * name;
    char sex;
    float score;
};
```

```
void main()
{
    char name[20]="Zhang ping";
    struct stu boy1={102,name,'M',80};
    printf("%s\n",boy1.name);
    RenameStu(boy1,"Li yuanzhen");
    printf("%s\n",boy1.name);
}
void RenameStu(struct stu s,char * p)
{
    strcpy(s.name,p);
}
```

程序运行结果如下：

```
Zhang ping
Li yuanzhen
请按任意键继续. . .
```

注意这个例程中的"char name[20]＝"Zhang ping"；struct stu boy1＝{102,name,'M',80};"先定义了一个字符型数组，用于存储姓名。之后 boy1 结构体变量定义中，在初始化其指针成员 name 时，使用的是主函数中前面定义好的 name 数组的首地址，也就是 boy1 结构体变量指针成员 name 指向了主函数中 name 数组的第一个元素。另外，结构体中成员 name 和主函数中定义的数组 name 是不同的对象，使用时注意形式区别。

指针成员 name 指向的对象是变量（数组的元素），所以是可以修改的。程序中定义了一个 RenameStu 函数实现对形式参数接收的实参的指针成员的相关数据操作，注意这里使用 strcpy(s.name,p)将 p 指向的字符串写入形参 s 结构体变量的指针成员 name 指向的数组中。由于实参和形参结构体变量的指针成员的值，即存储的地址相同，所以指向了同一个数组。因此 strcpy(s.name,p)更改了实参 boy1 的成员 name 指向的数组 name 中的字符串。RenameStu(boy1,"Li yuanzhen")前后的两个 printf 函数调用输出了修改前的 Zhang ping 和修改后的 Li yuanzhen。

虽然使用结构体的指针成员指向自定义的数组的情况不多见，但是在后面学习的内容中会经常使用指针成员指向堆内存分配的无名数组。在后面学习和使用中要注意此类问题处理的结果可能会对程序运行结果有一定影响。

12.3.2　结构体数组作函数参数

在实际应用中，经常用结构体数组来表示具有相同数据结构的一个群体，如一个班的学生信息、一个单位职工的信息等。定义结构体数组的方法与定义结构体变量形式相似，只需说明它为数组类型，即使用"[整型常量表达式]"指定数组长度。例如：

```
struct stu
{
    int num;
    char * name;
    char sex;
    float score;
```

```
}boy[5];
```

定义了一个结构体数组 boy,共有 5 个元素,即 boy[0]~boy[4]。每个数组元素都是 struct stu 类型的结构体变量。结构数组定义时同时可以进行初始化。例如:

```
struct stu
{
    int num;
    char * name;
    char sex;
    float score;
}boy[5]={
        {101,"Li ping","M",45},
        {102,"Zhang ping","M",62.5},
        {103,"He fang","F",92.5},
        {104,"Cheng ling","F",87},
        {105,"Wang ming","M",58}
    };
```

当对全部元素进行初始化赋值时,可不给出数组长度。编译系统根据初始化表对应初值个数自动添加长度值,规律与基本数据类型数组定义一致。

【例 12-6】 结构体数组作函数参数:自定义两个函数,分别计算学生的平均成绩和显示有不及格成绩的同学信息。

```
#include<stdio.h>
struct stu
{
    int num;
    char * name;
    char sex;
    float score;
};
void PrintLowScore(struct stu b[],int n);
float AverageStuScore(struct stu b[],int n);
void main()
{
    struct stu boy[5]={
            {101,"Li ping",'M',45},
            {102,"Zhang ping",'M',62.5},
            {103,"He fang",'F',92.5},
            {104,"Cheng ling",'F',87},
            {105,"Wang ming",'M',58}
        };
    printf("average=%f\n",AverageStuScore(boy,5));
    PrintLowScore(boy,5);
}
float AverageStuScore(struct stu b[],int n)
{
    int i;
    float s=0;
    for(i=0;i<n;i++)
```

```
        s+=b[i].score;
        return s/n;
    }
    void PrintLowScore(struct stu b[],int n)
    {
        int i,c=0;
        float ave,s=0;
        for(i=0;i<n;i++)
        if(b[i].score<60)
        {
            printf("\nnum=%d\n",b[i].num);
            printf("name=%s\n",b[i].name);
            printf("sex=%c\n",b[i].sex);
            printf("score=%f\n",b[i].score);
        }
    }
```

程序运行结果如下：

```
average=69.000000

num=101
name=Li ping
sex=M
score=45.000000

num=105
name=Wang ming
sex=M
score=58.000000
请按任意键继续. . . _
```

本例中定义了 struct stu 数据类型,在主函数中定义了一个结构体数组 boy,共 5 个元素,并进行了初始化。自定义了两个函数,一个是 float AverageStuScore(struct stu b[],int n),用于计算所有学生成绩的平均值;另一个是 void PrintLowScore (struct stu b[],int n),用于输出所有数组中成绩不及格的同学信息。两个自定义函数都使用了结构体数组作为函数参数。形参是结构体数组,主调函数(本程序为主函数)调用时实参是主调函数中的数组名。我们知道数组作函数参数时,将元素的地址传递给形式参数(数组名)。形式参数数组代表的地址就是实参传递过来的地址,使函数调用时,形参数组就是实参对应数组的一部分元素构成的子集(实参如果是首地址,就是整个数组)的别名,从而实现对形参数组元素的操作就是对实参数组对应元素的操作。因此 AverageStuScore 函数体中对形式参数数组 b 统计其成员 score 的平均值,就是统计实参组对应元素的平均值。另一个自定义函数 PrintLowScore 的函数体中输出形式参数数组 b 的各个成员信息,就是输出实参数组对应元素的各个成员信息。

12.4　结构体指针

要点 1：结构体变量的地址(指针)指向结构体变量,结构体指针变量存储的是结构体变量的地址。

要点 2：结构体指针变量的值是哪个结构体变量或数组元素的地址，就指向哪个变量或数组元素。

12.4.1 指向结构体变量的指针

当一个指针变量用来指向一个结构体变量时，称为结构体指针变量。结构体指针变量中的值是所指向的结构变量的首地址，即结构体指针。通过结构体指针可访问其指向的结构变量，这与前面学习的各种指针的情况是相同的。

结构体指针变量定义的一般形式如下：

struct 结构名 * 变量名

例如，在前面的例题中定义了 struct stu 这个结构体，如要定义一个指向 struct stu 结构体变量的指针变量 pStu，可写为

struct stu * pStu;

当然也可在定义 struct stu 结构的同时定义 pStu 变量。结构体指针变量也必须要先赋值后才能使用，可以使用某个同结构体类型的变量首地址对其进行初始化或赋值，不能把结构名或结构体变量名赋予该指针变量。如果 boy 被说明为 struct stu 类型的结构变量，则 pStu＝&boy 是正确的，而 pStu＝boy 和 pStu＝&stu 都是错误的。

结构体类型名和结构变量名是两个不同的概念，不能混淆。结构体类型名只能表示一个结构体数据类型，编译系统并不对它分配内存空间，因此不可能去取一个结构类型名的首地址。只有定义的是变量时才对其分配存储空间，才存在首地址。因此上面 &stu 这种写法是错误的。

有了结构体指针变量，并且指向了某个结构体变量，就能通过这个指针变量更方便地访问其指向的结构体变量的各个成员。通过结构体指针访问其指向的结构体变量的成员的一般形式如下：

（ * 结构指针变量）.成员名

或

结构指针变量->成员名

例如：

（ * pStu）.num

或

pStu->num

注意："(* pStu)"两侧的括号不可少，因为成员符"."的优先级高于" * "。如去掉括号写作 * pstu.num，则等效于 * (pstu.num)，此时就变成 pstu 的成员 nume 的值作地址访问该地址指向的存储单元，意义就完全不同了。一般使用第二种代码书写形式访问该指针变量指向的结构体变量的成员。下面通过例子来说明结构指针变量的具体定义和使用方法。

【例 12-7】 通过结构指针变量访问其指向的结构体变量成员。

```
#include<stdio.h>
struct stu
{
    int num;
    char * name;
    char sex;
    float score;
} boy1={102,"Zhang ping",'M',78.5}, * pstu;
void main()
{
    pstu=&boy1;
    printf("Number=%d\nName=%s\n",boy1.num,boy1.name);
    printf("Sex=%c\nScore=%f\n\n",boy1.sex,boy1.score);
    printf("Number=%d\nName=%s\n",( * pstu).num,( * pstu).name);
    printf("Sex=%c\nScore=%f\n\n",( * pstu).sex,( * pstu).score);
    printf("Number=%d\nName=%s\n",pstu->num,pstu->name);
    printf("Sex=%c\nScore=%f\n\n",pstu->sex,pstu->score);
}
```

程序运行结果如下：

```
Number=102
Name=Zhang ping
Sex=M
Score=78.500000

Number=102
Name=Zhang ping
Sex=M
Score=78.500000

Number=102
Name=Zhang ping
Sex=M
Score=78.500000
请按任意键继续. . .
```

本例的程序定义了一个结构体类型 struct stu，又定义了 struct stu 类型结构变量 boy1
并进行了初始化赋值，还定义了一个指向 struct stu 类型结构体变量的指针变量 pstu。在
main 函数中，pstu 被赋予 boy1 的地址，因此 pstu 指向 boy1。然后在 printf 语句内用三种
形式输出 boy1 的各个成员值。

从运行结果可以看出，如果一个指针指向了一个结构体变量，则在同一个作用域内以下
这三种用于访问结构成员的形式是完全等效的。

结构变量.成员名
(* 结构指针变量).成员名
结构指针变量->成员名

如果使用指针变量指向结构体数组元素，那么结合循环程序使用指针变量对该结构体
数组元素进行访问会更加灵活。

12.4.2　指向结构体变量的指针运算

由于数组元素就是变量，所以结构体指针变量也可以指向一个结构体数组的元素，如果

使用结构体数组名对结构体指针变量进行初始化或赋值,这时结构体指针变量的值是整个结构体数组的首地址,结构体指针变量就指向了结构体数组的第一个元素。对指向结构体数组某个元素的结构体指针进行加或减运算得到的是前面或后面元素的地址,具体是哪个元素由加或减的具体数值决定。设 ps 为指向结构体数组某个元素的指针变量。ps+1 的值是下一个结构体数组元素的地址,即指向下一个结构体数组元素,ps+i 则指向下面第 i 个元素。这与普通数组元素指针运算的规律是一致的。

【例 12-8】 用指针变量输出结构数组。

```c
#include<stdio.h>
struct stu
{
    int num;
    char * name;
    char sex;
    float score;
};
void main()
{
    struct stu boy[5]={
            {101,"Zhou ping",'M',45},
            {102,"Zhang ping",'M',62.5},
            {103,"Liou fang",'F',92.5},
            {104,"Cheng ling",'F',87},
            {105,"Wang ming",'M',58},
            };
    struct stu * ps;
    printf("No\tName\t\t\tSex\tScore\t\n");
    for(ps=boy;ps<boy+5;ps++)
        printf("%d\t%s\t\t%c\t%f\t\n",ps->num,ps->name,ps->sex,ps->score);
}
```

程序运行结果如下:

在程序中,定义了 struct stu 结构体类型,并在主函数中定义了 struct stu 类型结构体数组 boy 并做了初始化赋值。在 main 函数内定义 ps 为指向 struct stu 类型变量的指针变量。在循环语句 for 的表达式 1 中,ps 被赋予 boy 的首地址,即 ps 指向了 boy 数组的第一个数组元素 boy[0],每次循环体执行完,表达式 3 中的 ps++ 将 ps 中的地址修改成下一个元素的首地址,即实现调整指针变量 ps 的指向关系,使其指向下一个元素的作用。从而实现下一次循环体执行时访问结构体数组的下一个元素。在循环条件"ps<boy+5;"的控制下一直循环到通过 ps 访问完最后一个元素结束。因此实现循环 5 次,依次输出 boy 数组中各成员的值和指向的字符串常量。

应该注意的是,一个结构指针变量虽然可以用来访问结构变量或结构数组元素的成员,但是,不能使它直接指向一个成员,也就是说,不允许取一个成员的地址来赋予它。如果在程序中出现类似 ps=&boy[1].sex 的代码,则是错误的。因为成员运算符的优先级高,所以这个相当于 ps=&(boy[1].sex),这个取地址运算符 & 取的是 boy[1] 的成员 sex 的地址。这种错误可能会是理解或输入错误造成的,可能不是程序设计者的本意。

如果是要使一个结构体指针指向某个结构体数组的某个元素,就要使用该数组元素的地址对其赋值或初始化。例如:

```
ps=boy;             //赋予数组 boy 的首地址
ps=boy+2;           //赋予数组 boy 的第 3 个(下标为 2)元素地址
```

或

```
ps=&boy[0];         //赋予数组 boy 的首地址,下标为 0 的元素地址
ps=&boy[2];         //赋予数组 boy 的第 3 个(下标为 2)元素地址
```

12.4.3　结构体指针变量作函数参数

在 C 语言中允许用结构变量作函数参数进行整体传送。但是这种传送要将全部成员逐个传送,特别是成员为数组时将会使传送的时间和空间开销很大,严重地降低了程序的效率。因此最好的办法就是使用指针,即用指针变量作函数参数。这时由实参传向形参的只是地址,从而减少了运行时间和存储空间的开销,被调函数通过该地址也可以间接访问主调函数中的结构体类型数据,从而达到设计目的。

【例 12-9】　结构体指针作函数参数:自定义两个函数,分别计算学生的平均成绩和显示不及格成绩同学信息。

```c
#include<stdio.h>
struct stu
{
    int num;
    char * name;
    char sex;
    float score;
};
void PrintLowScore(struct stu * b,int n);
float AverageStuScore(struct stu * b,int n);
void main()
{
    struct stu  boy[5]={
        {101,"Li ping",'M',45},
        {102,"Zhang ping",'M',62.5},
        {103,"He fang",'F',92.5},
        {104,"Cheng ling",'F',87},
        {105,"Wang ming",'M',58},
    };
    printf("average=%f\n",AverageStuScore(boy,5));
    PrintLowScore(boy,5);
}
```

```
float AverageStuScore(struct stu * b,int n)
{
    int i;
    float s=0;
    for(i=0;i<n;i++,b++)
     s+=b->score;
    return s/n;
}
void PrintLowScore(struct stu * b,int n)
{
    int i
    for(i=0;i<n;i++,b++)
     if(b->score<60)
    {
        printf("\nnum=%d\n",b->num);
        printf("name=%s\n",b->name);
        printf("sex=%c\n",b->sex);
        printf("score=%f\n",b->score);
    }
}
```

程序运行结果如下：

本程序由结构数组作函数参数的例程修改得来,同学们进行对比分析,在掌握结构体指针作函数参数的程序设计方法的同时巩固结构数组作函数参数的程序设计方法和区别。本程序针对计算同学平均成绩和输出不及格同学成绩的任务定义了两个函数,其形式参数都使用了结构体指针变量 struct stu * b 和另一个传递要处理的人数,即数组元素个数的整型变量。主调函数是 main 函数,分别使用"printf("average=%f\n",AverageStuScore(boy,5));"调用 AverageStuScore 函数对 main 函数中定义并初始化的结构体数组 boy 的 5 个人成绩求平均值并输出。之后调用"PrintLowScore(boy,5);"对结构体数组 boy 的中有不及格成绩的人的信息进行输出。

自定义函数中通过结构体指针遍历其指向的数组中的每个结构体数组元素并进行处理。以 AverageStuScore 为例,其使用"for(i=0;i<n;i++,b++)s+=b->score;"完成对所有 b 指针变量指向的元素的 score 成员值的累加。每次累加计算完成后,使用 b++ 调整指针变量指向下一个元素,进入下一次循环继续累加,直到最后一个元素。注意这里访问结构体元素成员的方法是 b->score 形式,其要与用于指针指向关系调整的 b++ 运算相配合。

到目前为止,既学习了结构体数组作函数参数,也学习了结构体指针作函数参数,不管是结构体类型,还是基本数据类型,规律都一样,其本质是实参使用数组元素或变量的地址作函数参数,形式参数接收该地址作为自己的值,再通过这个地址访问该地址指向的数组元素或变量,这是它们的共同点。根据第 11 章的学习我们知道,如果一个指针指向了一个数组的首元素(如果不是首元素,只是对应序号或下标存在一定偏移而已),则在访问数组元素时有多种等价互换形式。也就是使用指针变量间接访问数组元素不仅可以使用 * 运算符的间接访问形式,还可以等价使用数组下标形式。数组名是数组的首地址,具有指针属性,访问数组元素也可以使用数组名结合加法运算,再使用带 * 运算符的间接访问形式。现在以 AverageStuScore 函数为例进行说明。

1. 指针变量指向数组元素的访问数组元素的等价形式

代码如下:

```
float AverageStuScore(struct stu * b,int n)
{
    int i;
    float s=0;
    for(i=0;i<n;i++,b++)
       s+=( * b).score;//注意
    return s/n;
}
```

这里使用"(* b).score"访问 b 指向的数组元素的 score 成员,由于结构体指针在 C 语言中有特定的成员访问运算符"->",所以前面例程中使用 b->score 形式访问 b 指向的数组元素的 score 成员。这两种形式是等价的,在此再回顾一下。

指针变量指向的是数组元素,所以可以使用数组的等价形式访问指向数组中的各个元素,因此代码可以修改如下:

```
float AverageStuScore(struct stu * b,int n)
{
    int i;
    float s=0;
    for(i=0;i<n;i++)
     s+=b[i].score;
    return s/n;
}
```

注意:这里使用的是数组形式,所以 for 语句中用于循环条件修改的"表达式 3"中不能再有 b++等对 b 的指向关系进行修改,要保持 b 始终指向要处理数组的第一个元素。可以使用地址运算加 * 运算符的间接访问形式,其也是等价的,程序形式如下:

```
float AverageStuScore(struct stu * b,int n)
{
    int i;
    float s=0;
    for(i=0;i<n;i++)
     s+=( * (b+i)).score;
    return s/n;
}
```

注意:这里"(* (b+i)).score"中的两个括号都不能少,里面的括号进行地址计算,外面的括号进行间接访问。

2. 通过数组名访问数组元素的等价形式

数组名具有数组首地址的地址（即指针）属性，所以使用数组名访问数组元素时也有两种等价形式，程序如下：

```
float AverageStuScore(struct stu b[],int n)
{
    int i;
    float s=0;
    for(i=0;i<n;i++)
     s+=b[i].score;  //s+=(*(b+i)).score;
    return s/5;
}
```

这是常规的数组名加下标的形式。还可以使用以下等价的指针间接访问形式：

```
float AverageStuScore(struct stu b[],int n)
{
    int i;
    float s=0;
    for(i=0;i<n;i++)
     s+=(*(b+i)).score;
    return s/5;
}
```

但是注意这里的 b 是数组名，其是常量，不能修改，不能使用以下形式：

```
float AverageStuScore(struct stu b[],int n)
{
    int i;
    float s=0;
    for(i=0;i<n;i++,b++)   //b++改写 b 的值是错误的
     s+=(*b).score;        //或 b->score
    return s/5;
}
```

程序中试图通过 b++对 b 中的值进行修改，这是语法错误，因为 b 是数组名，语法上是常量，其值不可修改。

12.5 共用体类型

要点：共用体是定义多个成员来共享使用同一段存储空间的数据类型。成员名不同，存储空间重叠，使用不同成员进行数据访问时互相有影响。

共用体也称为联合体，共用体是一种特殊的数据类型，其实现的是可以在相同的内存位置存储不同类型的数据。语法上是定义一个带有多个成员名称，但是共用一段存储单元的数据类型，用此数据类型定义的变量只能使用一个成员名访问共用这段存储单元中的数据，并以这个成员的类型进行数据存取。一般是使用同一个成员名先存再取，否则如果存取时使用不同成员名，并且这个不同成员的数据类型又不同，会导致取出和存入的数据不一致。

共用体数据类型提供了一种使用相同的内存位置,有选择性地存储不同类型数据的有效方式,但使用时必须掌握其规律和特性,否则容易出错。由于所有成员位于同一块内存,因此共用体变量占用内存空间的大小就等于占用存储空间最大的成员的大小。

在 C 语言中 union 是共用体类型定义的关键字。除了关键字和初始化以外,数据类型定义的语法格式和使用该类型定义变量的语法格式与结构体相关语法相同。但共用体与结构体有本质区别,结构体是定义了一个由多个占用不同存储单元成员组成的复合类型,而共用体定义了一块可以使用不同类型的不同成员名来访问的一段共用内存。

由于共用体的存储特性不同,所以存在共用体的使用的重要特性,同学们要掌握其结构体的相关内容的区别。共用体的使用特性如下。

- 共用体定义时不能进行初始化。
- 不能进行共用体变量相互赋值。
- 共用体变量不能作为函数参数,但共用体数组和指针可以作为函数参数。

1. 共用体数据类型定义

使用 union 定义共用体数据类型语法格式如下:

```
union 共用体名{
    成员列表
};
```

"union 共用体名"是其所定义的共用体数据类型符。定义代码中一对"{ }"和";"必不可少。"成员列表"可以是各种已有数据类型的变量或数组。

2. 共用体变量的定义

共用体变量或数组的定义形式同结构体变量和数组定义的语法格式类似,即有 3 种定义形式。

(1) 先定义共用体数据类型,再定义共用体变量。

```
union 共用体名{
成员列表
};
```

之后再以下形式定义变量或数组:

```
union 共用体名 共用体变量或数组;
```

如果定义多个共用体变量或数组,需要使用逗号间隔。但是不能带有初始化表,因为共用体成员数据类型可能不同,又是共用内存区域。

(2) 定义共用体数据类型的同时定义共用体变量。

```
union 共用体名{
成员列表
}共用体变量和数组;
```

同样如果定义多个共用体变量或数组,需要使用逗号间隔,但是不能带有初始化表。之后如果还需要定义多个该共用体类型变量或数组,只要使用第一种变量或数组的定义形式即可,因为由"union 共用体名"构成的共用体类型符已定义,可以在后续程序中使用。

(3) 定义无名共用体数据类型的同时定义共用体变量。

```
union{
```

成员列表
}共用体变量和数组；

同样如果定义多个共用体变量或数组，需要使用逗号间隔，但是不能带有初始化表。由于没定义共用体数据类型名，所以在此之后无法再定义该类型的变量或数组。

【例 12-10】 认识共用体数据存储结构和数据读写特性。

```
#include<stdio.h>
union data{
    char c;
    int n;
};
void main(){
    union data a;
    printf("%d\t\t%d\n", sizeof(a), sizeof(union data));
    a.n =100;
    printf("%#x\t\t%c\n", a.n,a.c);
    a.c ='9';
    printf("%#x\t\t%c\n", a.n,a.c);
    a.n =0x3a1b4d54;
    printf("%#x\t%c\n", a.n,a.c);
}
```

程序运行结果如下：

这段代码不但验证了共用体的长度，还验证了使用不同成员访问共用体占用的同一段内存空间的数据规律。本例中共用体成员分别是 c 和 n，c 是字符型变量，其需要使用 1 字节存储单元，n 是 int 类型变量，在 32 位编译系统中需要占用 4 字节的空间。所以编译系统需要为该共用体变量 a 分配 4 字节空间。如果使用 c 成员进行数据存取，则只访问最低地址的 1 字节存储单元；如果使用 n 成员进行数据存取，则访问连续 4 字节存储单元。通用计算机系统中对多字节整型数据的存储是小端对齐的，即低位字节数据存储在低地址单元，同理高位字节数据存储在高地址单元。但是部分嵌入式系统的编译系统使用的是大端对齐模式，即低位字节数据存储在高地址单元，因此高位字节数据也就存储在低地址单元。部分编译系统可以修改编译参数，用户可选择数据对齐模式，具体使用时注意验证以确保程序设计思想与运行结果相符。

本例的共用体变量的数据存储结构和数据读写的关系如图 12-1 所示。

任务 12-1：将学生信息和教师信息在同一个数组中混合存储。

任务分析：学生信息包括姓名、编号、性别、职业、分数，教师信息包括姓名、编号、性别、职业、教学科目。他们的"职业"分别是"学生"和"教师"。但学生的"分数"信息和教师的"教学科目"信息对应的数据类型不同，如何使同一个结构体数组既存储学生信息又存储教师信息呢？这里两种信息的类型和意义并不一致，所以不能使用同样的成员定义结构体。结构体成员中除了学生的"成绩"和教师的"教学科目"不匹配以外其他都一致，所以可以使用一

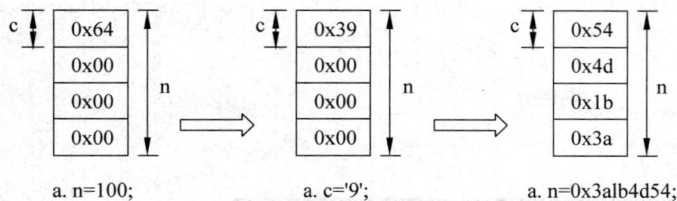

图 12-1　共用体变量的数据存储结构和数据读写的关系

个共用体变量作为存储学生"成绩"或教师"教学科目"的成员。共用体定义两个成员，一个用于存储学生成绩，另一个用于存储教师教学科目，二者尽管是用同一段空间，由于不会同时使用，所以不冲突。

任务实现程序代码如下：

```c
#include <stdio.h>
#define NUM 4                //人员总数
struct{
        char name[20];
        int num;
        char sex;
        char profession;
        union{
                float score;
                char course[20];
        } sc;
} person[NUM];
void main(){
    int i;
    //输入人员信息
    for(i=0; i<NUM; i++){
        printf("Input info: ");
        scanf("%s %d %c %c", person[i].name, &(person[i].num), &(person[i].sex), &
        (person[i].profession));
        if(person[i].profession == 's'){        //如果是学生
            scanf("%f", &person[i].sc.score);
        }else{                                  //如果是老师
            scanf("%s", person[i].sc.course);
        }
        fflush(stdin);
    }
    //输出人员信息
    printf("\nName\t\tNum\tSex\tProfession\tScore / Course\n");
    for(i=0; i<NUM; i++){
        if(person[i].profession == 's'){        //如果是学生
            printf("%s\t%d\t%c\t%c\t\t%f\n", person[i].name, person[i].num,
            person[i].sex, person[i].profession, person[i].sc.score);
        }else{                                  //如果是老师
            printf("%s\t%d\t%c\t%c\t\t%s\n", person[i].name, person[i].num,
```

267

```
                    person[i].sex, person[i].profession, person[i].sc.course);
            }
        }
    }
```

程序运行结果如下：

本程序中为了存储学生信息和教师信息，定义了结构体类型的 person 数组，该结构体类型中使用共用体成员 sc 存储学生成绩或教师教学科目字符串。所以共用体变量 sc 的成员有两个，一个是 float 类型的 score，用于存储学生成绩；另一个是 char 型数组 course，用于存储教师的教学科目。程序中根据结构体中的职业成员 profession 的值选择使用共用体变量 sc 的 score 或 course 成员进行访问。例如：

```
if(person[i].profession == 's'){          //如果是学生
    scanf("%f", &person[i].sc.score);
}else{                                     //如果是老师
    scanf("%s", person[i].sc.course);
}
```

12.6　动态存储分配

要点 1：动态存储分配是用于从内存中申请从某一地址开始的指定长度的数据存储区域。申请得到的内存区域没有名称，只能通过分配的开始地址进行访问。

要点 2：动态存储是静态生存期，所以不使用的动态存储区域要及时释放，以免内存浪费，从而导致存储空间不足。

要点 3：动态存储区域是没有数据类型属性的，进行数据访问时必须使用具有数据类型属性的指针变量间接完成。

在第 8 章，关于数组定义的语法讲解中特别强调必须给出确切的数组长度。因为数组定义是在程序编译阶段完成的，即使是省略数组长度的形式，也必须要有初始化表，因为编译系统可以根据初始化表中初值个数确定长度。在整个程序运行过程中数组长度是固定不变的，不能通过数组访问的任何一种形式访问超过其存储范围的内存。同时在实际的编程中，往往会发生根据程序运行过程中的不同需要使用不同长度的数组存储不同长度的数据。使用前面学的数组定义方法是无法实现的，只能定义一个尽可能长的数组来使用，但这样在很多时候其所占用的大量内存空间是空闲的，产生了内存使用浪费。为了解决上述问题，C 语言提供了一些内存管理系统函数，在程序代码的适当位置调用这些内存管理系统函数可以按需要动态地分配内存空间,也可把不再使用的内存空间回收待用,为有效地利用内存资源提供了必要手段。这些系统函数在使用之前要使用编译预处理指令 ♯include＜stdlib.h＞将对应库函数头文件 stdlib.h 包含到程序设计所在源文件中。常用的内存管理函数有以下三个。

1. 基于字节数的内存空间分配函数 malloc

调用形式如下:

```
(类型说明符 * )malloc(size)
```

功能:在内存的动态存储区中分配一块长度为 size 字节的连续区域。函数的返回值为该区域的首地址。

"类型说明符"表示把该区域用于何种数据类型。"(类型说明符 *)"表示把返回值(分配的内存首地址)强制转换为该类型的指针。size 是一个无符号数,用于指定需要分配的内存长度(字节数)。

注意:由于该函数分配的内存空间只有地址没有对应名称与之关联,后面要想使用该段分配好的内存必须通过其返回的地址实现,所以必须定义指针变量保存该地址。

该指针变量定义的目的有二,一是保存堆内存地址,二是使用该指针变量间接访问堆内存并进行数据读写。要进行数据读写,就必须有确切的数据类型,所以需要根据将来其要指向的堆内存中存储的数据类型定义指针。使用 malloc 函数分配堆内存得到的首地址,也就需要使用相同类型进行强制转换后,再赋值给该指针变量,来保存该堆内存首地址,以备后续使用该堆内存存储数据。例如:

```
char * p;
p=(char * )malloc(100);
```

该语句完成的是分配 100 字节的内存空间,并将分配的堆内存首地址强制转换为字符指针类型(用于存储字符型数据的数组首地址),再把该指针赋予同种类型的指针变量 p。

2. 基于数据长度的内存空间分配函数 calloc

调用形式如下:

```
(类型说明符 * )calloc(n,size)
```

功能:在内存动态存储区中分配 n 个长度为 size 字节的连续区域。函数的返回值为该区域的首地址。"(类型说明符 *)"同样用于强制类型转换。

calloc 函数与 malloc 函数的区别仅在于使用的参数不同,无本质区别。calloc 函数的实参 n 乘以 size 的值等于 malloc 函数分配内存空间的 size 值。calloc 函数参数形式更容易理解,更加直观。例如:

```
p=(struct stu * )calloc(2,sizeof(struct stu));
```

其中的 sizeof(struct stu)是求 struct stu 的结构体数据需要占用的内存长度。因此该语句的意思是:按 struct stu 的长度分配两个连续区域(包括两个 stu 结构体类型元素的数组),返回的首地址强制转换为 struct stu * 的地址类型,并把其首地址赋予指针变量 p。注意,一般这里的第二个参数 size 的值是与强制类型转换中的数据类型一致,如上例的使用形式是比较常用的代码书写方法。

3. 内存空间释放函数 free

调用形式如下：

```
free(动态内存首地址)
```

功能：释放以指定的动态内存首地址开始的并已分配给该程序使用的动态内存空间。注意，被释放的内存区域一定要是由 malloc 或 calloc 函数所分配并且没有被释放的区域。

在程序中要求所有由 malloc 或 calloc 函数所分配的内存，在使用完毕后必须使用 free 函数释放；否则会造成程序运行内存使用浪费。如果使用循环程序反复根据需要分配内存以便使用，而使用完又没有释放，会造成系统运行内存溢出，程序运行会被异常终止。

【例 12-11】 根据输入的人数，分配一段内存区域以存储学生信息。

```
#include <stdio.h>
#include <stdlib.h>
void main()
{    struct stu
     {
          int num;
          char name[10];
          char sex;
          float score;
     } * ps;
     int n,i=0;
     printf("请输入人数:");
     scanf("%d",&n);
     ps=(struct stu * )malloc(n * sizeof(struct stu));
     while(i<n)
     {    printf("Number:");
          scanf("%d",&(ps+i)->num);
          printf("Name:");
          scanf("%s",(ps+i)->name);
          printf("Sex:");
          scanf("\n%c",&(ps+i)->sex);
          printf("Score:");
          scanf("%f",&(ps+i)->score);
          i++;
     }
     i=0;
     printf("Number\tName\tSex\tScore\n");
     while(i<n)
     {    printf("%d\t%s\t",(ps+i)->num,(ps+i)->name);
          printf("%c\t%f\n",(ps+i)->sex,(ps+i)->score);
          i++;
     }
     free(ps);
}
```

程序运行结果如下：

本例中，主函数定义了结构体类型 struct stu，同时定义了该结构体类型的指针变量 ps。使用 scanf 函数调用输入需要存储的学生人数并赋给变量 n，再根据该人数使用 malloc(n ∗ sizeof(struct stu))分配一段用于存放 n 个学生信息的内存空间，并把首地址赋予 ps，使 ps 指向该内存空间的首字节。之后使用循环程序进行 n 次循环，输入 n 个学生的信息，以 "ps＋i" 为指向结构体元素的指针（地址）访问对应元素的成员，实现数据输入。之后使用循环程序调用 printf 函数且使用 "ps＋i" 为指向结构体元素的指针（地址）访问对应元素的成员，实现输出各成员值。最后用 free 函数释放 ps 指向的内存空间。整个程序包含了申请内存空间、使用内存空间、释放内存空间三个步骤，实现存储空间的动态形式应用。

注意：scanf 输入数据是对结构体元素成员的取地址运算，同学们通过查阅运算符 "&" 和 "->" 的优先级别来理解此时运算符 & 完成的是对结构体成员的取地址运算。同时理解和验证函数 "scanf("\n％c",&(ps＋i)->sex)；" 调用中的格式控制字符串 "\n％c" 中的 \n 的作用。如果去掉会是什么情况，同学们自行验证。回顾第 4 章的内容，复习关于格式控制符 ％c 的使用规则，特别是标准间隔符（空格符、跳格符和回车符）对格式 ％c 输入数据的作用。

12.7　链表及链表操作

要点：链表是程序设计的一种数据组织形式，也叫一种数据结构。不同结构的数据组织形式决定了不同的数据访问和处理规律与方法。

12.7.1　链表的构成形式

在动态内存使用的例程中我们采用了动态内存分配的办法为一组结构体数据分配内存空间，该方法在使用内存分配函数分配内存时要知道需要的存储空间个数，分配之后长度是固定的，无法改变。如果无法在分配内存时知道后面需要的元素个数，就不能使用一次分配一个固定长度数组的形式分配动态内存空间。如果能够增加一个学生信息就分配对应存储空间，去掉一个学生信息就释放对应存储空间，这样程序设计就更加灵活了。

但是动态内存分配和使用时需要定义存储其首地址的指针变量，这样指针变量的个数就要求动态变化，如何定义指针变量呢？如果我们把用于存储一个学生信息的一段动态内存空间称作一个结点,如果能够像数组一样顺序访问每个结点,对各个结点的数据处理就简单快速了。既不能用数组形式又要能够使用指针顺序访问,我们可以使用基于结构体变量的一种数据结构来实现,这种数据结构叫作链表。

链表是一种数据存储结构的组织形式,链表由结点构成,每个结点是一个某种结构体类型的动态内存,每个结点的成员含有用于存储数据的数据成员和用于结点间级联的指针成员。每个结点通过一个指针成员指向下一个结点(或使用两个指针成员分别指向上一个结点和下一个结点),这样级联起来的多个结点就好比使用锁链连起来的一个个数据表,所以形象地称为链表。如果每个结点只有一个指针成员指向下一个结点,这样的链表叫作单向链表。如果每个结点有两个指针成员分别指向上一个结点和下一个结点,这样的链表叫作双向链表。本节只介绍单向链表和单向链表的操作方法,因此后续讲解过程中把单向链表简称为链表。

链表第一个结点的指针成员存放第二个结点的首地址,第二个结点的指针成员又存放第三个结点的首地址……最后一个结点因无后续结点连接,其指针成员被赋值为 NULL,表示其为尾结点。首结点保存在事先定义好的指针变量中,这样通过一个已知名称的指针变量就可以依次访问到其指向的链表中的数据。保存链表第一个结点地址(指针)的指针变量叫作头指针变量,简称头指针。

链表结构示意图如图 12-2 所示。

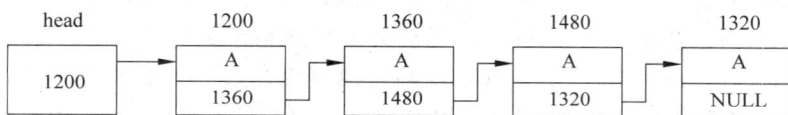

图 12-2　链表结构示意图

图 12-2 中,head 是变量,其保存的是链表的第一个结点地址,即首结点的地址(假设值是 1200),所以 head 变量是链表的头指针。之后的每个结点都分为两个域。一个是数据域 A,存放各种实际要处理的数据,如学号 num、姓名 name、性别 sex 和成绩 score 等。另一个域为指针域即指针成员,存放下一结点的首地址,如 1360、1480、1320 等,注意这些地址不是有规律的连续关系。链表中的每一个结点都是同一种结构体类型的堆内存无名变量。

例如,一个存放学生学号和成绩的结点可以是以下结构体类型:

```
struct Student
{
    int num;
    int score;
    struct Student * next;
}
```

前两个成员组成数据域,最后一个成员 next 构成指针域,它是一个指向 struct Student 类型的结构体指针变量成员。

12.7.2　链表操作方法

链表一般指用动态内存分配的方法创建的由多个级联的数据结点构成的结点序列。每个结点可以存储多个不同类型的信息,结点之间是用指针成员建立的指向关系,通过指针成员可以顺序访问到目标结点。对于最常使用的单向链表,其每个结点只有一个指向下(后面)一个结点的指针成员。因此链表操作需要从首结点开始依次对每个结点进行操作或依次查找,找到对应结点或位置再进行操作,这是单向链表操作的宏观规律。具体的链表操作有建立链表、遍历链表、插入结点、删除结点等。下面来讲解具体程序设计方法。

1. 建立链表

建立链表是一个从无到有的过程,一个在程序中可以访问的链表必须具有三个要素:第一个是结点对应的数据类型定义;第二个是指向链表首结点的头指针变量;第三个是尾结点标志。由这个三个基本要素构成的链表是空链表,因为没有用于存储数据的结点。链表建立过程就是生成结点、输入数据以及将结点放入链表中以形成一个拥有多个有效结点的非空链表。结点是一个非空链表的第四个要素。

建立链表一般从微观操作方法上分为新建结点放在首结点位置、新建结点放在尾结点位置和新建结点按照要求的排列顺序放到适当位置。这里只讲前两种方法,第三种方法可使用插入结点的方式实现。

假设作为链表结点的数据类型为 struct Student(如第 12.7.1 小节所定义),并且已有首结点指针变量 head 和指向新结点的指针变量 p 的定义如下:

```
struct Student * head=NULL;
struct Student * p;
```

此时定义了一个用于指向链表首结点的头指针变量 head,并且初始化为 NULL,即构成了一个链表的三个基本要素。现在只需根据需要加入结点并存储数据,就可以建立一个能够满足数据存储和处理需要的单向链表。

1) 新建结点放在首结点位置

首先使用动态内存分配方法创建新结点"p＝(struct Student *)malloc(sizeof(struct Student));",之后输入数据,根据数据的有效性决定是否要将该结点加入链表之中。如果数据无效,则释放动态内存;否则将结点加入链表之中,并且放在首结点位置。由于现在学习的是单向链表,其最大的特点是通过前一个结点的指向下一个结点指针域才能访问当前结点,所以要想能够访问到结点数据,一定要将该结点地址保存在前一个结点的 next 指针中。新建的结点要想放到首结点位置,需要使用 head 指针指向它,但是后面结点的地址又不能丢失。因此必须将 head 原来指向的结点地址写入这个新结点的 next 指针中,再把新结点的地址写入 head 指针中。也就是使用如下两条语句实现:

```
p->next=head;
head=p;
```

结合循环程序和输入语句即可以建立一个具有多个结点的链表。具体代码如下:

```
#include <stdio.h>
#include <stdlib.h>
#define LEN sizeof(struct Student)
//结点类型定义
struct Student
{
    long num;
    float score;
```

```
        struct Student * next;
    };
    void main()
    {
        struct Student * head=NULL;
        struct Student * p;
        p=(struct Student * ) malloc(LEN);         //开辟一个新单元
        printf("input:num,score\n");
        scanf("%ld,%f",&p->num,&p->score);          //输入第 1 个学生的学号和成绩
        while(p->num>0)
        {
            p->next=head;
            head=p;
            p=(struct Student * )malloc(LEN);       //开辟动态存储区,把起始地址赋给 p
            printf("input:num,score\n");
            scanf("%ld,%f",&p->num,&p->score);     //输入其他学生的学号和成绩
        }
        free(p);
    }
```

　　本例中在 main 函数中的循环程序控制下,使用本方法建立了一个单向链表,可以存储多个学生的成绩信息。C 语言是一个函数化语言,程序员往往将具有一定功能的程序定义成一个独立的函数,之后在其他程序部分(函数)进行调用,也就是使用该功能。因此这个主函数中的建立链表的程序可以定义成一个函数,这里取名为 CreatStuToHead。具体代码如下:

```
    struct Student * CreatStuToHead()
    {
        struct Student * head=NULL;
        struct Student * p;
        p=(struct Student * ) malloc(LEN);         //开辟一个新单元
        printf("input:num,score\n");
        scanf("%ld,%f",&p->num,&p->score);          //输入第 1 个学生的学号和成绩
        while(p->num>0)
        {   p->next=head;
            head=p;
            p=(struct Student * )malloc(LEN);       //开辟动态存储区,把起始地址赋给 p
            printf("input:num,score\n");
            scanf("%ld,%f",&p->num,&p->score);     //输入其他学生的学号和成绩
        }
        free(p);
        if(head!=NULL) return head;
        else return NULL;
    }
```

　　本函数使用上述方法建立一个链表,并把建立好的链表的首地址,即头指针返回给主调函数,这样主调函数就可以通过这个地址来访问该链表。下面其他的链表操作程序都以自定义函数形式给大家举例。

　　2) 新建结点放在尾结点位置

　　同样首先使用动态内存分配方法创建新结点"p=(struct Student *) malloc(sizeof

(struct Student));",之后输入数据,根据数据的有效性决定是否要将该结点加入链表之中。如果数据无效,则释放动态内存;否则将该结点加入链表之中,并且放在尾结点位置。我们已经知道单向链表中,只有通过前一个结点的指向下一个结点指针域才能访问下一个结点,所以要想将新建的结点放到链表末尾,必须要知道尾结点地址,所以除了需要使用 head 指针指向链表首,还需要一个指针变量指向当前链表的尾结点(在此定义为 pg,习惯称指向当前结点的前一个结点指针变量为哨兵指针),为添加新结点做准备。刚开始时链表为空,所以需要在开始添加结点之前,使用 pg=head 将 pg 指向链表首,注意这时 pg 的值也是 NULL。所以在添加第一个结点时,需要判断当前链表状态。如果当前链表为空,即 head 和 pg 的值都是 NULL,这时新结点就是首结点,其地址应该写入 head 中,而不是 pg->next 中,其作为首结点,也作为当前尾结点,同时需要使用 pg=p 来使 pg 指向这个新的尾结点。如果链表已经不为空,新添加的结点的地址应该写入当前尾结点(pg 指向的结点)的 next 中,原来的尾结点就不是尾结点了,新结点才是尾结点,所以需要使用 pg=p 来使 pg 指向这个新的尾结点。另外作为尾结点必须向其 next 指针写入 NULL,此操作语句既可以在每次添加新结点处理语句的 pg=p 之后使用 pg->next=NULL 或 p->next=NULL 完成,也可以使用如本例中的实现代码最后的 if 语句段实现,也就是链表创建最后一个结点之后再加末尾标志。具体实现程序代码如下:

```
struct Student * CreatStuToEnd(void)      //定义函数。此函数返回一个指向链表头的指针
{
    struct Student * head=NULL;
    struct Student * pg, * p;
    p=(struct Student * ) malloc(LEN);     //开辟一个新单元
    printf("input:num,score\n");
    scanf("%ld,%f",&p->num,&p->score);   //输入第 1 个学生的学号和成绩
    pg=head;
    while(p->num!=0)
    {
        if(head==NULL) head=p;
        else pg->next=p;
        pg=p;
        p=(struct Student * )malloc(LEN); //开辟动态存储区,把起始地址赋给 p
        printf("input:num,score\n");
        scanf("%ld,%f",&p->num,&p->score);          //输入其他学生的学号和成绩
    }
    free(p);
    if(pg!=NULL)        //判断当前链表是否是已经创建了一些结点的非空链表
        pg->next=NULL;
    return(head);
}
```

2. 遍历链表

遍历链表也就是根据对链表结点数据访问的具体需要,依次访问各个链表结点,找到对应结点或位置的过程。之后可以进行数据处理或对接点进行插入或删除操作等。下面针对常规的输出结点数据、查找指定数据值的常规应用讲解链表结点遍历的处理过程。

1）输出结点数据

要想输出整个链表的所有结点数据，只要找到链表的头指针，从首结点开始依次访问各个结点，使用输出函数的调用完成该结点的每个数据成员的各个数据输出即可，直到NULL（即后面没有结点了）为止。具体程序代码如下：

```
void PrintStu(struct Student * head)        //定义 PrintStu 函数
{
    struct Student * p;                     //在函数中定义 struct Student 类型的变量 p
    p=head;                                 //使 p 指向第 1 个结点
    if(p!=NULL)                             //如果不是空表
    {   do
        {   printf("num=%ld score=%5.1f\n",p->num,p->score);
                                            //输出结点中的学号与成绩
            p=p->next;                      //p 指向下一个结点
        }while(p!=NULL);                    //当 p 不是"空地址"
    }
    else
        printf("Now,no records\n");
}
```

本函数根据实参传递过来的地址进行判断，如果当前链表不为空，则由循环程序控制指针 p 依次指向各个结点，再调用 printf 函数输出各个结点的数据，直到 p 的值为 NULL（即尾结点已经处理完了，后面没有结点了）。如果链表为空，则输出没有数据的提示字符串。

2）找到某个指定数据值的结点

查找结点无非是根据要查找的数据，使用指针变量依次从首结点开始顺序对各个结点的相应数据成员的值做比较判断，如果找到数值相符的结点，则停下程序来进行数据处理或结点操作。

例如，在学生成绩链表中找到成绩不及格的同学并输出其信息，实现代码如下：

```
//输出成绩低于 60 的同学信息
void PrintStuLow60(struct Student * head)              //定义 PrintStuLow60 函数
{
    struct Student * p;                     //在函数中定义 struct Student 类型的变量 p
    p=head;                                 //使 p 指向第 1 个结点
    if(head!=NULL)                          //如果不是空表
    {
        while(p!=NULL)
        {
          if(p->score<60)
          printf("num=%ld score=%5.1f\n",p->num,p->score);   //输出结点中的学号与成绩
          p=p->next;                        //p 指向下一个结点
        }               //当 p 不是"空地址"
    }
    else
        printf("Now,no records\n");
}
```

本程序是查找所有成绩小于 60 的学生并输出该学生的信息，程序比较容易理解，在此不做详细分析。如果要求找到第一个小于 60 的结点，并得到其地址，该如何修改程序呢？只要在 if 语句的条件成立后停止循环并取当前指针 p 的值来使用就可以了。另外如果不

是使用结点数据,而是要删除该结点,则必须使后续程序知道前一个结点地址,使用前一个结点的 next 指针将前后两个结点连接起来,不然删除当前结点会导致无法访问后面结点。在后续结点删除操作部分的例程中讲解和验证具体程序。

3. 插入结点

在链表中插入结点主要分四种情况,第一种是插入链表首位置,第二种是插入链表末尾,这两种情况的处理过程同链表建立中讲解的处理流程,在此不进行具体分析。第三种是将新结点插入从小到大排列的链表中并且不破坏该顺序关系,第四种是将新结点插入从大到小排列的链表中并且不破坏该顺序关系。

实现将新结点插入从小到大排列的链表中并且不破坏顺序关系以及将新结点插入从大到小排列的链表中并且不破坏顺序关系的这两种情况的关键是先找到插入点,再根据插入点的具体位置使用不同语句实现。

(1) 如果链表为空,则新结点即为首结点。具体代码段如下:

```
if(h==NULL)
{
    h=p;                    //插入作为头结点
    p->next=NULL;
}
```

(2) 如果新插入的结点插入位置位于链表首(以从小到大排序链表为例),且链表不为空。此时新结点变成首结点,原来的首结点变为第二个结点,具体代码段如下。注意判断条件,不同排列顺序规律的链表的条件不同,自行分析修改。

```
if(h==NULL)
{
    h=p;                    //插入作为头结点
    p->next=NULL;          //尾结点处理
}
else if(h->num>=p->num)
{
    p->next=h;             //原来首结点移动到第二个结点位置
    h=p;                   //新结点作为首结点
}
```

(3) 如果插入点在两个结点之间,这时就需要将找到的插入位置对应的前后两个结点断开,将新结点添加在两者之间。这样要操作 3 个结点,一个是新结点,另一个是插入点的前一个结点,还有一个是插入点的后一个结点。因此必须使用一个指针指向新结点,另一个指针指向插入点的前一个结点,通过指向前一个结点的指针可以访问到前后两个结点,所以在查找位置时必须使用一个指针指向当前被判断的前后两个结点中的前一个结点。设这个指针变量是 pg,则具体代码段如下:

```
else
{
    pg=h;
    while(pg->next!=NULL&&pg->next->num<p->num)
        pg=pg->next;
    p->next=pg->next;                        //插入点之后的结点连接到新结点之后
```

```
        pg->next=p;                          //新结点连接到前一个结点
    }
```

本段程序中,使用"pg->next!＝NULL&&pg->next->num<p->num"作为循环条件,其中前一个关系表达式判断是否到了尾结点,后一个关系表达式 pg->next->num<p->num 判断是否在两个结点之间,注意这是 pg 指向的是被判断的两个结点的前一个结点。判断大小关系的表达式要根据不同顺序要求使用不同关系运算符完成。如果题目要求按从大到小的顺序,pg->next->num<p->num 表达式应该如何修改呢? 同学们根据该分析过程自行修改程序代码并验证。

此种情况涵盖了要插入的结点在最后一个结点之后的情况,即新结点作为尾结点,具体原因自行对照程序代码分析。注意,重点分析循环条件。

以用于存储学生成绩信息的链表为例,在链表中插入结点的程序参考代码如下:

```
//h 为链表头地址,s 为要插入的结点数据,mode 为插入模式:mode=0 表示插入链首,mode=1 表示插
    入链尾,mode=2 表示插入小的后面、大的前面(以 num 成员的值从小到大排序的链表),mode=3 插入
    大的后面、小的前面(以 num 成员的值从大到小排序的链表)
    struct Student * InsertStuNode(struct Student * h, struct Student * p, char mode)
    {
        struct Student * pg;
        if(mode==0)
        {
            p->next=h;
            h=p;
            return h;
        }
        else if(mode==1)
        {
            p->next=NULL;
            if(h==NULL)
            h=p;
            else
            {   pg=h;
                while(pg->next!=NULL)
                    pg=pg->next;
                pg->next=p;
            }
        return h;
    }else if(mode==2)                      //在从小到大排序的链表中插入结点
        {
        if(h==NULL)
          {
            h=p;                           //插入作为头结点
            p->next=NULL;
          }
        else if(h->num>=p->num)
          {
            p->next=h;                     //插入头结点之前
            h=p;                           //插入头结点之前
          }else
```

```
            {
                pg=h;
                while(pg->next!=NULL&&pg->next->num<p->num)
                    pg=pg->next;
                p->next=pg->next;           //插入结点
                pg->next=p;                 //插入结点
            }
        return h;
    }else if(mode==3)                       //在从大到小排序的链表中插入结点
        {
            if(h==NULL)
            {
                h=p;                        //插入作为头结点
                p->next=NULL;
            }
            else if(h->num<=p->num)
            {
                p->next=h;                  //插入头结点之前
                h=p;                        //插入头结点之前
            }else
                {
                pg=h;
                while(pg->next!=NULL&&pg->next->num>p->num)
                    pg=pg->next;
                p->next=pg->next;           //插入结点作为中间结点
                pg->next=p;                 //插入结点作为中间结点
                }
        return h;
        }
}
```

该函数实现了 4 种关于结点插入的方法,注意,根据顺序规律插入结点时需要针对那些已经完成排序的链表才能进行。

在建立链表时也可以在动态分配内存、输入并验证数据的有效性后直接使用本函数调用创建链表,特别是使用后两种插入形式可以实现建立一个有序链表。

4. 删除结点

删除结点首先要遍历链表结点,找到需要删除的结点,然后对其进行内存释放。但是,不是简单释放该结点的内存就可以,因为这个结点除了含有必要的结点数据以外还包含下一个结点的地址,只有通过该地址才可以访问后面的结点。如果简单释放了当前结点的内存,就无法找到后面的结点,造成链表断裂。

要想不出现此种链表断裂的情况,必须考虑在释放结点之前将后面结点的地址提前写入被删除结点之前的结点的 next 指针变量中。具体删除结点的过程,要根据链表是否为空以及要删除结点位置的具体情况来使用不同处理语句完成。

如果要删除结点的链表为空链表,则直接结束,不需要执行其他语句。如果链表不为空,但遍历各结点后都没有找到要删除的结点也直接结束。如果找到了要删除的结点,又分两种情况,一种是要删除的结点是首结点;另一种情况是要删除的结点不是首结点。

(1) 要删除的结点是首结点。如果找到要删除的结点且该结点是首结点,则只要将首结点的 next 指针的值写入头指针变量,再释放要删除的首结点的内存。假设前面遍历程序查找到的结点地址保存在 p 中,实现首结点删除的具体参考程序如下:

```
if(p==h)
    h=h->next;
free(p);
```

(2) 要删除的结点不是首结点。如果找到要删除的结点该结点不是首结点,要保证链表不断裂,必须在查找要删除结点的同时使用一个哨兵指针指向前一个结点,为删除结点时访问其前一个结点的 next 指针做准备。也就是使用哨兵指针访问到要删除结点的前一个结点的 next 指针成员,使该指针成员指向要删除结点的后一个结点,也就是将剩下的结点连接起来,保证链表的完整性。之后再释放要删除结点的内存。具体参考程序如下:

```
pg->next=p->next;
free(p);
```

以用于存储学生成绩信息的链表为例,删除结点的完整自定义函数参考代码如下:

```
struct Student * DeletStuNode(struct Student * h,struct Student s)
{
    struct Student * pg, * p;
    pg=p=h;
    if(h==NULL)
    {   printf("delete erro!\n");return h;}
    else
    {
        while(p!=NULL)
          {
              if(p->num==s.num&&p->score==s.score)
              {
                  if(p==h)
                    h=h->next;
                  else
                    pg->next=p->next;
                  free(p);
                  return h;
              }
              else
              {
                  pg=p;
                  p=p->next;
              }
          }
        printf("NO delete node!\n");
        return h;
    }
}
```

本程序使用 while 语句循环遍历链表,具体是根据 if 语句中的条件表达式 p->num == s.num && p->score == s.score 判断是否找到了要删除的结点,如果条件不成立,就继续访问下一个结点,同时哨兵指针向后移动,具体使用"pg＝p;p＝p->next;"实现,使哨兵指针始终指向当前判断的结点的前一个结点,为后续找到要删除的结点后对其释放内存做准备。如果 if 语句条件成立,即找到了要删除的结点,再判断其是否是首结点,如果是首结点,则使用"h=h->next;"使头指针指向后面的结点,之后再使用"free(p);"实现删除;如果不是首结点(包括中间结点和尾结点),则使用"pg->next=p->next;"使前后结点连接起来,之后再使用"free(p);"删除结点。注意,删除结点,即释放其内存之前的语句是将链表中将要被删除结点的前一个结点和后一个结点相连,保证链表不断裂。

　　本程序只是一个以学生成绩信息存储为例的简单程序,同学们在自己设计其他应链表程序时,首先分析数据存储信息的种类和个数,定义满足设计需要的结构体类型,后续使用该类型定义指针变量和分配动态内存。设计各种链表操作函数时,需要具体分析其与本章的简单例程的区别,修改部分结点成员以及结点数据判断和结点处理代码即可实现。关键是掌握链表结构及其操作规律,掌握其操作方法和相应关键代码形式。一般对链表结点的操作都涉及判断链表是否为空链表、是否是首结点、是否是尾结点以及是否是中间结点,因为这四种不同情况对应的操作代码是不同的。

12.8　枚　举　类　型

　　要点:枚举类型是一种取值范围是定义时列举出来的若干个常量值的数据类型。

　　在实际程序处理的问题中,有些变量的取值个数是"有限"的,也就是使用列举方法能将可取的值能列举出来,对该变量的赋值和运算处理是针对这些可以被列举出的可选值进行的。而且如果使用一个符合标识符规则的名称来定义这些可选的数值,编写程序时就更直观。例如,一个星期内只有 7 天,一年只有 12 个月,一个班每周有 6 门课程等。这些可选的值都是可以列举出来的,每个值都可以使用一个名称表示。如每个星期内只有 7 天,可以分别使用 Mon、Tues、Wed、Thurs、Fri、Sat 和 Sun 来表示。如果把这些量说明为整型、字符型或其他类型显然是不够直观的。为此,C 语言提供了一种称为"枚举"的自定义类型。在"枚举"类型的定义中列举出所有可能的取值(枚举值即名称),被说明为"枚举"类型的变量取值不能超过定义的取值范围。枚举类型可用于提高程序的可读性和修改一致性。特别是在嵌入式系统编程时,对各种寄存器的值的修改经常使用枚举类型数据实现。

12.8.1　枚举类型和枚举变量的定义

1. 枚举类型定义的一般形式
枚举类型定义的一般形式如下:

enum 枚举名｛ 枚举常量表 ｝;

在枚举常量表中应列举出所有可用值。这些值也称为枚举元素或枚举常量。例如:

enum week{Mon, Tue, Wed, Thu, Fri, Sat, Sun};

该枚举类型名为 enum week。枚举常量共有 7 个,即一周中有 7 天,每天都对应一个枚举常量。凡被定义为 enum week 类型变量的取值只能是这 7 个枚举常量中的某一个。

2. 枚举常量值的大小

计算机中一切信息和数据都是使用二进制数据形式存储的,所以枚举类型数据也是使用二进制数据形式存储的。枚举常量在定义时指定了多个符号常量,即枚举常量,类似于使用♯define 宏定义指令定义的符号常量,但是其与使用♯define 宏定义指令定义的符号常量是有区别的。宏定义在预处理阶段将宏名替换成对应的值,而枚举常量是在编译阶段将名字替换成对应的值。我们可以将枚举理解为编译阶段的宏。枚举常量的值是整数,其占用整数存储的空间大小,虽然其并不会节省存储空间,但是可以提高代码的可读性。

那么枚举类型中定义的枚举常量的值到底是多少呢?其取值具有以下规律。

(1) 每个枚举常量的值默认情况下是根据定义语句代码的书写顺序,从上到下,从左向右,从 0 开始,往后逐个加 1(递增)。也就是说,week 中定义的 Mon、Tue...Sun 对应的值分别为 0、1、6。

(2) 也可以为某个枚举常量指定数值,其后没有指定数值的枚举常量的值逐个加 1(递增),除非遇到其他定义的枚举常量指定了具体数值。注意每个枚举常量的数值要唯一。例如:

```
enum week{Mon=1, Tue, Wed, Thu, Fri, Sat, Sun=0};
```

这样 Mon、Tue、Wed、Thu、Fri、Sat、Sun 对应的值为 1、2、3、4、5、6、0,其符合国外关于一个星期中每天的排列顺序。

3. 枚举变量的定义及初始化

如同结构体和共用体,枚举变量也有不同的定义方式,即先定义类型再定义变量、定义类型的同时定义变量和定义无名类型的同时定义变量三种形式。在定义枚举类型变量的同时可以使用某个枚举常量对其进行初始化。

如果要定义 enum week 类型的变量 a、b 和 c,则可以采用下述任一种方式:

```
enum week{Sun,Mon,Tue,Wed,Thu,Fri,Sat};
    ⋮
enum week a=Sun,b,c;
```

或者

```
enum week{Sun,Mon,Tue,Wed,Thu,Fri,Sat}a,b=Thu,c;
```

或者

```
enum{Sun,Mon,Tue,Wed,Thu,Fri,Sat}a,b=Fri,c=Sat;
```

12.8.2 枚举类型变量的赋值和使用

1. 枚举变量赋值

枚举变量是变量,所以可以使用赋值语句对其赋值,赋值的数据可以是枚举类型定义的枚举常量之一,或者使用各个枚举常量的对应整数值进行赋值。例如:

```
enum week a,b;
    ⋮
```

```
a=Sun;
a=Fri;
a=(enum week)4;
```

都是正确的,但是一般建议使用枚举常量进行赋值,不建议使用整数对枚举变量进行赋值。如果要用整数值一定是某个枚举常量的值才行,否则程序运行可能会出错。枚举常量,即枚举元素不是字符串常量,使用时不要加单、双引号。部分集成开发环境支持使用整数对枚举类型变量进行赋值,不需要使用类似 enum week 的强制类型转换。枚举类型变量也可以进行相互赋值,如 b=a 等。

2. 枚举类型数据运算

枚举类型变量的值是某个枚举常量的值,枚举常量的值又是整数,所以无论是枚举类型的变量,还是枚举常量表中的各个枚举常量,都可以作为表达式的一部分参与运算或处理。

(1) 枚举类型数据可以使用整数格式输入/输出。如上例中定义的枚举类型变量 a:

```
scanf("%d",&a);
printf("a=%d\n",a);
```

注意:输入的具体数值要是多个枚举常量的值的某一个。尽管只要是整数就能输入,也能够保存到该变量中,但会破坏枚举类型数据的使用特性,从而造成程序后续运行出现错误。

(2) 枚举类型数据可以参加算术运算。以上例中定义的枚举类型变量 a 为例:

```
printf("a=%d\n",a+2);
```

这里的 a+2 就是进行了算术运算,枚举变量或枚举常量作为表达式的一部分参与运算时编译软件会自动将其转换成 int 类型。这就是为什么可以使用 scanf 函数和 printf 函数针对枚举类型变量进行数据输入/输出。但这里要注意不能使用字符串形式输入枚举值(即枚举常量)给枚举变量或输出枚举常量名。例如:

```
scanf("%s",&a);
```

或

```
printf("a=%s\n",a);
```

都是错误的,无法使用 scanf 函数简单地以%s 格式从键盘输入枚举常量名称给枚举变量,也不能使用 printf 函数简单地以%s 格式输出枚举变量的值对应的枚举常量名。如果要实现此功能,必须自己定义相关函数,使用数值判断程序结合字符串常量进行枚举值与字符串之间的转换,再进行字符串形式的输入或输出。

例如,实现字符串输入并转换成枚举类型数据的参考程序如下:

```
enum week a;
char s[5];
scanf("%s",s);
if(strcmp(s,"Sun")==0)
    a=Sun;
else if(strcmp(s,"Mon")==0)
        a=Mon;
    else if(strcmp(s,"Tue")==0)
```

```
                    a=Tue;
        else if(strcmp(s,"Wed")==0)
                a=Wed;
            else if(strcmp(s,"Thu")==0)
                    a=Thu;
                else if(strcmp(s,"Fri")==0)
                        a=Fri;
                    else  if(strcmp(s,"Sat")==0)
                            a=Sat;
```

枚举类型数据转换到字符串并输出的参考程序如下：

```
switch(a)
{
    case Sun:printf("%s","Sun");break;
    case Mou:printf("%s","Mon");break;
    case Tue:printf("%s","Tue");break;
    case Wed:printf("%s","Wed");break;
    case Thu:printf("%s","Thu");break;
    case Fri:printf("%s","Fri");break;
    case Sat:printf("%s","Sat");
}
```

（3）枚举类型数据可以进行关系运算。例如：

```
if(a==b)
```

或

```
if(a==Wed)
```

或

```
if(a>Wed)
```

实际上这都是由运算符和运算对象构成的表达式，根据前面学习的 C 语言表达式的处理运算规则知道，在进行数据运算时 C 语言的表达式中的各个运算对象会进行自动数据类型转换。枚举类型数据会被自动转换成 int 类型，所以枚举类型数据参与各种运算处理时与使用 int 类型数据的规则是相同的。

3. 枚举类型数据作为函数参数

枚举类型数据可以作为函数参数，即形式参数定义一个枚举类型的变量。函数在被调用时，枚举类型的形参变量的初值是实参传递的值，函数体中使用这个枚举变量完成运算或处理等操作。函数调用时的实参可以是枚举类型变量或枚举常量，甚至可以是表达式。但是不建议使用表达式形式，如果要使用，一定要保证表达式的值是在该枚举类型定义时所枚举出的常量的取值范围内。

【例 12-12】 枚举类型数据作函数参数。

```
#include <stdio.h>
enum week{ Mon, Tue, Wed, Thu, Fri, Sat, Sun };
void PrintEnumWeek(enum week a);
```

```
void main()
{
    enum week a;
    while(1)
    {
        scanf("%d",&a);
        if(a>=Mon&&a<=Sun)
            PrintEnumWeek(a);
        else break;
    }
}
void PrintEnumWeek(enum week a)
{
    switch(a)
    {
    case Mon:printf("Mon");break;
    case Tue:printf("Tue");break;
    case Wed:printf("Wed");break;
    case Thu:printf("Thur");break;
    case Fri:printf("Fri");break;
    case Sat:printf("Sat");break;
    case Sun:printf("Sun");break;
    };
    printf("\n");
}
```

程序运行结果如下：

　　本程序中定义了一个用于表示一个星期中的某一天的枚举数据类型，主函数中定义了一个该类型的变量 a。使用循环程序输入枚举值，使用该枚举值调用一个自定义函数输出该枚举值对应的枚举常量名称。

　　在这个用于输出枚举数据对应的枚举常量名称的函数中，使用枚举类型变量 a 作形式参数，函数调用时其初值是实参传递过来的枚举值，之后函数体中使用 switch 语句判断其值对应的枚举常量，分别使用不同的分支程序中的 printf 函数输出与枚举常量名称相同的字符串。

　　注意：这个函数的主调函数使用的实参是一个在主调函数中定义的枚举类型变量的值，但在嵌入式系统设计中经常使用枚举类型中所定义的枚举元素，即枚举常量作函数实参，实现对函数功能代码的选择性执行或对各某个寄存器进行相应功能值的写入。

12.9　使用 typedef 定义数据类型符

要点：typedef 只能用于新数据类型名定义或为已有数据类型定义别名。其与 #define 有本质区别。

C 语言不仅提供了丰富的数据类型和用户自定义数据类型，而且允许由用户对已有类型符定义替代名称，从而来增加代码的可读性或简化输入，也就是说允许由用户为数据类型名取"别名"。C 语言使用由 typedef 关键字构成的定义语句完成此功能。注意定义语句结尾必须有分号。

typedef 定义的一般形式如下：

```
typedef 原数据类型　新类型名;
```

其中原数据类型中包含基本数据类型名和自定义数据类型名，甚至是包含成员定义部分的自定义数据类型的定义语句等。新类型名一般用大写字母表示，以便于区别。有时也可用宏定义来代替 typedef 的功能，但是宏定义是由编译预处理过程完成的，而且不适合针对自定义类型等复杂情况，而 typedef 则是在编译过程中完成的，后者更为灵活、方便，功能更加强大。具体的使用形式如下。

1. 为系统的基本数据类型符定义别名

例如，基本数据类型 int 可以使用以下形式定义变量 a 和 b：

```
int a,b;
```

其中 int 是整型变量的类型说明符。为了提高可读性，可使用 integer 代替 int，更为直观，可以把整型说明符用 typedef 定义为

```
typedef int INTEGER;
```

以后就可用 INTEGER 来代替 int 作整型变量的类型说明符。例如：

```
INTEGER a,b;
```

等效于

```
int a,b;
```

又如：

```
typedef unsigned char u8;
typedef unsigned short int u16;
typedef unsigned long int u32;
```

在嵌入式系统设计中经常使用类似的数据类型别名，u8、u16、u32 分别是 unsigned char、unsigned short int 和 unsigned long int 的别名，在定义变量时使用 u8、u16、u32 代替 unsigned char、unsigned short int 和 unsigned long int，这样在程序设计时，代码输入更加简单。

2. 命名一个新的类型名以简化数组的定义形式

如果在程序中需要经常定义某种固定类型和固定长度的数组，为了简化定义形式，可以

定义一个数据类型名,不仅使程序书写简单,而且使语句字面意义更为明确,因而能够增强程序的可读性。例如:

```
typedef char NAME[20];
```

表示 NAME 是字符型数组类型,数组长度为 20。然后可用 NAME 定义数组,例如:

```
NAME a1,a2,s1,s2;
```

完全等效于

```
char a1[20],a2[20],s1[20],s2[20];
```

3. 命名一个简单的数据类型名以简化复杂的类型变量的定义方法

类似"typedef unsigned short int u16;"的形式就是一种简化输入的常用方法,除此之外还可以用一些复杂类型指针变量的定义形式,例如:

```
int * p1[10];              //定义长度为 10 的指针数组
int (* p2)[10];            //定义指向长度为 10 的一维数组整体的指针变量
double (* p3)();           //定义一个指向返回值为 double 类型的函数指针
```

可以使用 typedef 定义类型符,使后续定义同种类型的变量的代码形式更加简化。例如:

```
typedef int * PA10[10];          //定义长度为 10 的指针数组
typedef int (* Parray)[10];      //定义指向长度为 10 的一维数组整体的指针变量
typedef double (* Pfunction)();  //定义一个指向 double 类型的函数指针
```

这样就定义了 PA10、Parray 和 Pfunction 这 3 个数据类型名,之后可以使用这 3 个数据类型名定义变量,例如:

```
PA10 p1;
Parray p2;
Pfunction p3;
```

从而使变量定义形式更加简化。

总结一下,这个使用 typedef 定义数据类型符的语法具有一个统一的规律,可以适用各种复杂形式变量或数组的定义情况。这个统一规律就是:按照定义变量的语法格式把变量名换上自己想要定义的数据类型符名称,并且在最前面加上 typedef 关键字,就成了声明一个新的数据类型符的语法格式。使用该类型符就可以定义对应类型的变量或数组。

4. 为自定义数据类型定义别名

例如:

```
typedef struct stu
{  char name[20];
   int age;
   char sex;
} STU;
```

定义 STU 类型符来代替 struct stu 结构体类型符 struct stu,然后可用 STU 来定义结构变量:

```
STU body1,body2;
```

在程序设计中经常使用这种形式,特别是在嵌入式系统程序设计中。

12.10 习   题

本章的习题内容请扫描二维码观看。

第 12 章课后习题

第 13 章 文   件

要点：文件操作依赖于一定结构的文件系统规范，是用于保存或获取程序运行所需或结果的数据。

所谓"文件"，是指在非易失性存储介质中存储信息的一种组织形式。文件中信息的组织形式是使用一定结构的数据集实现的，包括表示文件存储位置的路径信息、标识文件的文件名信息、反映文件内容种类和属性的文件头信息以及文件中存储的有效数据信息。文件的种类有很多，如用于存储文字信息的各种文本文件、用于存储声音的音频文件以及用于存储视频信息的视频文件。我们学习 C 语言程序的过程中也经常用到各种文件，如存储程序代码的源文件和头文件，以及集成开发环境中使用和生成的各种文件，如库文件、工程文件和生成的可执行文件等。

13.1 文 件 概 述

要点：文件本质上是存储在非易失性介质中的一系列的二进制数。

1. 文件分类

对于 C 语言程序设计的学习者来讲，接触得比较多的文件分为两类：一类是程序设计相关文件，主要包括用于保存程序代码的文本文件、集成开发环境进行工程项目管理所生成的辅助文件和程序编译构建所生成的各种过程文件以及最终生成的可执行程序文件等；另一类就是在程序运行过程中用于在非易失性存储器中保存或读取数据用的数据文件。

文件通常是驻留在外部介质（如磁盘等）上的，在使用时才调入内存中。从不同的角度又可以对文件作不同的分类。从用户的角度来看，文件可分为普通文件和设备文件两种。普通文件是指驻留在磁盘或其他外部介质上的一个有序数据集。设备文件是指与主机相连的各种外部设备，如显示器、打印机、键盘等，因为在很多操作系统中，把外部设备也当作一个文件来进行管理，把它们的输入/输出等同于对磁盘文件的读和写，当然这个映射成文件的数据读写过程是由各个外部设备的驱动程序完成的。

通常把显示器定义为"标准输出文件"，一般情况下在屏幕上显示有关信息就是向"标准输出文件"输出。如前面经常使用的 printf 和 putchar 函数就是这类输出函数。键盘通常被指定为"标准输入文件"，从键盘上输入就意味着从"标准输入文件"上读入数据。scanf 和 getchar 函数就属于这类输入函数。

从文件存储有效信息的编码方式来看，文件可分为 ASCII 码文件和二进制文件两种。ASCII 码文件也称为文本文件，这种文件在磁盘中存放时，每个字符对应 1 字节，用于存放该字符对应的 ASCII 码。

例如,数字 5678 的存储形式如下。

ASCII 码: 00110101   00110110   00110111   00111000

           ↓   ↓   ↓   ↓

十进制码: 5   6   7   8

共占用 4 字节。

ASCII 码文件可在屏幕上以字符形式显示,也可以使用文本编辑软件直接打开进行查看和编辑。例如,C 语言的源程序文件就是 ASCII 码文件,由于该文件中所有文字都是使用 ASCII 码形式存储的,因此使用任何文本编辑软件都可以打开并可以直观地读出文件中的内容。

二进制文件是按二进制的编码方式来存放数据的。不能在屏幕上直接显示,也无法使用文本编辑软件确切地显示其内容和对其进行编辑。

例如,数字 5678 的存储形式如下:

00010110   00101110

它是直接使用内存中的二进制整数形式存储的,只占 2 字节。二进制文件虽然也可以使用文本编辑器打开,但是显示出来的内容是乱码。因为文本编辑器把读进来的每字节数据当作 ASCII 码,从而显示对应 ASCII 码的字符,如上例会显示成▬和·,其与实际存储内容完全不一致,一般叫作显示乱码。

磁盘上的文件到计算机内存的读写都是以数据流形式进行的,并不区分类型,只有在进行信息处理和使用时才作区分,也就是不同的应用程序有不同的数据处理方法,其数据处理规律要与读写的文件数据的存储规律一致。如果程序的处理方法与文件中各字节数据存储的数据含义一致,就会得到正确结果;否则会出现错误。输入/输出字节流的读写开始与结束由程序控制,而不受物理符号(如回车符)的控制,但程序中可以通过判断文件流中的一些控制符号的值来实现对文件字节流的读写过程控制。因此也把这种文件称作"流式文件"。本章学习字符型(ASCII 码型)和二进制型的流式文件的打开、关闭、读、写、定位等各种操作。

2. 文件缓冲区

计算机系统中对文件的读写是通过操作系统实现的,程序访问文件时实际上是对操作系统为正在访问的文件分配的内存区域进行的读写。所以在针对文件进行读写之前一定要使用文件打开操作通知操作系统为程序需要使用的外部非易失性存储设备上的文件建立用于缓冲数据的内存区域,简称缓存。之后操作系统将根据打开文件的需求将外部存储器中的文件信息读入缓存中供对应程序进行读写。如果对应外部文件不存在,操作系统根据打开文件的具体需求创建空白文件及缓存供对应程序进行读写或者只是报错后结束程序运行,具体情况后面进行学习。

所以编写程序时如果需要使用文件形式进行数据存取,一定要先打开文件,再使用文件,最后关闭文件。"打开文件"是由操作系统在内存中开辟缓冲区并读入数据的过程,之后程序才能够使用缓冲区的文件信息,如果程序运行过程中修改了缓冲区的内容,也必须将修改的结果存入外部存储介质中,才能真正实现文件内容的修改。"关闭文件"就是通知操作系统将缓存中的文件信息写入外部存储器的过程或者只是清除缓冲区的过程,具体要看文件的打开方式。

外存中的文件与计算机文件缓存及程序中的数组和变量的操作关系如图 13-1 所示。程序中的数据一般存储在变量或数组等数据存储容器中，如果使用文件进行存取，则必须由操作系统管理的缓存进行过渡和衔接。程序中使用文件打开和关闭操作实现缓存与外存中的文件信息的读取与保存。程序中使用文件读或写函数实现程序中的数据容器与文件缓存中的数据之间的读写。

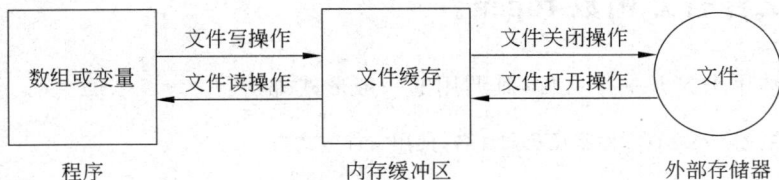

图 13-1　外存中的文件与计算机文件缓存及程序中的数组和变量的操作关系

3. 文件指针

我们知道打开一个文件是在计算机内存中建立一个缓冲区，并将外存设备中的文件信息读入缓存中的过程。程序对文件信息进行读取是对该缓冲区进行按字节顺序读取的过程。那么读取的开始地址是什么？怎么得到呢？

在 C 语言中使用文件打开函数完成文件的打开，其返回操作系统在内存中为该文件建立的缓冲区的首地址。这样就必须使用一个指针变量存储该地址，为后续通过该地址访问该文件中的数据做准备。也就是使用一个文件指针指向这个文件（缓存），这个指针称为文件指针。因此后续就可以通过文件指针对它所指向的文件进行各种操作。

文件指针的一般定义形式如下：

```
FILE *指针变量名;
```

其中 FILE 应为大写，它实际上是由系统程序代码定义的一个结构体类型，该结构体类型中含有文件名、文件状态和文件当前位置等信息。在编写源程序时不必关心 FILE 结构的细节，只需掌握如何使用该类型符定义的指针变量接收文件打开函数返回的文件缓存地址，并通过该指针结合文件读写等函数操作文件的方法。例如：

```
FILE * fp;
```

表示 fp 是指向 FILE 结构的指针变量，通过 fp 即可访问存放某个文件信息的结构变量的地址（文件缓冲区首地址，开始区域存储的是文件的一些标准信息），然后按结构变量提供的信息访问该文件对应的有效数据，实施对文件的操作。初学者不必深究具体细节。下面学习文件操作相关系统函数。如需使用文件操作的系统函数，需要先使用文件包含指令对 stdio.h 头文件进行包含。

13.2　文件的打开与关闭

要点：文件打开与关闭使用对应的函数实现，其完成外部介质与缓存之间的数据传输。文件在进行读写操作之前要先打开，使用完毕后要关闭。所谓打开文件，实际上是建立文件缓冲区,并通过驱动程序从外存读取文件信息,并得到一个可以通过它访问该文件缓冲区内容的内存地址。后续需要使文件指针变量保存该地址,即使用指针变量指向该文件,以便进行其他操作。关闭文件则是断开指针与文件之间的联系,具体是将文件缓冲区中的信息通过驱动程序写入外部存储器的对应文件中,之后释放文件缓存。

13.2.1　文件打开函数 fopen

fopen 函数用来打开一个文件,其调用的一般形式如下:

文件指针变量=fopen(文件路径及文件名,使用文件方式);

说明如下。

(1)"文件指针变量"必须是被定义为"FILE *"类型的指针变量。

(2)"文件路径及文件名"是包含被打开文件的存储路径和文件名称的字符串。该字符串中如果不包含路径,则默认该文件的存储位置为本工程文件夹。文件名分两部分,由半角的点分隔而成,前半部分为文件标识名,后半部分为文件类型名,即文件扩展名。整个"文件路径及文件名"可以是字符串常量或存储了字符串的数组。

(3)"使用文件方式"是指使用文件的类型或方式和操作要求,用文件操作类型字符串常量表示,见表 13-1。例如:

```
FILE * fp;
fp=fopen("abc.txt","r");
```

该语句是在当前工程文件夹中打开文件 abc.txt,这是一个工程文件夹的相对路径。只允许进行"读"操作,且是以 ASCII 码数据格式存储的文件,并使 fp 指针指向该文件。又如:

```
FILE * fmyfile
fmyfile=fopen("d:\\mydata.dat","rb")
```

表 13-1　文件打开方式及其意义

文件打开方式	意　　义
r	文本只读,打开一个文本文件,只允许读数据
w	文本只写,打开或建立一个文本文件,只允许写数据
a	文本追加,打开一个文本文件,并在文件末尾写数据
rb	二进制只读,打开一个二进制文件,只允许读数据
wb	二进制只写,打开或建立一个二进制文件,只允许写数据
ab	二进制追加,打开一个二进制文件,并在文件末尾写数据
r+	文本读写,打开一个文本文件,允许读和写
w+	文本读写,打开或建立一个文本文件,允许读和写
a+	文本追加,打开一个文本文件,允许读,或在文件末尾追加数据
rb+	二进制读写,打开一个二进制文件,允许读和写
wb+	二进制写读,打开或建立一个二进制文件,允许读和写
ab+	二进制追加,打开一个二进制文件,允许读,或在文件末尾追加数据

该语句是打开 C 驱动器磁盘的根目录下的文件 mydata.dat,这是一个二进制文件,只允许按二进制方式进行"读"操作。两个反斜线"\\"中的第一个表示转义字符,第二个表示路径。仿照此方法可以使用绝对路径或本工程文件夹的相对路径打开多级文件夹中的一个文件,带盘符的为绝对路径,不带盘符的为相对路径。

文件打开方式共有 12 种,具体见表 13-1。

对于文件使用方式有以下几点说明。

(1) 文件使用方式由 r、w、a、t、b 和＋共 6 个字符拼成,各字符的含义如下。

● r 为读操作。

● w 为写操作。

● a 为追加操作。

● t 为文本文件格式,可省略不写。

● b 为二进制文件格式。

● ＋控制实现以加号前面的字符串表示的形式打开后增加可读或可写操作功能。

(2) 凡用 r 或 rb 打开一个文件时,该文件必须已经存在,否则报"打开文件错误",且只能从该文件读。

(3) 用 w 或 wb 打开的文件只能向该文件写入。如果打开的文件不存在,则以指定的文件名建立该文件;如果打开的文件已经存在,则将该文件删去,重建一个新文件。

(4) 如果要向一个已存在的文件末尾追加新的信息,只能用 a 方式打开文件。但此时该文件必须是存在的,否则将会出错。

(5) 在打开一个文件时,如果出错,fopen 将返回一个空指针值 NULL。在程序中可以用这一信息来判别是否完成打开文件的工作,并做相应的处理。因此,常用以下程序段打开文件:

```
if((fp=fopen("c:\\mydata.dat","rb")==NULL)
{
    printf("\nerror on open c:\\mydata.dat!");
    getch();
    exit(0);
}
```

这段程序的意义是,如果文件打开操作返回的指针为空,表示不能打开文件路径指定的文件,同时通过程序给出提示信息"error on open c:\mydata.dat!"。下一行 getch()的功能是从键盘输入一个字符,但不在屏幕上显示。在这里,该行的作用是等待,只有当用户按任意一个键时,程序才继续执行,因此用户可利用这个等待时间阅读出错提示。按键后执行exit(0)退出程序,不管在哪个函数中,只要执行到这个代码,程序运行就会结束,返回操作系统。

(6) 把一个文本文件读入内存时,要将 ASCII 码构成的文本形式信息转换成二进制数,而把文件以文本方式写入磁盘时,也要把二进制数转换成 ASCII 码。因此以文本文件方式存储数据时,程序中的变量和数组中的数据与文件缓存之间进行数据读写时,往往需要使用ASCII 码与二进制数之间转换的程序进行适当转换,所以文件操作时间相对长一些,但文件内容可读性更好。二进制文件的读写不存在这种转换,因为其读写就是程序中的变量和数组中的数据与文件缓存之间的直接复制。文本文件中的字符串形式的数据信息与程序中的变量和数组中的二进制数之间的转换是使用文本形式的读写函数实现的。

（7）在 C 语言中有 5 个标准设备文件，其是由系统创建并关联对应标准设备的文件指针，编写程序时可以直接使用，无须再定义指针变量和使用代码的打开和关闭，只要使用对应的库函数完成相关操作即可。标准设备功能及对应的文件指针见表 13-2。

表 13-2　标准设备功能及对应的文件指针

文件号	文件指针	标 准 文 件
0	stdin	标准输入（键盘）
1	stdout	标准输出（显示器）
2	stderr	标准错误（显示器）
3	stdaux	标准辅助（辅助设备端口）
4	stdprn	标准打印（打印机）

13.2.2　文件关闭函数 fclose

程序对文件的相关操作完成后，需要将文件关闭。因为程序对文件内容的读写操作实际上是对计算机内存中的文件缓存的操作，只有在关闭文件后，操作系统才将缓存中的内容写入外部非易失性存储器的对应文件中，否则会导致没保存文件信息。

fclose 函数调用的一般形式如下：

fclose(文件指针);

例如：

fclose(fp);

该函数调用功能是关闭文件指针指向的文件，即文件缓存。其带有返回值，正常完成关闭文件操作时，fclose 函数返回值为 0。如返回非零值，则表示有错误发生。

13.3　文件的顺序读写

对文件的读和写是最常用的文件操作。在 C 语言中提供了多种文件读写的库函数。

要点：不同格式的文件使用不同类别的读写函数，二进制文件和非二进制文件都需要使用与其特性对应的读写函数完成数据读写。非二进制文件读写函数在数据读写过程中同时完成被读写数据的数据存储格式转换。

（1）字符读写函数：fgetc 和 fputc。

（2）字符串读写函数：fgets 和 fputs。

（3）格式化读写函数：fscanf 和 fprinf。

（4）数据块读写函数：freed 和 fwrite。

前 3 组是针对 ASCII 文件，即文本文件进行数据读写的函数，其主要功能是完成程序中的变量和数组与文件缓存中需要读写的字符串信息之间进行转换和使用字符串格式对文件缓存进行读写。最后一组是针对二进制文件进行读写的操作函数,不能混用。下面分别予以介绍。使用以上函数都要求包含头文件 stdio.h。

13.3.1　字符读写函数 fgetc 和 fputc

字符读写函数 fgetc 和 fputc 是以字符(字节)为单位的读写函数,具体见表 13-3。每次可从文件中读出或向文件写入一个字符的 ASCII 码。该函数只针对 ASCII 码文件,即字符型文件进行 1 字节数据的操作,连续使用该函数可以实现连续从前到后的字符数据读写。程序调用此函数对文件中数据进行读写时,当前的读写位置是由文件数据的位置指针决定的,字符读写函数每次执行时文件的读写位置指针自动加 1,即向后移动一个字符,所以是进行顺序读写操作。

表 13-3　字符读写函数 fgetc 和 fputc

fgetc	函数原型	char fgetc(FILE * fp)
	功能	从文件指针 fp 指向的文件中的当前位置读一个字符的 ASCII 码值,位置指针后移 1 字节
	返回值	读成功:返回读入的 ASCII 码; 不成功:返回文件结束标志 EOF(即－1)
fputc	函数原型	char fputc(char ch,FILE * fp)
	功能	将实参中字符的 ASCII 码值输出到文件指针 fp 指向的文件中的当前位置,位置指针后移 1 字节
	返回值	输出成功:返回输出的 ASCII 码; 输出不成功:返回 EOF(即－1)

1. 写字符函数 fputc

fputc 函数的功能是把一个字符写入指定的文件中,函数调用的形式如下:

fputc(字符量,文件指针);

其中,待写入的字符量可以是字符型常量或变量,例如:

fputc('a',fp);

其意义是把字符'a'写入 fp 所指向的文件中。

对于 fputc 函数的使用有以下几点说明。

(1) 被写入的文件可以用写"w"、写＋读"w＋"、追加"a"方式打开,用"写"或"写＋读"方式打开一个已存在的文件时将清除原有的文件内容,从文件的数据存储区开头位置开始写入字符。如需保留原有文件内容,希望写入的字符从文件末尾开始存放,必须以"追加"方式打开文件。被写入的文件如果不存在,则创建该文件。

(2) 每写入一个字符,文件内部位置指针向后移动 1 字节。因此可连续多次使用 fputc 函数写入多个字符。应注意文件指针和文件内部的位置指针不是一回事。文件指针是指向整个文件的,需在程序中定义说明,只要不重新赋值,文件指针的值是不变的。文件内部的位置指针用以指示文件读写内容的当前读写位置,它不需在程序中定义说明,而是由系统的其他程序控制和使用。

（3）fputc 函数有一个返回值，如写入成功，则返回写入的字符，否则返回一个 EOF。可以此来判断写入是否成功。

（4）stdio.h 中含有以下类似的定义：

```
#define putc(ch,fp) fputc(ch,fp)
#define getc(fp) fgetc(fp)
#define putchar(ch) fputc(ch,stdout)
#define getchar() fgetc(stdin)
```

也就是可以使用 putc 和 getc 来替代 fputc，fgetc 使程序输入简化。另外前面学习的在标准设备上输入/输出字符的函数 putchar 和 getchar 就是对标准设备文件进行读写操作。

【例 13-1】 使用 fputc 输出字符到文件中。

```
#include <stdio.h>
#include<stdio.h>
void main(int argc,char * argv[])
{
    FILE * fp;
    char c[20]="ad12243kfdjg!";
    char ch='A';
    int i=0;
    if((fp=fopen("myfile.txt","w"))==NULL)
    {
        printf("Cannot open myfile.txt!\n");
        getchar();
        exit(0);
    }
    fputc(ch,fp);
    fputc('\n',fp);
    i=0;
    while(c[i]!='\0')
        fputc(c[i++],fp);
    fclose(fp);
}
```

程序运行后，使用 VC 编辑器的添加已有文件的方式把工程文件夹中的 myfile.txt 文件添加到项目管理器，双击打开该文件，显示如下：

本程序使用"fp＝fopen("myfile.txt","w")"以字符格式写的方式打开工程文件夹中的 myfile.txt 文件，如果该文件不存在，则新建一个该名称的文件。之后使用"fputc(ch,fp);"和"fputc('\n',fp);"分别输出字符变量 ch 中存储的字符 A 和回车换行符。再使用 while 循环程序输出字符数组 c 中存储的字符串"ad12243kfdjg!"，程序运行结束前使用"fclose(fp);"关闭该文件，使缓存中的信息写入外部存储器对应的文件中。

2. 读字符函数 fgetc

fgetc 函数的功能是从指定的文件中读一个字符，函数调用的形式如下：

字符变量=fgetc(文件指针);

例如：

```
ch=fgetc(fp);
```

其意义是从已打开的文件 fp 中读取一个字符并写入 ch 变量中，fgetc 函数可以读取文件中的任意字符，不存在间隔符和结束标志问题。

对于 fgetc 函数的使用有以下几点说明。

（1）在 fgetc 函数调用中，读取的文件必须是以读或读写方式打开的。

（2）可以不将读取的字符赋值给字符变量，而是直接使用，但在该语句之后无法再使用该语句读取的字符。例如：

```
printf("c%", fgetc(fp));
```

该语句把从 fp 指向的文件的当前位置读取的一个字符送到屏幕进行显示（在标准输出设备上输出），由于没有保存此时读取的字符，后续程序无法再使用。

（3）在文件内部有一个位置指针。用来指向文件当前的读写字节。在文件打开时，该指针总是指向文件的第一字节。使用 fgetc 函数后，该位置指针将向后移动一字节。因此可连续多次使用 fgetc 函数，读取连续存储的多个字符。

【例 13-2】　使用 fgetc 读入文件 myfile.txt 中的信息，并在屏幕上输出。

注意：将前一个例程的工程文件夹中的 myfile.txt 复制到本工程文件夹中。

```
#include<stdio.h>
void main()
{
    FILE * fp;
    char ch;
    if((fp=fopen("myfile.txt","r"))==NULL)
    {
        printf("\nCannot open file strike any key exit!");
        getchar();
        exit(0);
    }
    ch=fgetc(fp);
    while(ch!=EOF)
    {
        putchar(ch);
        ch=fgetc(fp);
    }
    putchar('\n');
    fclose(fp);
}
```

程序运行结果如下：

```
A
ad12243kfdjg!
请按任意键继续. . .
```

本例程的功能是从文件中逐个读取字符，并在屏幕上显示。程序定义了文件指针 fp，以读文本文件方式打开文件 myfile.txt,并使 fp 指向该文件。如打开文件出错,给出提示并退出程序。如果完成打开文件的操作,程序先读出一个字符,然后进入循环,只要读出的字符不是文件结束标志(每个文件末尾都存储有一个结束标志 EOF),就把该字符显示在屏幕上,再读出下一个字符。每读一次,文件内部的位置指针向后移动一个字符,文件结束时,该指针指向 EOF。执行本程序将显示整个文本文件的内容。

在实际程序设计过程中,往往既需要从文件中读取数据作为原始数据或参数,又需要将处理结果写入文件中,实现数据保存。如下面例子,是一种类似情况的应用实例。

【例 13-3】 从一个文件中读取原始数据,在程序完成相关处理后再写入该文件中进行保存。

```c
#include<stdio.h>
#include<string.h>
void sort(char str[])
{
    int i=0,j=0,k;
    char t;
    for(i=0;i<strlen(str)-1;i++)
    {   k=i;
        for(j=i+1;j<strlen(str);j++)
          if(str[k]>str[j])
              k=j;
          if(k!=i)
          {    t=str[i];
              str[i]=str[k];
              str[k]=t;
          }
    }
}
void main()
{
    FILE * fp;
    char c[20];
    int i=0;
    //////////文件信息读取程序/////////////////////////
    if((fp=fopen("myfile.txt","r"))==NULL)
    {
        printf("\nCannot open file strike any key exit!");
        getchar();
        exit(0);
    }
    c[i]=fgetc(fp);
    while(c[i]!=EOF)
    {
        i++;
        c[i]=fgetc(fp);
    }
    fclose(fp);
```

```
//////////数据处理程序//////////
c[i]='\0';
printf("%s\n",c);
sort(c);
printf("%s\n",c);
//////////保存数据到文件程序//////////
if((fp=fopen("myfile.txt","w"))==NULL)
{   printf("Cannot open myfile.txt!\n");
    getchar();
    exit(0);
}
i=0;
while(c[i]!='\0')
    fputc(c[i++],fp);
fclose(fp);
}
```

程序运行结果如下：

myfile.txt 文件显示如下：

程序中前面定义了一个对字符串内的各个字符进行排序的函数 sort。主函数中定义了一个文件指针变量 fp 和一个长度为 20 的字符数组 c。后面程序分三部分，第一部分是文件信息读取，第二部分是数据处理，第三部分是将程序数据写入文件并保存。

第一部分程序和第三部分程序与前面例程中的程序基本相同，只不过在文件读写的代码附近去掉了立即进行屏幕显示的语句。数据处理部分是在从文件中读取数据并存入字符数组 c 中之后开始的，首先使用 printf 函数调用来输出字符数组 c 中的字符串，然后调用 sort 函数对该数组中的字符使用从小到大的规律重新排序。排序后再使用 printf 函数调用来输出字符数组 c 中按照从小到大排序后的字符串。最后使用文件写入程序将处理完成后的字符数组中的字符串写入文件。

注意：这里是对同一个文件的先读后写的操作。前后两次打开该文件的"方式字符串"是不同的，读的时候使用的是"r"，写的时候使用的是"w"，另外文件读操作完成后，要关闭该文件之后再重新打开，所以打开同一个文件时，要在打开之前关闭该文件，避免缓存中的数据丢失。如果想重复进行打开和关闭操作，可以在第一次打开文件时使用"r+"方式打开，而且文件读写要考虑文件内容读写的当前位置，这时需要使用后面学习的文件随机读写的相关知识中的文件定位函数进行文件读写位置的重定位。

13.3.2　字符串读写函数 fgets 和 fputs

字符串读写函数 fgets 和 fputs 见表 13-4。fgets 用于从文件中读取一行字符串，以回车换行符为结束标志,同时满足最多读进来的字符个数小于实参指定的个数;fputs输出一个字符串,输出字符个数取决于字符串中的实际字符个数,不包括字符结束标志。注意,如果使用fputs输出的字符串之后还需要使用fgets读入程序中,每次输出的字符串末尾一定是'\n',即回车换行符。

表 13-4　字符串读写函数 fgets 和 fputs

fgets	函数原型	char * fgets(char * str,int n,FILE * fp)
	功能	从 fp 指向的文件中的当前位置读一个以回车换行符为结束标志的字符串,再写入以 str 为开始地址的数组中并构成字符串,该字符串长度要小于 n(包括回车换行符),当前位置指针后移字节数为实际读出的字符个数
	返回值	读成功:返回地址 str; 读不成功:返回 NULL
fputs	函数原型	int fputs(char * str,FILE * fp)
	功能	将 str 指向的字符串输出到文件指针指向的文件中的当前位置之后,位置指针后移字节数为实际输出的字符个数,不输出字符串结束标志
	返回值	输出成功:返回 0; 输出不成功:返回非零的值

1. 读字符串函数 fgets

函数调用的形式如下:

```
fgets(字符数组名,n,文件指针);
```

其中的 n 是一个正整数。表示从文件中读出的字符串不超过 n−1 个字符,中途如果遇到'\n'或 EOF 则提前结束。在读入的最后一个字符(如果是 EOF,则不保存 EOF)后加上字符串结束标志'\0'形成一个字符串。如果在达到最大字符个数之前遇到了'\n','\n'会被读入且保存到数组中,这与针对标准输入设备的读取字符串函数 gets 是不同的,自行验证。

在调用该函数时,实参 n 使用的值一定要小于或等于实参中字符数组的定义长度值。例如:

```
fgets(str,n,fp);
```

其意义是从 fp 所指向的文件中读出最多 n−1 个字符并送入字符数组 str 中,注意字符数组 str 的长度要大于或等于 n 的值。

【例 13-4】　从 string 文件中读入一个含 10 个字符的字符串。

```
#include<stdio.h>
void main()
{
    FILE * fp;
    char str[11];
    if((fp=fopen("myfile.txt","r"))==NULL)
    {
        printf("\nCannot open file strike any key exit!");
        getchar();
        exit(0);
```

```
    }
    fgets(str,11,fp);
    printf("%s\n",str);
    fclose(fp);
}
```

文件中的内容如下：

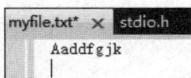

```
myfile.txt*  ×  stdio.h
    Aaddfgjk
    |
```

程序运行后屏幕输出如下内容：

```
Aaddfgjk

请按任意键继续. . .
```

本例定义了一个共 11 字节的字符数组 str，在以文本文件的只读方式打开文件 myfile.txt 后，从中读出最多 10 个字符并送入 str 数组，在读入数组的最后一个字符之后的元素中存入'\0'。然后使用"printf("%s\n",str);"在标准输出设备上显示 str 数组中的字符串。

注意：文件中只有 Aaddfgjk 和回车换行符共 9 个字符，所以字符数组 str 中得到的是字符串"Aaddfgjk\n"，因此"printf("%s\n",str);"输出的文字 k 后带有两个回车换行符，原因是格式控制字符串"%s\n"中还有一个回车换行符，所以在显示效果上就看到了一个空行。

对 fgets 函数需要强调两点。

（1）在读出 n−1 个字符之前，如遇到了换行符或 EOF，则本次读文件内容函数调用结束，如果是换行符，则保存'\n'，如果是 EOF，则不保存。

（2）fgets 函数也有返回值，其返回值是字符数组的首地址，如果不需要使用该地址值，可以不做处理，如上面例子中的代码。

2. 写字符串函数 fputs

fputs 函数的功能是向文件指针指向的文件写入一个字符串，其调用形式为

fputs(字符串指针,文件指针);

其中字符串可以是字符串常量，也可以是字符数组名或指针变量或由字符数组名或指针变量构成的算术表达式，总之是一个要输出的字符串的开始字符所在的地址值，即指针。例如：

fputs("abcd",fp);

其意义是把字符串"abcd"写入 fp 所指向的文件之中。

【例 13-5】 在前面程序实例的文件 myfile.txt 中追加一个字符串。

```
#include<stdio.h>
void main()
{
    FILE * fp;
    char ch,st[20];
    if((fp=fopen("myfile.txt","a"))==NULL)
    {
```

```
        printf("Cannot open file strike any key exit!");
        getchar();
        exit(0);
    }
    printf("input a string:\n");
    scanf("%s",st);
    fputs(st,fp);
    fclose(fp);
}
```

标准输入设备键盘输入 asdfgh 后按 Enter 键,显示如下:

```
input a string:
asdfgh
请按任意键继续. . .
```

打开工程中的 myfile.txt 文件,显示如下:

```
myfile.txt ×  stdio.h
    Aaddfgjk
    asdfgh
```

本例要求在 myfile.txt 文件末尾加写字符串,因此,程序首先使用 scanf 函数调用输入字符串并保存在 st 数组中,之后使用 fputs(st,fp)函数调用,将 st 存储的字符串(运行时输入的是 asdfgh)输出到 fp 所指向的文件 myfile.txt 的末尾(文件关闭时才真正写入外部存储器的该文件中)。

13.3.3　字符文件的格式化读写函数 fscanf 和 fprintf

fscanf 函数和 fprintf 函数与前面使用的 scanf 和 printf 函数的功能相似,都是以格式化的字符串指定的形式进行数据读写的函数。两者的区别在于 fscanf 函数和 fprintf 函数的读写对象不是键盘(标准输入设备文件)和显示器(标准输出设备文件),而是磁盘文件,具体见表 13-5。

表 13-5　字符文件的格式化读写函数 fscanf 和 fprintf

fscanf	函数原型	int fscanf(FILE * fp,char * format,arg_list)
	功能	按 format 格式对 fp 指向的文件的当前位置进行数据读入操作,位置指针后移字节数为实际读入的字符个数
	返回值	成功,返回输入数据的个数;出错或到文件尾,返回 EOF
fprintf	函数原型	int fprintf(FILE * fp,char * format,arg_list)
	功能	按 format 格式对 fp 指向的文件的当前位置进行数据输出操作,位置指针后移字节数为实际输出的字符个数
	返回值	成功,返回输出数据的个数;出错,返回 EOF

这两个函数的调用格式如下:

```
fscanf(文件指针,格式字符串,输入表列);
fprintf(文件指针,格式字符串,输出表列);
```

其中格式字符串和输入/输出表列的功能与前面学习的 scanf 和 printf 完全相同。因为 scanf 和 printf 函数就是使用 fscanf 和 fprintf 实现的,不过文件指针使用的标准设备文件指针而已。fscanf 和 fprintf 只是两个带参数的宏定义,同学们可以打开 stdio.h 文件查看具体代码。

fscanf 和 fprintf 的函数调用实例如下:

```
fscanf(fp,"%d%s",&i,s);
fprintf(fp,"%d%c",j,ch);
```

使用 fscanf 和 fprintf 函数对文件数据进行读写与键盘输入和显示器输出一样,就是完成针对文件中的数据进行输入/输出的操作。程序中变量和数组中的数据可以使用 fscanf 和 fprintf 函数完成与文件中的 ASCII 码字符序列进行格式转换并进行文件缓存数据读写,不需要程序设计人员单独编写二进制数与 ASCII 码字符序列之间的格式转换程序。因此程序设计思路简单、易读并且功能强大。下面使用 fscanf 和 fprintf 完成前面学习的链表数据存取操作。

【例 13-6】 用 fscanf 和 fprintf 函数完成链表数据与文件之间的存取操作。

主函数中,程序开始部分首先打开保存链表数据的文件 datafile.txt,如果不存在则调用 CreatStuToEnd()函数使用键盘输入方式建立链表,否则使用 fscanf 函数读文件 datafile.txt 中的数据并转换成对应类型的数值,然后写入新建节点,并结合循环程序完成链表创建及初始化工作。后面程序使用节点插入函数或节点删除函数对链表的节点进行插入或删除,链表结构变化后使用 F_PrintStu 函数,重新以"w"打开 datafile.txt 文件

例 13-6 代码

(即删除原有 datafile.txt 文件,再新创建一个 datafile.txt 并打开),使用 fprintf 函数将链表每个节点中的数据进行格式转换并以字符(ASCII 码)形式写入文件,用于保存变化后的链表数据。注意,F_PrintStu 函数中对链表中各个节点的数据向文件中写入时,每个数据之间都加了间隔符,其是为使用文件读操作能够正确读入不同的数据做的准备,写的顺序和读的顺序要一致,间隔符的约定也要一致。最后关闭文件,使缓存中的文件信息保存到外存中。具体代码自行分析和验证。本章的习题内容请扫描二维码观看。

13.3.4 数据块二进制直接读写函数 fread 和 fwrite

文件中存储的数据都是由多个二进制数组成的,只是存储的信息对于用户的含义不同,如文本文件中的内容是以 ASCII 码形式存储的,每一字节代表一个 ASCII 码字符。对于非字符型数据存取,要进行数据格式转换,如前面讲解的 fscanf 和 fprintf 函数,除了完成对文件内容的读写以外,还要进行非字符型数据与文件中存储的各字节 ASCII 的转换,程序执行速度慢。C 语言还提供用于整块数据的二进制直接读写函数 fread 和 fwrite,其不需要进行数据编码格式转换,直接进行程序中变量或数组的内存内容与文件缓存数据内容的直传(对拷),具体见表 13-6。其既可以实现程序中的数据使用文件进行存取,又提高了程序运行速度,但缺点是文件内容无法直接使用文本形式查看。其实这个特性也不一定是缺点,因为很多程序中使用的数据或运行的结果是不希望被轻易查看的。

表 13-6   数据块二进制直接读写函数 fread 和 fwrite

fread	函数原型	int fread(void * buffer,int num_bytes,int count,FILE * fp)
	功能	从 fp 指向的文件中的当前位置顺序读取 count 块,每块包括 num_bytes 字节文件缓存数据。写给以 buffer 地址开始内存单元中,共计 count * num_bytes 字节。位置指针后移实际读出的二进制数对应的字节数
	返回值	读成功:返回读的段数; 读不成功:出错或文件结束,返回 0
fwrite	函数原型	int fwrite(void * buffer,int num_bytes,int count,FILE * fp)
	功能	以 buffer 地址开始内存单元中连续读取 count * num_bytes 字节并写入 fp 指向的文件中的当前位置。位置指针后移实际输出的二进制数对应的字节数
	返回值	输出成功:返回写的段数; 输出不成功:出错,返回零

读数据块函数调用的一般形式如下:

```
fread(buffer,size,count,fp);
```

写数据块函数调用的一般形式如下:

```
fwrite(buffer,size,count,fp);
```

其中 buffer 是一个指针,在 fread 函数中,它是存放输入数据的变量或数组的首地址。在 fwrite 函数中,它表示存放要输出数据的变量或数组的首地址。size 为数据块的字节数。count 是要读写的数据块个数。fp 是文件指针。

例如:

```
fread(a,4,5,fp);
```

其意义是从 fp 所指向的文件中的当前位置,分 5 次读取,每次读 4 字节(即连续读取 20 字节)写入以地址 a 开始的连续 20 字节内存中。先读进来的先写入,后读进来的后写入(即数据读进来的顺序与写入从 a 开始的连续内存单元中的顺序一致)。简单应用例程如下。

【例 13-7】 从键盘输入两个学生的数据,写入一个文件中,再读出这两个学生的数据并显示在屏幕上。

```
#include<stdio.h>
struct stu
{
    char name[10];
    int num;
    int age;
    char addr[15];
}boya[2],boyb[2], * pp, * qq;
void main()
{
    FILE * fp;
    char ch;
    int i;
    pp=boya;
```

```
        qq=boyb;
        if((fp=fopen("mydata1.dat","wb"))==NULL)
        {
            printf("Cannot open file strike any key exit!");
            getchar();
            exit(0);
        }
        printf("Input data\n");
        for(i=0;i<2;i++,pp++)
            scanf("%s%d%d%s",pp->name,&pp->num,&pp->age,pp->addr);
        pp=boya;
        fwrite(pp,sizeof(struct stu),2,fp);
        fclose(fp);
        if((fp=fopen("mydata1.dat","rb"))==NULL)
        {
            printf("Cannot open file strike any key exit!");
            getchar();
            exit(0);
        }
        fread(qq,sizeof(struct stu),2,fp);
        printf("\nname\tnumber\tage\taddr\n");
        for(i=0;i<2;i++,qq++)
            printf("%s\t%d\t%d\t%s\n",qq->name,qq->num,qq->age,qq->addr);
        fclose(fp);
    }
```

程序运行结果如下：

```
Input data
zhangsn 1001 22 nanjing
lisi 1002 20 beijing


name    number  age     addr
zhangsn 1001    22      nanjing
lisi    1002    20      beijing
请按任意键继续. . .
```

本例程序定义了一个结构体 stu，说明了两个结构数组 boya 和 boyb 以及两个结构指针变量 pp 和 qq。pp 指向 boya，qq 指向 boyb。程序使用键盘输入方式输入了两个学生的信息，之后为了保存数据，使用"fp＝fopen("mydata1.dat","wb");"以写的方式打开一个二进制文件 mydata1.dat。程序使用"fwrite(pp,sizeof(struct stu),2,fp);"将 pp 指向的 boya 数组中的两个元素，即两个学生信息以内存复制的形式（二进制形式）写入文件中保存。之后关闭文件，将其保存到外部存储器中。程序再使用"fp＝fopen("mydata1.dat","rb");"以二进制读的方式打开文件 mydata1.dat，使用"fread(qq,sizeof(struct stu),2,fp);"将文件中以二进制形式存储的两个学生信息读入 qq 指向的 boyb 数组中。最后程序使用 printf 函数调用结合循环程序将读入的两个学生信息显示在屏幕上。

虽然本例程只是实现了内存中的数据以二进制形式存储在文件中，之后又重新读进来并显示的实际意义不大，但是其反映了 fread 函数和 fwrite 函数的功能和用法。也体现了程序中的过程数据或结果数据，如果需要进行保存，可以使用该方式进行以文件形式的存储和再读取。下面一个例程是使用链表操作进行数据以二进制文件形式存取的例程，同学们可以将它与使用 fscanf 函数和 fprintf 函数实现的文件存取形式进行对比，掌握这两种文件输入/输出的方法和区别。

【例 13-8】 使用 fread 函数和 fwrite 函数针对链表数据与二进制文件之间进行存取。

```c
#include <stdio.h>
#include <stdlib.h>
#define LEN sizeof(struct Student)
int n;                    //n为全局变量,本文件模块中各函数均可使用它
//////////////////结点类型定义//////////////////
struct Student
{   long num;
    float score;
    struct Student * next;
};
//使用键盘输入方式创建链表。键盘输入数据,创建方式为将新结点插入链表末尾,注意哨兵指针
  p2 的使用
struct Student * CreatStuToEnd(void)      //定义函数。此函数返回一个指向链表头的指针
{   struct Student * head;
    struct Student * p1, * p2;
    p1=(struct Student * ) malloc(LEN);       //开辟一个新单元
    printf("input:num,score\n");
    scanf("%ld,%f",&p1->num,&p1->score);      //输入第 1 个学生的学号和成绩
    head=NULL;
    p2=head;
    while(p1->num!=0)
    {   if(head==NULL) head=p1;
        else p2->next=p1;
        p2=p1;
        n++;                                   //统计结点个数
        p1=(struct Student * )malloc(LEN);     //开辟动态存储区,把起始地址赋给 p1
        printf("input:num,score\n");
        scanf("%ld,%f",&p1->num,&p1->score);  //输入其他学生的学号和成绩
    }
    free(p1);
    if(p2!=NULL)p2->next=NULL;
    return(head);
}
////////////////////屏幕输出所有链表结点数据////////////////////
void PrintStu(struct Student * head)       //定义 print 函数
{
    struct Student * p;                     //在函数中定义 struct Student 类型的变量 p
    p=head;                                 //使 p 指向第 1 个结点
    if(head!=NULL)                          //如果不是空表
    {   printf("Now,These %d records are:\n",n);
        do                                  //输出一个结点中的学号与成绩
        {   printf("num=%ld score=%5.1f\n",p->num,p->score);
            p=p->next;                      //p 指向下一个结点
        }while(p!=NULL);                    //当 p 不是"空地址"
    }
    else
        printf("Now,no records\n");
}
```

```
//////////////////////////链表排序函数//////////////////////////
//h 为链表头地址,选择法排序,mode 为排序模式: mode=0 表示从小到大排序,mode=1 表示从大
  到小排序
struct Student *  SortStu(struct Student * h, char mode)
{
    struct Student * p1, * p2, * p;
    if(h==NULL||h->next==NULL) return h; //结点数少于两个
    if(mode==0)                              //从小到大排序
    {
        for(p1=h;p1->next!=NULL;p1=p1->next)
        {   p=p1;
            for(p2=p1->next;p2!=NULL;p2=p2->next)
            {
                if(p->num>p2->num)
                p=p2;
            }
            if(p!=p1)                        //结点数据交换,注意不要交换 next 指针成员
            {   long num_t;
                float score_t;
                num_t=p1->num;
                p1->num=p->num;
                p->num=num_t;
                score_t=p1->score;
                p1->score=p->score;
                p->score=score_t;
            }
        }
    }else if(mode==1)                        //从大到小排序
        {
            for(p1=h;p1->next!=NULL;p1=p1->next)
            {
            p=p1;
            for(p2=p1->next;p2!=NULL;p2=p2->next)
            {
                if(p->num<p2->num)
                p=p2;
            }
            if(p!=p1)                        //结点数据交换,注意不要交换 next 指针成员
            {   long num_t;
                float score_t;
                num_t=p1->num;
                p1->num=p->num;
                p->num=num_t;
                score_t=p1->score;
                p1->score=p->score;
                p->score=score_t;
            }
            }
        }
    return h;
}
```

307

```
/////////////////////////结点插入函数/////////////////////////
//h为链表头地址,s为要插入的结点数据,mode为插入模式:mode=0表示插入链首,mode=1表
    示插入链尾,mode=2表示插入小的后面、大的前面(num成员从小到大排序的链表),mode=3表示
    插入大的后面、小的前面(以num成员从大到小排序的链表)
struct Student * InsertStuNode(struct Student * h, struct Student * p,char mode)
//mode=0表示插入链首,mode=1表示插入链尾,mode=2表示插入小的后面、大的前面,mode=3表
    示插入大的后面、小的前面
{
    struct Student * pg;
    pg=h;
    if(mode==0)
    {
        p->next=h;
        h=p;
        n++;                              //统计结点个数
        return h;
    }
    else if(mode==1)
      {
          p->next=NULL;
          if(h==NULL)
            h=p;
          else
            {
                while(pg->next!=NULL)
                  pg=pg->next;
                pg->next=p;
            }
          n++;                            //统计结点个数
          return h;
      }else if(mode==2)                   //在从小到大排序的链表中插入结点
        {
          p->next=NULL;
          if(h==NULL)
            h=p;                          //插入作为头结点
          else if(h->num>=p->num)
            {   p->next=h;                //插入头结点之前
                h=p;                      //插入头结点之前
            }else
              {   while(pg->next!=NULL&&pg->next->num<p->num)
                    pg=pg->next;
                  p->next=pg->next;       //插入结点
                  pg->next=p;             //插入结点
              }
          n++;                            //统计结点个数
          return h;
        }else if(mode==3)                 //在从大到小排序的链表中插入结点
            {   p->next=NULL;
                if(h==NULL)
                    h=p;                  //插入作为头结点
                else if(h->num<=p->num)
```

```
                        {   p->next=h;                    //插入头结点之前
                            h=p;                           //插入头结点之前
                        }else
                        {   while(pg->next!=NULL&&&pg->next->num>p->num)
                               pg=pg->next;
                            p->next=pg->next;   //插入结点作为中间结点
                            pg->next=p;         //插入结点作为中间结点
                        }
                    n++;                               //统计结点个数
                    return h;
                }
}
struct Student *  DeletStuNode(struct Student * h,struct Student s)
{
    struct Student * pg, * p;
    pg=p=h;
    if(h==NULL)
    {   printf("delete erro!\n");return h;}
    else
    {   while(p!=NULL)
        {   if(p->num==s.num&&p->score==s.score)
            {
                if(p==h)
                  h=h->next;
                else
                    pg->next=p->next;
                free(p);
                n--;                               //统计结点个数
                return h;
            }else
            {   pg=p;
                p=p->next;
            }
        }
        printf("NO delete node!\n");
        return h;
    }
}
///////////////////文件输出所有链表结点数据///////////////////
void F_PrintStu(struct Student * head)   //定义 print 函数
{   FILE * pFile;
    struct Student * p;                     //在函数中定义 struct Student 类型的变量 p
    p=head;                                 //使 p 指向第 1 个结点
    if((pFile=fopen("binary.dat","wb"))==NULL)
    //if((pFile=fopen("datafile","w"))==NULL)
    {   puts("can't open file");   exit(0) ;   }
    if(head!=NULL)                          //如果不是空表
    {   printf("Now,These %d records are:\n",n);
      do                                    //显示器输出一个结点中的学号与成绩
      {   printf("num=%ld score=%5.1f\n",p->num,p->score);
          if(fwrite(p,sizeof(struct Student),1,pFile)==0)break;
```

```
        //if(fprintf(pFile,"%ld,%f\n",p->num,p->score)==EOF)break;
            p=p->next;                        //p指向下一个结点
        }while(p!=NULL);                       //当p不是"空地址"
    }
    else
        printf("Now,no records\n");
    fclose(pFile);
}
void main()
{
    FILE * pFile;
    struct Student * pt,* p;
    struct Student st;
    pt=NULL;
/////////////////////////创建链表/////////////////////////
    if((pFile=fopen("binary.dat","rb"))==NULL)
    //if((pFile=fopen("datafilet","rb"))==NULL)
    {   puts("can't open file");   pt=CreatStuToEnd ; }
                                        //没有文件时使用键盘输入方式创建链表
    else                                //使用插入函数创建链表,插入链首
        {   p=(struct Student * ) malloc(LEN);   //开辟一个新单元
            printf("FILE input to craet!\n");
              //while(fscanf(pFile,"%ld,%f",&p->num,&p->score)!=EOF
            while(fread(p,sizeof(structStudent),1,pFile)))
            {   pt=InsertStuNode(pt,p,0);
                p=(struct Student * ) malloc(LEN);   //开辟一个新单元
            }
            fclose(pFile);
            free(p);
        }
    PrintStu(pt);
/////////////////////添加结点/////////////////////
  p=(struct Student * ) malloc(LEN);              //开辟一个新单元
  printf("input:num,score to add at head\n");
  scanf("%ld,%f",&p->num,&p->score);              //输入1个学生的学号和成绩
  if(p->num!=0)
  {
     pt=InsertStuNode(pt,p,0);
     F_PrintStu(pt);
  }
  else free(p);
  p=(struct Student * ) malloc(LEN);              //开辟一个新单元
  printf("input:num,score  to add at end\n");
  scanf("%ld,%f",&p->num,&p->score);              //输入1个学生的学号和成绩
  if(p->num!=0)
  {
     pt=InsertStuNode(pt,p,1);
     F_PrintStu(pt);
  }
  else free(p);
  pt=SortStu(pt,0);
```

```
    printf("Records are sorted from small to large!\n ");
    PrintStu(pt);
    printf("input:num,score and insert middle\n");
    p=(struct Student * ) malloc(LEN);            //开辟一个新单元
    scanf("%ld,%f",&p->num,&p->score);            //输入 1 个学生的学号和成绩
    if(p->num!=0)
    {
        pt=InsertStuNode(pt,p,2);
        F_PrintStu(pt);
    }
    else free(p);
    pt=SortStu(pt,1);
    printf("Records are sorted from small to large!\n ");
    PrintStu(pt);
    printf("input:num,scoreand insert middle\n");
    p=(struct Student * ) malloc(LEN);            //开辟一个新单元
    scanf("%ld,%f",&p->num,&p->score);            //输入 1 个学生的学号和成绩
     if(p->num!=0)
    {   pt=InsertStuNode(pt,p,3);
        F_PrintStu(pt);
    }
    else free(p);
    while(1)
    {
        printf("input:num,score 2 delet a Record\n");
        scanf("%ld,%f",&st.num,&st.score);        //输入 1 个学生的学号和成绩
        if(st.num!=0)
        {   pt=DeletStuNode(pt,st);
            F_PrintStu(pt);
        }
        else break;
    }
}
```

任务 13-1：设计一个基于文件存储的简易学生信息及成绩管理系统。

任务描述：信息管理系统无非是能够实现增、删、改、查这四个信息管理操作的数据处理系统。尽管功能要求只是增、删、改、查，但是这个操作是有目标的，也就是首先要有操作对象。这里主要涉及数据存储载体和存储结构，要保证所有操作的数据在程序运行结束后不丢失，即永久保存，所以一定要保存在外部非易失性存储器中。在外部非易失性存储器中保存数据一般有两种形式，一种是文件形式，即文件系统；另一种是数据库形式，即数据库系统。文件形式是早期形式，实现的功能简单，但对于 C 语言的初学者来讲比较容易实现，但数据库系统涉及第三方数据库系统软件，功能强大，需要学习数据库相关知识，同时需要掌握所选用的数据库软件的使用方法和通过 C 语言编程对其进行操作的方法。真正实用的信息管理系统是需要使用数据库实现的，复杂的需求需要使用强大的数据库实现，简单的需求可以使用功能简单的数据库实现，具体内容同学们可以根据系统设计的需求进行分析和设计。

任务分析：使用文件系统实现信息管理需要分析管理对象的数据信息结构，设计程序

中相关数据存储的结构形式,也就是定义结构体类型及相关变量和数组。为了操作简便以及不浪费内存,主要使用链表形式完成被管理信息的程序存储。在程序中根据需求对链表中的数据进行增、删、改、查等操作。程序运行开始时需要从文件中读入所有需要操作的原始数据,之后通过人机交互方法获取用户指令和数据来完成以上所述的"增、删、改、查"等操作。操作完成后需要保存操作结果,即将操作完成的链表中的数据再写入文件中。另外,人机交互一般使用键盘和显示器实现,所以需要在程序运行过程中设计界面显示程序和通过键盘接收指令和数据的交互程序。

根据以上任务分析,结合前面学习的指针、函数、结构体、链表和文件等相关知识及程序实例,自行修改和完善程序代码,实现相应功能。在此只给出主函数程序代码以供参考,注意函数名及变量名与前面例程有区别,不要通过复制前面代码来完善程序,需要掌握相关程序设计方法自行编写相关函数实现。具体 main 函数代码如下:

```
int main()
{
    FILE * pFile;
    struct Student * head, * p;
    struct Student st;
    head=NULL;
if((pFile=fopen("binary.dat","rb"))==NULL) //if((pFile=fopen("text.dat","rb"))
                                                        ==NULL)
    {   puts("无法打开文件!");   head=SScreat();   }
    else   //使用插入函数创建链表,插入链首
        {   p=(struct Student * ) malloc(LEN);          //开辟一个新单元
        printf("从文件读取记录!\n");
        while ( fread ( p, sizeof ( struct  Student), 1, pFile ))//while ( fscanf
        (pFile,"%ld,%f",&p->num,&p->score)!=EOF),文本方式输入
        {
            head=SSinsert(head,p,LAST);
            p=(struct Student * ) malloc(LEN);          //开辟一个新单元
        }
        fclose(pFile);
        free(p);
        }
    //SSprint(head);
    while(1)
    {   int key=0;
        SSprint(head);
        printf("1.查找结点\n");
        printf("2.插入结点\n");
        printf("3.删除结点\n");
        printf("0.结束程序运行\n");
        scanf("%d",&key);
        if(key==0)                                      //结束程序运行
            {break; }
        else if(key==1)                                 //查询结点
            {
```

```
enum serachtype t;
key=0;
printf("输入要查找的结点信息!\nnum,score\n");
scanf("%ld,%f",&st.num,&st.score);      //输入 1 个学生的学号和成绩
if(st.num!=0&&st.score>0)
    t=ALLEQ;
else if(st.num!=0)
        t=NUMEQ;
     else if(st.score>0)
            t=SCOREEQ;
        p=SSserachNode(head,st,t);
if(p!=NULL)
{
    while(p!=NULL)
    {   //屏幕输出一个结点中的学号与成绩
        printf("num=%ld score=%5.1f\n",p->num,p->score);
        p=SSserachNode(p->next,st,t);
    }
    while(1)
    {   printf("1.修改结点信息\n");
        printf("2.删除结点\n");
        printf("0.返回\n");
        scanf("%d",&key);
        if(key==0)
        { break;}
        else if(key==1)
            {
                struct Student newst;
                printf("输入要修改结点的原有信息!\nnum,score\n");
                //输入 1 个学生的学号和成绩
                scanf("%ld,%f",&st.num,&st.score);
                if(st.num!=0&&st.score>0)
                {
                    printf("输入修改后的新信息!\nnum,score\n");
                    //输入 1 个学生的学号和成绩
                    scanf("%ld,%f",&newst.num,&newst.score);
                    if(newst.num!=0&&newst.score>0)
                    {
                        SSmodifyNode(head,st,newst);
                        Write2file(head,"binary.dat");
                        break;
                    }
                    else
                        printf("输入的结点新信息错误!\n");
                }
                else
                    printf("输入的结点原有信息错误!\n");
            }
            else  if(key==2)
                {
                    printf("输入要删除的结点信息!\nnum,score\n");
```

```
                                        //输入 1 个学生的学号和成绩
                                        scanf("%ld,%f",&st.num,&st.score);
                                        if(st.num!=0&&st.score>0)
                                        {
                                            head=SSdelet(head,st);
                                            Write2file(head,"binary.dat");
                                            break;
                                        }
                                        else
                                            printf("输入信息错误!\n");
                                }
                        }
                }
            else printf("找不到结点!\n");
        }else if(key==2)                                    //插入结点,带有二级菜单
            {   enum inserttype t;
                key=0;
                printf("1.插入首结点前\n");
                printf("2.插入尾结点后\n");
                printf("3.插入升序排序结点间\n");
                printf("4.插入降序排序结点间\n");
                printf("0.返回\n");
                scanf("%d",&key);
                if(key==0)
                    continue;
                t=(enum inserttype)(key-1);
                p=(struct Student *) malloc(LEN);           //开辟一个新单元
                printf("输入:num,score to add!\n");
                scanf("%ld,%f",&p->num,&p->score);          //输入 1 个学生的学号和成绩
                if(p->num!=0)
                {
                    head=SSinsert(head,p,t);
                    Write2file(head,"binary.dat");
                }
                else free(p);
            }else if(key==3)                                //删除结点
                {   key=0;
                    printf("输入要删除的结点信息!\nnum,score\n");
                    //输入 1 个学生的学号和成绩
                    scanf("%ld,%f",&st.num,&st.score);
                    if(st.num!=0&&st.score>0)
                    {
                        p=SSdelet(head,st);
                        Write2file(head,"binary.dat");
                    }
                    else
                        printf("输入信息错误!\n");
                }
        }
    return 0;
}
```

13.4 文件读写位置定位函数 与文件的随机读写

要点：所谓随机读写，就是根据需要选择性地使用一定方法找到需要读写的数据开始地址后再进行数据读写，而不是一味地按照前后顺序读写。

前面介绍的对文件的读写方式都是顺序读写，即读写文件只能从头开始，顺序读写各个数据。但在实际问题中常要求只读写文件中某一指定的部分。为了解决这个问题，需要移动文件内部的位置指针到需要读写的位置，再进行读写，这种读写称为随机读写。

实现随机读写的关键是要能够按要求移动位置指针，这称为文件的定位。

13.4.1 文件读写位置定位函数

移动文件内部位置指针的函数主要有两个，是 rewind 函数和 fseek 函数，见表 13-7。rewind 函数是将决定文件当前读写位置的位置指针指向文件内容的开始位置（文件位置指针）复位的函数。fseek 函数是根据函数参数将文件当前的位置指针修改到指定位置上的函数，实现对文件中需要访问区域的内容的选择性读写。

表 13-7 文件读写位置定位函数 rewind 和 fseek

rewind	函数原型	void rewind(FILE * fp)
	功能	将 fp 所指向文件的位置指针重置到文件开头
	返回值	无
fseek	函数原型	int fseek(FILE * fp,long offset,int origin)
	功能	改变文件位置指针的位置到相对 origin 位置偏移 offset 的位置
	返回值	成功，返回 0；失败，返回非 0 值

rewind 函数的调用形式为

```
rewind(文件指针);
```

它的功能是把文件指针指向的文件内部的当前位置指针移到文件内容的开始位置，即访问位置复位。

fseek 函数用来根据参数移动文件内部访问位置指针，其调用形式为

```
fseek(文件指针,位移量,起始点);
```

其中"文件指针"指向被移动的文件。"位移量"表示移动的字节数，同时要求位移量参数是 long 型数据，以便在文件长度大于 64KB 时不会出错。当用常量表示位移量时，要求加后缀 L。"起始点"表示从何处开始计算位移量，即移动的基准点，可用的起始点有三种，即文件首、当前位置和文件末尾。其表示方法见表 13-8。

表 13-8 "起始点"表示方法

起始点	表示符号	数字表示
文件首	SEEK_SET	0
当前位置	SEEK_CUR	1
文件末尾	SEEK_END	2

例如：

```
fseek(fp,100L, SEEK_SET);
```

其意义是把当前访问位置指针移到离文件内容开始位置之后 100 字节处。

还要说明的是 fseek 函数一般用于二进制文件。在文本文件中由于要进行编码格式转换，故往往计算的位置值不够准确，容易出现错误。

13.4.2　文件的随机读写

结合文件读写位置定位函数可以实现对文件内容的随机读写，可以使用前面介绍的任一种读写函数完成。由于一般是以读写数据块为每次读写的单位，因此常用 fread 和 fwrite 函数。

下面用例题来说明文件的随机读写，第一个例子以 wb＋方式打开一个文件，实现先写后读，读之前使用 rewind 函数重置位置指针，使文件从头开始读。先读后写也是类似的过程，不过使用 rb＋打开文件。第二个例程使用 fseek 实现指定读写位置的文件随机读写，根据读写任务种类和读或写的先后顺序使用相应文件打开方式字符串打开文件。

【例 13-9】　使用 rewind 函数重置位置指针。

```c
#include<stdio.h>
struct stu
{
    char name[10];
    int num;
    int age;
    char addr[15];
}boya[2],boyb[2], * pp, * qq;
void main()
{
    FILE * fp;
    char ch;
    int i;
    pp=boya;
    qq=boyb;
    if((fp=fopen("mydata1.dat","wb+"))==NULL)
    {
        printf("Cannot open file strike any key exit!");
        getchar();
        exit(0);
```

```
    }
    printf("Input data\n");
    for(i=0;i<2;i++,pp++)
        scanf("%s%d%d%s",pp->name,&pp->num,&pp->age,pp->addr);
    pp=boya;
    fwrite(pp,sizeof(struct stu),2,fp);
    rewind(fp);
    fread(qq,sizeof(struct stu),2,fp);
    printf("\nname\tnumber\tage\taddr\n");
    for(i=0;i<2;i++,qq++)
        printf("%s\t%d\t%d\t%s\n",qq->name,qq->num,qq->age,qq->addr);
    fclose(fp);
}
```

本程序是在例 13-7 的基础上修改得到,原来程序打开文件两次,一次用于写,另一次用于读。现在改成了以"写+读"的打开方式,打开后使用文件内容读写函数 fwrite 和 fread 对文件先写后读。其中写完数据后再从头开始读文件,所以读之前使用 rewind(fp)重置了位置指针,使读的位置回到了文件内容的开始位置。

【例 13-10】　使用 fseek 函数指定文件中数据位置进行读写:磁盘文件 mydata.dat 中存有 10 个学生的数据,要求将第 2、4、6、8、10 个学生的数据显示在屏幕上。

```
#include <stdio.h>
struct student_type
{   int num;
    char name[10];
    int age;
    char sex;
}stud[10];
void main()
{   int i;
    FILE * fp;
    if((fp=fopen("mydata.dat","rb"))==NULL)
    {   printf("can't open file\n"); exit(0);    }
    for(i=1;i<10;i+=2)
    {   fseek(fp,i * sizeof(struct student_type),SEEK_SET);
        fread(&stud[i],sizeof(struct student_type),1,fp);
        printf("%s   %d   %d   %c\n",
        stud[i].name,stud[i].num,stud[i].age,stud[i].sex);
    }
    fclose(fp);
}
```

本程序中 for 循环程序的循环变量 i 通过其第一个表达式 i=1 被设置成 1,即从 1 开始每次通过表达式 3 中的 i+=2 实现递增 2 的循环变量修改,使在循环条件 i<10 的控制下循环 5 次,5 次循环中变量 i 的值分别是 1、3、5、7、9。每次循环都是用"fseek(fp,i * sizeof(struct student_type),SEEK_SET);"语句对当前访问位置做重新定位,定位到距离文件内容开始位置之后的第 i * sizeof(struct student_type)字节位置,再使用"fread(&stud[i],

sizeof(struct student_type),1,fp);"读一个数据块进来。从而实现了对文件中存储的 10 个学生信息分别读取第 2、4、6、8 和 10 个学生信息的目的。

13.5　文件检测函数

要点：文件检测函数用于在文件操作过程中检测文件当前操作的状态，便于后续根据不同的状态进行不同的相关操作。

C 语言中常用的文件操作状态检测函数有文件结束检测函数 feof、读写文件出错检测函数 ferror 以及文件出错标志和文件结束标志清零函数 clearerr。

1. 文件结束检测函数

函数原型如下：

```
int feof(FILE * stream)
```

调用格式如下：

```
feof(文件指针);
```

功能：判断当前位置指针是否处于文件结束位置，如果是文件结束位置，则返回值为 1；否则返回值为 0。一般每次读文件数据之前先判断当前位置是否是文件末尾，防止出现读数据错误。

【例 13-11】　有一个 ASCII 码数据文件，内有一些信息。要求第 1 次将它的内容显示在屏幕上，第 2 次把它复制到另一文件上。每次读文件内容前先使用 feof 函数判断是否到达文件末尾。

```
#include<stdio.h>
void main()
{
    char ch;
    FILE * fp1, * fp2;
    fp1=fopen("myfile.txt","r");        //打开输入文件
    fp2=fopen("file2.txt","w");         //打开输出文件
            ch=getc(fp1);               //从 myfile.txt 文件读入第一个字符
    while(!feof(fp1))                   //当未读取文件尾标志
    {
        putchar(ch);                    //在屏幕输出一个字符
        ch=getc(fp1);                   //再从 myfile.txt 文件读入一个字符
    }
    putchar(10);                        //在屏幕执行换行
    rewind(fp1);                        //使文件位置标记返回文件开头
    ch=getc(fp1);                       //从 myfile.txt 文件读入第一个字符
    while(!feof(fp1))                   //当未读取文件尾标志
    {
        fputc(ch,fp2);                  //向 file2.txt 文件输出一个字符
        ch=fgetc(fp1);                  //再从 myfile.txt 文件读入一个字符
```

```
    }
    fclose(fp1);fclose(fp2);
}
```

2. 读写文件出错检测函数

在调用各种输入/输出函数(如 putc、getc、fread、fwrite 等)时,如果出现错误,除了函数返回值有所反映外,还可以用 ferror 函数检查。对同一个文件每一次调用输入/输出函数,都会产生一个新的 ferror 函数值,因此,一般在调用输入/输出函数后应立即检查 ferror 函数的值,判断文件读写后的状态,否则该信息会丢失。在执行 fopen 函数时,ferror 函数的初始值自动置 0。

函数首部如下:

```
int ferror(FILE * fp)
```

调用格式如下:

```
ferror(文件指针);
```

功能:检查文件在用各种输入/输出函数进行读写时是否出错。如 ferror 函数返回值为 0,表示未出错;否则表示出错。

3. 文件出错标志和文件结束标志清零函数

函数原型如下:

```
void clearerr(FILE * fp)
```

调用格式如下:

```
clearerr(文件指针);
```

功能:将 fp 所指向文件错误标志和文件结束标志置 0。

说明:假设在调用一个输入/输出函数时出现错误,出错后的错误标志一直保留,直到对同一文件调用 clearerr()或 rewind()函数,或调用任何其他一个输入/输出函数。一般在调用一个输入/输出函数时,如检查到错并完成错误处理后,应该立即调用 clearerr(fp),将本文件的错误标志值清 0,以便再进行下一次的状态检测。

返回值:无。

13.6 习　　题

本章的习题内容请扫描二维码观看。

第 13 章课后习题

附录　部分常用 C 语言库函数

1. 数学函数

使用数学函数时,应该在源文件中使用命令行 include ＜math.h＞或 ♯ include "math. h"。

函数名	函　数　原　型	功　　能	返回值	说明
abs	int abs(int x);	求整数 x 的绝对值	计算结果	
acos	double acos(double x);	计算 $\cos^{-1}(x)$ 的值	计算结果	
asin	double asin(double x);	计算 $\sin^{-1}(x)$ 的值	计算结果	
atan	double atan(double x);	计算 $\tan^{-1}(x)$ 的值	计算结果	
atan2	double atan2(double x, double y);	计算 $\tan^{-1}(x/y)$ 的值	计算结果	
cos	double cos(double x);	计算 $\cos(x)$ 的值	计算结果	
cosh	double cosh(double x);	计算 x 的双曲余弦 $\cosh(x)$ 的值	计算结果	
exp	double exp(double x);	求 e^x 的值	计算结果	
fabs	double fabs(double x);	求实数 x 的绝对值	计算结果	
floor	double floor(double x);	求出不大于 x 的最大整数	该整数值的双精度实数	
fmod	double fmod(double x, double y);	求出整除 x/y 的余数(x 中去掉最大整数倍个 y 的余数)	余数值的双精度数	
frexp	double frexp (double value, int * eptr);	把一个双精度数分解为尾数和指数。value 为要分解的双精度浮点数,eptr 为要传回分解好的指数的指针变量	分解好的尾数	
log	double log(double x);	求以自然数为底数的对数 $\log_e x$	返回以自然数为底数的对数	
log10	double log10(double x);	求指定数值的以 10 为底的对数 $\log_{10} x$	以 10 为底 x 的对数	
modf	double modf (double value, double * iptr);	求双精度数的小数部分,value 为要操作的双精度数,iptr 为要传回整数部分的变量指针	value 的小数部分	
pow	double pow(double x, double y);	指数函数(x 的 y 次方),x 为底数,y 为指数	x 的 y 次方	
rand	int rand(void);	产生一个 $-90 \sim 32767$ 内的随机整数	随机整数	

续表

函数名	函 数 原 型	功　　能	返回值	说明
sin	double sin(double x);	计算 sin(x)的值	计算结果	
sinh	double sinh(double x);	计算 x 的双曲正弦函数 sinh(x)的值	计算结果	
sqrt	double sqrt(double x);	计算 x 的平方根	计算结果	
tan	double tan(double x);	计算 tan(x)的值	计算结果	
tanh	double tanh(double x);	计算 x 的双曲正切函数 sinh(x)的值	计算结果	

2. 字符处理函数

使用字符处理函数时,应该在源文件中使用命令行 include ＜ctype.h＞或 ♯ include "ctype.h"。

函数名	函 数 原 型	功　　能	返　回　值	说　明
isalnum	int isalnum(int ch);	判断字符 ch 是否为字母或数字	如果 ch 不是字母或数字,则返回 0;否则返回非 0	
isalpha	int isalpha(int ch);	判断字符 ch 是否为英文字母	如果 ch 不是英文字母,则返回 0;否则返回非 0	
iscntrl	int iscntrl(int ch);	判断字符 ch 是否为控制字符	如果 ch 不是控制字符,则返回 0;否则返回非 0	
isdigit	int isdigit(int ch);	判断字符 ch 是否为十进制数字	如果 ch 不是十进制数字,则返回 0;否则返回非 0	
isgraph	intisgraph(int ch);	判断字符 ch 是否为除空格外的可打印字符	如果 ch 不是除空格外的可打印字符,则返回 0;否则返回非 0	
islower	int islower(int ch);	判断字符 ch 是否为小写英文字母	如果 ch 不是小写英文字母,则返回 0;否则返回非 0	
isprint	int isprint(int ch);	判断字符 ch 是否为可打印字符(含空格)	如果 ch 不是可打印字符,则返回 0;否则返回非 0	
ispunct	int ispunct(int ch);	判断字符 ch 是否为标点符号	如果 ch 不是标点符号,则返回 0;否则返回非 0	
isspace	int isspace(int ch);	判断字符 ch 是否为空白字符	如果 ch 不是空白字符,则返回 0;否则返回非 0	
isupper	int isupper(int ch);	判断字符是否为大写英文字母	如果 ch 不是大写英文字母,则返回 0;否则返回非 0	
isxdigit	int isxdigit(int ch);	判断字符是否为十六进制数字 0~9、a~f 或 A~F	如果 ch 不是十六进制数字,则返回 0;否则返回非 0	
tolower	inttolower(int ch);	把大写字母转换为小写字母,不是大写字母的不变	返回转换后的字符	
toupper	int touppper (int ch);	把小写字母转换为大写字母,不是小写字母的不变	返回转换后的字符	

3. 字符处理函数

使用字符处理函数时,应该在源文件中使用命令行 include ＜math. b＞或 ♯ include "math. h"。

函数名	函 数 原 型	功　能	返 回 值	说　明
strcat	char * strcat(char * destin, const char * source);	将 source 指向的字符串拼接到 destin 指向的一个字符串目标字符串的后面	返回拼接成功后的字符串数组的指针	必须保证 destin 足够大,能够容纳下 source,否则会导致溢出错误
strchr	char * strchr (const char * str, char c);	查找 str 指向字符串中指定字符 c 第一次出现的位置	成功时返回字符第一次出现所在元素的地址;失败时返回 NULL	
strcmp	int strcmp(const char * str1, const char * str2);	比较两个字符串的大小,区分大小写	如果 str1＞str2,返回正数;如果 str1＜str2,返回负数;如果 str1＝＝str2,返回 0	
strcpy	char * strcpy(char * destin, const char * source);	复制 source 指向的字符串到 destin 指向的一个字符串数组中	返回指向目标字符串数组的地址	必须保证 destin 足够大,能够容纳下 source,否则会导致溢出错误
strlen	int strlen (const char * str);	计算 str 指向的字符串长度(字符串中含有的字符个数)	返回字符串 str 的长度	不包括字符串结束标志
strset	char * strset(char * str, char c);	将一个字符串中的所有字符都设为指定字符	返回指向被替换后的字符串的指针,实质上就是返回 str	
strstr	char * strstr (const char * destin, const char * str);	在 destin 指向的一个字符串中查找 str 指向的另一个字符串首次出现的位置	返回指向第一次出现匹配字符串的位置的指针	

C 语言的库函数有很多,这里只列出部分常用库函数,使用其他库函数时,请查阅相关手册。

参 考 文 献

[1] 谭浩强. C 程序设计[M]. 5 版. 北京：清华大学出版社，2017.

[2] 谭浩强. C 程序设计（第五版）学习辅导[M]. 北京：清华大学出版社，2017.

[3] 钱能. C++ 程序设计教程[M]. 北京：清华大学出版社，2005.

[4] 钱能. C++ 程序设计教程（第二版）实验指导 [M]. 北京：清华大学出版社，2005.

[5] 张新民，段洪琳. ARM Cortex-M3 嵌入式开发及应用（STM32 系列）[M]. 北京：清华大学出版社，2017.

[6] 屈霞，郑剑锋，韩学超. 单片机原理及接口技术——基于 C51＋Proteus 仿真[M]. 2 版. 西安：西安电子科技大学出版社，2021.